高等职业教育系列教材

COMPUTER TECHNOLOGY

计算机应用基础

（微课版）

主　编｜梁胶东
副主编｜武鲁英　宋艳玲
参　编｜郭　欣　董雅芳　靳卫超　宗传霞　毛一芳
　　　　贾　茹　赵琳琳　殷兴华　杨逸云　魏方华
　　　　徐金增　李亚男　刘晓峰　宋万里

机械工业出版社
CHINA MACHINE PRESS

本书系统介绍了计算机基础知识及其基本应用，内容涵盖计算机基础知识、Windows 10 操作系统、文字处理软件 Word 2016、电子制表软件 Excel 2016、演示文稿制作软件 PowerPoint 2016、计算机网络基础和人工智能。本书根据教育部高等学校大学计算机课程教学指导委员会编制的《大学计算机基础课程教学基本要求》，结合一线教师与企业专家的实际经验编写而成。

本书可作为高等职业院校学生学习计算机基础知识的综合教材，也可作为各类计算机培训机构的教材和自学读物。

本书配有微课视频，读者扫描书中二维码即可观看学习；还配有教学资源包，包括电子课件、习题答案等丰富的教学资源，需要的教师可登录 www.cmpedu.com 免费注册，审核通过后下载，或联系编辑索取（微信：13261377872，电话：010-88379739）。

图书在版编目（CIP）数据

计算机应用基础：微课版 / 梁胶东主编．—北京：机械工业出版社，2022.11
（2024.7 重印）
高等职业教育系列教材
ISBN 978-7-111-71524-5

Ⅰ.①计… Ⅱ.①梁… Ⅲ.①电子计算机-高等职业教育-教材 Ⅳ.①TP3

中国版本图书馆 CIP 数据核字（2022）第 158998 号

机械工业出版社（北京市百万庄大街 22 号　邮政编码 100037）
策划编辑：王海霞　　责任编辑：王海霞　解　芳　赵小花
责任校对：张艳霞　　责任印制：郜　敏

北京富资园科技发展有限公司印刷

2024 年 7 月第 1 版·第 4 次印刷
184mm×260mm·18 印张·445 千字
标准书号：ISBN 978-7-111-71524-5
定价：69.00 元

电话服务　　　　　　　　　　　　　网络服务
客服电话：010-88361066　　　　　　机　工　官　网：www.cmpbook.com
　　　　　010-88379833　　　　　　机　工　官　博：weibo.com/cmp1952
　　　　　010-68326294　　　　　　金　书　网：www.golden-book.com
封底无防伪标均为盗版　　　　　　　机工教育服务网：www.cmpedu.com

Preface 前 言

随着社会信息化程度的不断加深,掌握一定的计算机技能已成为很多就业岗位的通行证。在新的形势下,教育部高等学校大学计算机课程教学指导委员会提出了大学计算机课程的教学总体目标:"大学计算机基础课程是面向全体大学生提供计算机知识、能力、素质方面教育的公共基础课程。大学生通过学习应能够理解计算学科的基本知识和方法,掌握基本的计算机应用能力,同时具备一定的计算思维能力和信息素养。这是大学计算机基础教学的总体目标。"这一总体目标建立在"认知与理解计算系统和方法""应用计算机技术分析解决问题的能力""正确获取、评价与使用信息的素养""基于信息技术手段的交流与持续学习能力"等具体教学目标基础之上。

"计算机应用基础"作为高等学校的一门公共基础课,是高等学校通识教育的重要组成部分。本书根据教育部高等学校大学计算机课程教学指导委员会编制的《大学计算机基础课程教学基本要求》,结合一线教师的教学实际经验与当前学生的实际情况编写而成,侧重于普及计算机文化,注重专业应用能力和计算思维能力的培养。

本书基于Windows 10+Office 2016,讲解了计算机基础的相关知识。全书共7章,包括计算机基础知识、Windows 10操作系统、文字处理软件Word 2016、电子制表软件Excel 2016、演示文稿制作软件PowerPoint 2016、计算机网络基础和人工智能。以党的二十大精神为引领,努力培养造就更多大国工匠、高技能人才。每章都列出了知识目标、技能目标和素养目标,其中素养目标注重工匠精神、创新精神等的培养。每章附带上机实训项目与操作指导,理论与实践相结合,实用性强,方便学生及时巩固技能,提升计算机操作能力;还附带学习效果评价,以及温故知新——练习题,便于学生学习的成效自检与教师教学的成效检验。

全书内容丰富、由浅入深、循序渐进、图文并茂、重点突出、通俗易懂,既可作为高等职业院校学生学习计算机基础知识的综合教材,也可作为各类计算机培训机构的教材和自学读物。

本书由山东特殊教育职业学院梁胶东主编,武鲁英、宋艳玲副主编,参与编写的有郭欣、董雅芳、靳卫超、宗传霞、毛一芳、贾茹、赵琳琳、殷兴华、杨逸云、魏方华、徐金增、李亚男、刘晓峰、宋万里。感谢山东闪亮教育科技集团有限公司刘晓峰与山东云天安全有限公司宋万里两位企业专家参与开发本书,使本书内容更加符合职业岗位的能力要求与操作规范。本书的撰写与出版过程也得益于同行众多同类教材的启发和机械工业出版社的鼎力支持,在此深表感谢。

由于编者水平有限,书中难免有不妥之处,诚挚期盼同行、使用本书的师生们给予批评和指正。

编 者

目录 Contents

前言

第 1 章 计算机基础知识 ········· 1

1.1 计算机概述 ············ 1
    1.1.1 计算机的发展简史 ········· 1
    1.1.2 计算机的特点和应用领域 ····· 2
    1.1.3 计算机的分类 ··········· 5
1.2 数制与编码 ············ 6
    1.2.1 数制的基本概念 ·········· 6
    1.2.2 二进制、十进制和十六进制数的转换 ···· 8
1.3 计算机中字符的编码 ········ 8
    1.3.1 西文字符的编码 ·········· 9
    1.3.2 汉字的编码 ············ 9
1.4 指令和程序设计语言 ········ 10
    1.4.1 计算机指令 ············ 10
    1.4.2 程序设计语言 ··········· 11

1.5 计算机系统组成 ·········· 11
    1.5.1 "存储程序控制"的概念 ····· 12
    1.5.2 计算机硬件系统的组成 ······ 12
    1.5.3 计算机软件系统的组成 ······ 13
1.6 微型计算机的硬件 ········· 13
    1.6.1 微型计算机的基本结构 ······ 14
    1.6.2 微型计算机的硬件及其功能 ···· 14
    1.6.3 微型计算机的技术指标 ······ 18
    1.6.4 微型计算机硬件系统的配置 ···· 19
1.7 本章小结 ·············· 20
1.8 上机实训 ·············· 20
【温故知新——练习题】 ········ 24

第 2 章 Windows 10 操作系统 ········ 26

2.1 Windows 10 的启动和退出 ····· 26
    2.1.1 Windows 10 的启动 ········· 26
    2.1.2 Windows 10 的退出 ········· 27
    2.1.3 创建新用户账户 ·········· 27
2.2 鼠标和键盘的基本操作 ······ 28
    2.2.1 鼠标的操作 ············ 28
    2.2.2 鼠标的指针 ············ 28
    2.2.3 键盘的布局 ············ 30
    2.2.4 键盘的使用 ············ 31
    2.2.5 Windows 键盘常用快捷键 ····· 32

2.3 桌面及窗口的基本操作 ······ 33
    2.3.1 认识桌面 ············· 33
    2.3.2 认识任务栏 ············ 34
    2.3.3 窗口的组成与基本操作 ······ 34
2.4 快捷菜单及对话框的操作 ····· 35
    2.4.1 快捷菜单的组成及操作 ······ 36
    2.4.2 对话框的组成及操作 ······· 36
2.5 文件管理 ·············· 36
    2.5.1 文件的基本概念 ·········· 37
    2.5.2 浏览文件与文件夹 ········ 38

IV

2.5.3	选择文件与文件夹	38
2.5.4	移动、复制文件与文件夹	39
2.5.5	删除、还原文件与文件夹	39
2.5.6	新建文件夹	39
2.5.7	重新命名文件与文件夹	39
2.5.8	查询文件与文件夹	40
2.5.9	创建快捷方式	40

2.6 管理与设置 40

2.6.1	管理磁盘	40
2.6.2	显示设置	42
2.6.3	使用控制面板	43
2.6.4	应用程序的卸载	43

2.7 汉字输入法介绍 43

2.7.1	切换输入法	44
2.7.2	输入法工具栏的介绍	44
2.7.3	添加、删除输入法	44

2.8 其他附件程序的使用 45

2.8.1	记事本的使用	45
2.8.2	计算器的使用	46
2.8.3	画图软件的使用	47

2.9 本章小结 47

2.10 上机实训 48

2.10.1	Windows 10 文件基本操作练习	48
2.10.2	在记事本中输入自我介绍文本	50

【温故知新——练习题】 51

第 3 章 文字处理软件 Word 2016 53

3.1 初识 Word 2016 53

3.1.1	启动和退出 Word 2016	53
3.1.2	Word 2016 工作环境	54
3.1.3	Word 2016 新增功能	54

3.2 编辑与排版 55

3.2.1	文档的创建、保存和打开	55
3.2.2	自定义快速访问工具栏	57
3.2.3	文本的插入和删除	59
3.2.4	文本的选取	60
3.2.5	文本的复制和移动	60
3.2.6	插入符号	61
3.2.7	查找和替换	62
3.2.8	拼写和语法检查	62
3.2.9	多窗口和多文档的编辑	63
3.2.10	设置字符格式	64
3.2.11	段落格式	67
3.2.12	首字下沉	71
3.2.13	分栏	71
3.2.14	设置页面背景	73
3.2.15	应用模板	75
3.2.16	格式刷的使用	76

3.3 页面设置与打印 76

3.3.1	添加页眉、页脚和页码	76
3.3.2	页面设置	78
3.3.3	文档的保护	80
3.3.4	打印预览和打印文档	82

3.4 高级操作 83

3.4.1	插入与编辑形状	84
3.4.2	插入与编辑图片	88
3.4.3	插入艺术字和文本框	92
3.4.4	邮件合并	95
3.4.5	录入公式	98

3.5 表格处理 99

3.5.1	创建表格	99
3.5.2	编辑表格	100
3.5.3	表格数据的排序、计算和转换	107

3.6 本章小结 110

3.7 上机实训 110

3.7.1 Word 2016 基本操作 ··············110
3.7.2 Word 2016 图文混排（一）········113
3.7.3 Word 2016 图文混排（二）········118
3.7.4 Word 2016 邮件合并··············122
3.7.5 Word 2016 表格操作··············127

【温故知新——练习题】·················131

第 4 章 电子制表软件 Excel 2016 ············133

4.1 Excel 2016 的基础知识··········133
4.1.1 启动 Excel 2016··················133
4.1.2 Excel 2016 窗口的组成···········134
4.1.3 工作簿的组成······················135
4.1.4 工作簿的简单操作················135
4.1.5 联机帮助···························136

4.2 Excel 2016 的基本操作·········136
4.2.1 编辑工作表数据···················137
4.2.2 编辑数据···························138
4.2.3 工作表的操作······················140

4.3 Excel 2016 公式和函数的使用···141
4.3.1 创建公式···························142
4.3.2 单元格的引用······················143
4.3.3 函数································144

4.4 Excel 2016 工作表格式化······147
4.4.1 设置工作表列宽和行高···········147
4.4.2 设置单元格格式···················148
4.4.3 自动套用表格格式················150

4.5 Excel 2016 数据的图表化······152
4.5.1 创建图表···························153
4.5.2 图表的修改························153

4.6 Excel 2016 的数据管理与分析···155
4.6.1 数据清单···························156
4.6.2 数据清单的编辑···················157
4.6.3 数据排序···························158
4.6.4 数据筛选···························159
4.6.5 数据的分类汇总···················159
4.6.6 数据透视表························160

4.7 页面设置和打印操作············161
4.7.1 页面设置···························161
4.7.2 打印操作···························161

4.8 本章小结···························163

4.9 上机实训···························163
4.9.1 Excel 2016 的基本操作··········163
4.9.2 Excel 2016 公式、函数的使用及
      工作表的格式······················166
4.9.3 Excel 2016 图表的创建及数据处理···171

【温故知新——练习题】·················174

第 5 章 演示文稿制作软件 PowerPoint 2016···176

5.1 PowerPoint 2016 概述··········176
5.1.1 PowerPoint 2016 的主要特点···176
5.1.2 PowerPoint 2016 的启动········177
5.1.3 PowerPoint 2016 的界面········177
5.1.4 PowerPoint 2016 的退出········179

5.2 制作演示文稿······················179
5.2.1 新建演示文稿······················179
5.2.2 打开演示文稿······················180
5.2.3 保存演示文稿······················181
5.2.4 幻灯片的基本操作················182
5.2.5 文本处理···························183
5.2.6 项目符号与编号···················185
5.2.7 添加批注和备注···················186

Contents 目录

5.3 图像 ································ 188
   5.3.1 插入图像文件 ·············· 189
   5.3.2 插入联机图片 ·············· 190
5.4 声音与视频 ······················· 190
   5.4.1 插入声音 ···················· 190
   5.4.2 插入视频 ···················· 192
5.5 超级链接 ·························· 193
   5.5.1 文字链接 ···················· 193
   5.5.2 动作按钮链接 ·············· 194
   5.5.3 图形、图像链接 ·········· 195

5.6 播放演示文稿 ··················· 195
   5.6.1 设置演示文稿的放映方式 ····· 195
   5.6.2 设置幻灯片的放映效果 ······· 196
   5.6.3 放映演示文稿 ·············· 199
5.7 本章小结 ·························· 201
5.8 上机实训 ·························· 202
   5.8.1 展示校园美景 ·············· 202
   5.8.2 制作主题演讲 PPT ········ 210
【温故知新——练习题】 ··········· 215

第 6 章 计算机网络基础 ································ 217

6.1 计算机网络的基本概念 ······ 217
   6.1.1 计算机网络的形成和发展 ···· 217
   6.1.2 计算机网络的类型 ········ 218
   6.1.3 网络协议的概念 ············ 219
   6.1.4 常见的网络拓扑结构 ······ 221
   6.1.5 设置共享资源 ·············· 222
6.2 Internet 基本概念 ·············· 223
   6.2.1 Internet 的作用和特点 ···· 223
   6.2.2 TCP/IP 网络协议 ·········· 225
   6.2.3 IP 地址、网关、子网掩码和域名 ····· 226
   6.2.4 Internet 常见服务 ········· 229
6.3 网络接入 ·························· 231
   6.3.1 Internet ······················ 231
   6.3.2 通过局域网接入 ············ 232
   6.3.3 通过无线接入 ·············· 234
   6.3.4 通过 ADSL 接入 ·········· 236

6.3.5 通过代理服务器访问 Internet ········ 237
6.4 Internet 应用 ····················· 237
   6.4.1 浏览器的使用 ·············· 237
   6.4.2 电子邮件的使用 ············ 240
6.5 本章小结 ·························· 241
6.6 上机实训 ·························· 242
   6.6.1 在局域网共享自己的演讲 PPT 给同学 ········ 242
   6.6.2 使用浏览器访问网页，下载并保存图片 ······ 244
   6.6.3 使用浏览器访问网页，下载软件并安装 ······ 246
   6.6.4 将自己的简历通过邮箱发送给老师 ··········· 249
【温故知新——练习题】 ··········· 250

第 7 章 人工智能 ································ 252

7.1 什么是人工智能 ················ 252
   7.1.1 人工智能的定义 ············ 252

7.1.2 人工智能的分类 ············ 252
7.1.3 人工智能的发展历史 ······ 253

7.2 人工智能的基础支撑 ………… 254

- 7.2.1 大数据、算力和算法 ………… 254
- 7.2.2 物联网和 AIoT ………… 258
- 7.2.3 云计算 ………… 258
- 7.2.4 第五代移动通信技术 ………… 259

7.3 人工智能的应用技术 ………… 260

- 7.3.1 文字识别 ………… 260
- 7.3.2 图像识别 ………… 261
- 7.3.3 语音识别 ………… 263

7.4 人工智能的应用领域 ………… 263

- 7.4.1 智能安防 ………… 264
- 7.4.2 智能交通 ………… 265
- 7.4.3 智能医疗 ………… 265

7.5 本章小结 ………… 267

7.6 上机实训 ………… 268

- 7.6.1 使用百度识图搜索相似图片 ………… 268
- 7.6.2 使用 QQ 屏幕识图将图片上的文字识别成文档 ………… 269
- 7.6.3 使用微信语音转文字功能将语音信息转成文字 ………… 271
- 7.6.4 使用浏览器访问语音转文字网站转换并保存文字 ………… 273
- 7.6.5 使用微信与微软人工智能机器人小冰对话 ………… 275

【温故知新——练习题】 ………… 277

参考文献 ………… 279

第 1 章　计算机基础知识

1.1　计算机概述

【学习目标】

1. 熟知计算机的发展历程和应用领域。
2. 熟知硬件系统和软件系统的组成，熟知计算机各个重要组成部件的基本构成和功能。
3. 掌握计算机数据的存储方式和存储单位，掌握计算机常用的进制之间的转换。
4. 针对学科核心素养要求，形成理性思维、批判质疑、勇于探究、乐学善学、勤于反思、信息意识、技术运用等核心素养。
5. 通过系统学习，培养专业精神、职业精神、工匠精神、创新精神和自强精神。

计算机究竟经历了哪些发展变化？从一个占地 160m^2、重 30t 的庞然大物到现在的掌上计算机、超级计算机，短短 70 多年的时间，是什么推动它发生如此大的变化，成为人们生活中的必需品？本节将带你走进计算机的世界。下面先了解一下计算机的发展历史。

1.1.1　计算机的发展简史

1946 年 2 月 14 日，世界上第一台电子计算机 ENIAC 在美国宾夕法尼亚大学诞生，如图 1-1 所示。这标志着一个新的时代即将到来。时至今日，计算机技术已经获得迅猛的发展。根据计算机所用核心电子元器件的不同，可以把计算机分为电子管时代、晶体管时代、集成电路、大规模或超大规模集成电路、人工智能五个时代，其中，人工智能是未来的发展方向。

1. 第一代电子管计算机（1946—1957 年）

这一阶段计算机的主要特征：硬件方面采用电子管作为基本的器件，用光屏管或汞延时电路、磁鼓、磁芯作为主存储器，外部存储采用磁带，输入输出主要采用穿孔卡片或纸带；软件方面通过机器语言和汇编语言编写应用程序，一开始需要通过人工输入计算机机器指令。这一时代的计算机主要用于科学计算。

这一阶段计算机的主要特点：体积大、耗电量大、速度慢、存储容量小、可靠性差、维护困难且价格昂贵。

2. 第二代晶体管计算机（1958—1964 年）

晶体管的发明，极大地推动了计算机的发展，晶体管替代电子管成为计算机的核心元件，主要的存储器为磁盘。软件也随之有了比较大的发展，出现了各种各样的高级语言，还出现了以批处理为主的操作系统。这一时期的计算机主要用于科学计算和各种事务处理，并逐渐运用于工业控制领域。

与第一代电子管计算机相比，第二代晶体管计算机的体积大大缩小、耗电量降低、处理速度加快、重量减轻、可靠性提高，但是价格较高，无法大范围推广使用。晶体管计算机如图 1-2

所示。

图 1-1　第一台电子计算机　　　　　　图 1-2　晶体管计算机

3．第三代集成电路计算机（1964—1971 年）

1958 年发明了集成电路，将三个电子元件集成到一个硅片上。科学家将这种技术运用到计算机以后，极大地提升了计算机的性能。相对于晶体管计算机，集成电路计算机功耗更小，产生的热量显著减少，降低了硬件的故障率，也降低了成本。同时，这个时期还出现了分时、实时等操作系统，使得计算机在操作系统的统一调度下可以同时运行多个不同程序，提高了工作效率。1964 年，美国 IBM 公司研制成功了第一个采用集成电路的通用电子计算机 IBM360 系列系统，这也是大家现在所使用的计算机的前身。集成电路计算机如图 1-3 所示。

4．第四代大规模或超大规模集成电路计算机（1971 年至今）

第四代（即当代）计算机在硬件方面的主要特征：计算机的逻辑部件由大规模和超大规模的集成电路组成，主要的存储器采用半导体存储器，计算机的外部设备也趋于多样化、系统化；软件方面，实现了软件的固化技术，出现了面向对象的计算机程序设计思想，并广泛采用数据库技术、网络技术，使计算机得到更大范围的运用。

这一阶段计算机的主要特点：计算机核心（微处理器）不断集成，体积越来越小，制造工艺达到纳米级别，运算速度越来越快，配套的计算机软件越来越丰富，计算机走进了千家万户，已经达到一定的普及程度。超大规模集成电路如图 1-4 所示。

图 1-3　集成电路计算机　　　　　　图 1-4　超大规模集成电路

1.1.2　计算机的特点和应用领域

计算机在问世之初，主要用于数值计算。发展到现在，计算机已经广泛应用于数据处理、过程控制、计算机辅助设计、计算机辅助制造、计算机辅助教学、人工智能、多媒体技术和计算机网络等各个方面。和其他的计算设备相比,计算机具有运算速度快、计算精度高、逻辑判断能力强、存储容量大等特点,这些特点使得计算机越来越普及,直接影响着人们的生存和发展。

1. 计算机的特点

(1)运算速度快、运算精度高

计算机的运算速度是指计算机每秒能执行的指令的条数,通常用 MIPS 表示。由中国国家并行计算机工程技术研究中心研制的"神威·太湖之光"的浮点运行速度达每秒 9.3×10^{16} 次,"神威·太湖之光"实现了包括处理器在内的所有核心部件全部国产化,如图 1-5 所示。

(2)准确的逻辑判断能力

图 1-5 神威·太湖之光

计算机拥有逻辑判断的能力,可以分析命题的真假,并可根据命题的成立与否做出相应的对策,比如计算机与人对弈可以体现出计算机非凡的逻辑判断和运算能力。

(3)强大的存储能力

计算机中的存储设备可以大容量、长时间地存储各种数据,包括数字、文字、声音、图像、视频等各种形式的信息。一块计算机硬盘可以记录下整个图书馆的全部资料。

(4)自动执行功能

计算机可以通过人们事先编制的程序自动执行,整个工作过程不需要人工干预,而且可以反复进行,广泛应用于工业生产。

(5)网络通信功能

计算机网络是现代计算机技术与通信技术高度发展和结合的产物,它利用各通信设备和传输介质把处于不同地理位置的具有独立功能的计算机互联在一起,实现计算机的网络化,加快了信息传导和资源共享。例如,全球最大的网络 Internet(因特网)实现了"地球村"的信息传输,用户可以在任何地理位置通过计算机网络访问其他计算机或者服务器,获取自己所需的各种信息,如下载服务、查询服务、网络教育、电子商务、邮件服务等。

2. 计算机的应用领域

随着计算机的功能越来越强大,其应用领域也在随之发生变化,从计算机诞生之初的数值计算,到现在的人工智能、大数据计算、云存储等大规模的数据活动,可以看出计算机在各行各业得到了广泛的应用。

(1)科学计算

1)科学计算(或数值计算)。科学计算是指利用计算机来完成科学研究和工程技术中提出的数学问题的计算。在现代科学技术工作中,科学计算问题是大量的和复杂的。利用计算机的高速计算、大存储容量和连续运算的能力,可以实现人工无法解决的各种科学计算问题。

例如,建筑设计中为了确定构件尺寸,通过弹性力学推导出一系列复杂方程,长期以来由于计算方法跟不上而一直无法求解。而计算机不但能求解这类方程,还引起了弹性理论上的一次突破,出现了有限元法。

2）数据处理（或信息处理）。数据处理是指用计算机对信息进行搜集、加工、存储和传递等工作，其目的是为有各种需求的人们提供有价值的信息和资讯，作为管理和决策的依据。例如，全国人口普查的登记资料、股市行情分析（见图 1-6）、企业财务管理、学生信息管理、图书馆信息管理（见图 1-7）、个人理财记录等都是信息处理的例子。计算机的信息处理已广泛应用于企业管理、办公自动化、信息检索等诸多领域。

图 1-6 利用计算机进行股市分析　　　　图 1-7 图书馆信息管理系统

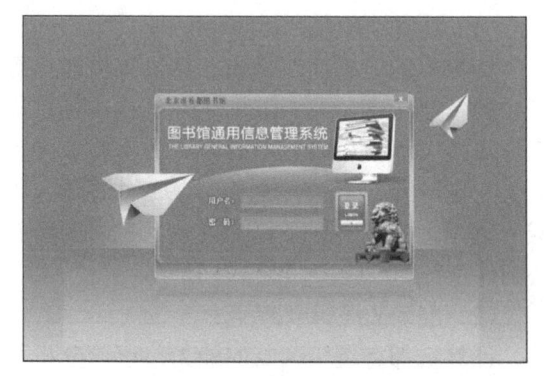

3）过程控制。计算机的过程控制是指计算机对生产过程、实时过程的控制行为，实现了工业生产自动化，提高了生产效率、改善了劳动条件、节约了材料消耗、减低了生产成本，达到了最优的过程控制。例如，登月计划、无人飞机、发射人造卫星等。

（2）辅助技术（或计算机辅助设计与制造）

计算机辅助设计（Computer Aided Design，CAD）是利用计算机系统辅助设计人员进行工程或产品设计以实现最佳设计效果的一种技术，如图 1-8 所示。它已广泛应用于飞机、汽车、机械、电子、建筑和轻工等领域。例如，在电子计算机的设计过程中，利用 CAD 技术可以进行体系结构模拟、逻辑模拟、插件划分、自动布线等，从而大大提高了设计工作的自动化程度。又如，在建筑设计过程中，可以利用 CAD 技术进行力学计算、结构计算、建筑图样绘制等，这样不但提高了设计速度，而且大大提高了设计质量。

（3）计算机辅助制造（Computer Aided Manufacturing，CAM）

计算机辅助制造是利用计算机系统进行生产设备的管理、控制和操作的过程。例如，在产品的制造过程中，用计算机控制机器的运行、处理生产过程中所需的数据、控制和处理材料的流动以及对产品进行检测等。使用 CAM 技术可以提高产品质量、降低成本、缩短生产周期、提高生产率和改善劳动条件。

（4）计算机辅助教学（Computer Aided Instruction，CAI）

计算机辅助教学是利用课件来进行教学。课件是用著作工具或高级语言开发制作的教学软件，它能引导学生循序渐进地学习，使学生轻松地学到所需要的知识。CAI 的主要特色是交互教育、个别指导和因人施教。

（5）人工智能（或智能模拟）

人工智能（Artificial Intelligence）是计算机模拟人类的智能活动，诸如感知、判断、理解、学习、问题求解和图像识别等。现在，人工智能的研究已取得不少成果，有些已开始走向实用阶段。例如，人工智能模拟高水平医学专家进行疾病诊疗的专家系统、具有一定思维能力的智能机器人（见图 1-9）等。

图 1-8　计算机辅助设计　　　　　　　图 1-9　机器人在演奏

（6）网络应用

计算机技术与现代通信技术的结合构成了计算机网络。计算机网络的建立，不仅解决了一个单位、一个地区、一个国家中计算机与计算机之间的通信和各种软硬件资源的共享，也大大促进了文字、图像、视频和声音等各类数据的传输与处理。

1.1.3　计算机的分类

随着计算机技术应用和计算机网络的发展，计算机已成为一个庞大的家族，种类繁多，可以按照不同的衡量标准对其进行分类，常见的分类有按照计算机的用途分类和按照计算机的性能分类两种。

按计算机的用途可分为通用计算机和专用计算机。通用计算机能解决多种类型的问题，其通用性强，如个人计算机（Personal Computer，PC）；专用计算机则配备有解决特定问题的软件和硬件，能够高速、可靠地解决特定问题，如在导弹和火箭上使用的计算机大部分都是专用计算机。

按照计算机的主要性能指标（如字长、存储容量、运算速度、外围设备的配置以及指令系统的功能和系统软件的配置情况等），可将计算机分为巨型计算机、大型计算机、小型计算机、微型计算机、工作站、服务器等。

1. 巨型计算机

巨型计算机又称超级计算机，其主要性能指标位于各类计算机之首，它是目前功能最强、速度最快、价格最贵的计算机。巨型计算机对尖端科学、战略武器、气象、能源等领域的复杂计算具有极大的意义，可供几百个用户同时使用，是国家的重要资源，是国之重器。

2. 大型计算机

大型计算机有很高的运算速度和很大的存储容量，可靠性高，有丰富的系统软件和应用软件，并允许相当多的用户同时使用。其主要用于大型跨国企业、集团商业管理或大型数据库管理系统中，承担主服务器的作用，在信息系统中起着核心作用。

3. 小型计算机

小型计算机的规模比大型计算机要小，但仍能支持几十个用户同时使用。这类机器价格便宜，适合中小型企事业单位使用。

4. 微型计算机

微型计算机也叫个人计算机，通常简称为微机（见图 1-10）。其主要的特点是体积小、重量轻、可靠性高、结构灵活、适用性强和应用面广等。不过，通常一次只能供一个用户使用。微型计算机按处理器字长可分为 8 位机、16 位机、32 位机和 64 位机；按计算机结构可分为单片机、单板机、多芯片机和多板机；按 CPU 芯片可分为×86（286、386、486）系列、Pentium（奔三、奔四）系列和酷睿（i3、i5、i7、i9）系列等。

5. 工作站

工作站是一种介于小型机和微型机之间的高档微型计算机。通常，它比微型机有较大的存储容量和较快的运算速度，而且配备大屏幕显示器，主要用于图像处理和计算机辅助设计等领域。

6. 服务器

服务器是计算机网络中不可或缺的组成部分，对整个计算机网络进行用户管理、数据存储、转发。普通用户访问的各类网络资源都是来自不同的服务器。能够承担服务器功能的可以是大型机、小型机、工作站或配置较高的微机。服务器如图 1-11 所示。

图 1-10　微型计算机　　　　图 1-11　服务器

1.2　数制与编码

【学习目标】

1. 认知计算机当中常用的数制。
2. 能够在二进制、十进制、十六进制之间进行数制转换。
3. 学会数据在计算机当中的表示形式和容量换算。
4. 针对学科核心素养要求，形成理性思维、批判质疑、勇于探究、乐学善学、勤于反思、信息意识、技术运用等核心素养。
5. 通过系统学习，培养专业精神、职业精神、工匠精神、创新精神和自强精神。

1.2.1　数制的基本概念

在计算机内部，数值数据的表示方法有两种。一种是直接用二进制数来表示，另一种是采用二进制编码的十进制数（Binary Coded Decimal Code，BCD Code）来表示。

数制也称为计数制，是用一组固定的符号和统一的规则来表示数值大小的方法。除了现实中用到的十进制外，在计算机科学当中还会用二进制、八进制、十六进制来表示一个数据，但在计算机内部的数据都需要转换为二进制数进行传输和存储，所谓的二进制就是用符号"0"和"1"来表示不同类型的数据。常见数制的表示方法见表 1-1。

表 1-1 常见数制的表示方法

数制	基数	元素符号	权位	表示形式
二进制	2	0，1	2^n	B
八进制	8	0～7	8^n	O
十进制	10	0～9	10^n	D
十六进制	16	0～9+A～F	16^n	H

进制中有一个规则，就是 N 进制一定采用"逢 N 进一"的进位规则。如十进制"逢十进一"，二进制是"逢二进一"。除此之外，如 24h 为 1d 是二十四进制，60s 为 1min 是六十进制。

进位计数制中的每个数码的数值不仅取决于数码本身，其数值的大小还取决于该数码在数中所处的位置，例如，十进制数 741.21，整数部分的第一个数码"7"代表的是 700，第二个数码"4"代表的是 40，第三个数码"1"代表的是个位数 1，在小数部分第一位数码"2"是十分位 0.2，第二位"1"是百分位 0.01。也就是说，相同的数码在不同的位置代表的数值不一样，数码在一个数中的位置称为数制的数位；数制中数码的个数称为数制的基数，十进制有 0～9 十个数码，二进制有 0、1 两个数码。

无论是何种进位计数制，数值都可以写成权值展开式的形式，如十进制数 741.21 可写成 $741.21=7×10^2+4×10^1+1×10^0+2×10^{-1}+1×10^{-2}$。

上式是十进制数的权值展开式，是一个多项式加法的形式，二进制数也可以按照这种方法展开。例如二进制数（110.1）$_2$=$1×2^2+1×2^1+0×2^0+1×2^{-1}$。

从表 1-1 可以看出，在表达不同进制的数时，要把进制的基数加上。常见的进制表示方法有两种，一种是用大写的英文字母表示（见表 1-1），如 101010B；另一种是用阿拉伯数字来表示，如（100）$_{10}$ 为十进制数，（100）$_2$ 为二进制数。计算机数制转换查询见表 1-2。

表 1-2 计算机数制转换查询表

十进制数	二进制数	八进制数	十六进制数
0	0000	0	0
1	0001	1	1
2	0010	2	2
3	0011	3	3
4	0100	4	4
5	0101	5	5
6	0110	6	6
7	0111	7	7
8	1000	10	8
9	1001	11	9
10	1010	12	A
11	1011	13	B
12	1100	14	C
13	1101	15	D
14	1110	16	E
15	1111	17	F

1.2.2 二进制、十进制和十六进制数的转换

1. 二进制数转换为十进制数

二进制数转换为十进制数时，只需用该数制的各位数乘以各自对应的位权数，然后再相加求和。用权值展开式的方法即可得到对应的结果。

例如，将二进制数（101011）$_2$ 按照权值展开式展开如下：

$$(101011)_2 = (1×2^5+0×2^4+1×2^3+0×2^2+1×2^1+1×2^0)_{10}$$
$$= (32+0+8+0+2+1)_{10}$$
$$= (43)_{10}$$

2. 十进制数转换为二进制数

将十进制数转换为二进制数，采用"除 2 取余倒读"法，即把需要转换的十进制数不停除以 2 取其余数。例如，将十进制数（25）$_{10}$ 转换为二进制数应该为（25）$_{10}$=（11001）$_2$，具体演算步骤如图 1-12 所示。

二进制数和十进制数一样，可以进行四则运算，包括加、减、乘、除，运算规则一样，运算结果不变。这里不做详细说明。

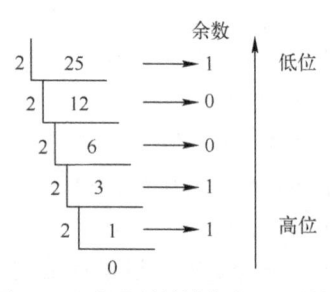

图 1-12 十进制数转换为二进制数

3. 二进制数与八进制数相互转换

（1）二进制数转八进制数

3 位二进制数按权展开相加得到 1 位八进制数。（注意事项，3 位二进制数转成八进制数是从右到左开始转换的，不足时补 0）。

（2）八进制数转成二进制数

八进制数通过除 2 取余法，得到二进制数，每个八进制位对应 3 个二进制位，不足时在最左边补 0。

4. 二进制数转十六进制数

（1）二进制数转十六进制数

与二进制数转八进制数方法近似，八进制数是取三合一，十六进制数是取四合一。注意：4 位二进制转成十六进制是从右到左开始转换，不足时补 0。

（2）十六进制数转二进制数

十六进制数通过除 2 取余法，得到二进制数，每个十六进制位对应 4 个二进制位，不足时在最左边补 0。

1.3 计算机中字符的编码

【学习目标】

1. 熟知在计算机中汉字编码和英文编码的不同之处。

2. 针对学科核心素养要求，形成理性思维、批判质疑、勇于探究、乐学善学、勤于反思、信息意识、技术运用等核心素养。

3. 通过系统学习，培养专业精神、职业精神、工匠精神、创新精神和自强精神。

在计算机中，各种信息都是以二进制编码的形式存在的。也就是说，无论是文字、图形、声音、动画，还是电影等信息，在计算机中都是以 0 和 1 组成的二进制代码表示的，计算机之所以能区别这些信息的不同，是因为它们采用的编码规则不同。比如，同样是文字，英文字母与汉字的编码规则就不同，英文字母用的是单字节的 ASCII 码，汉字采用的是双字节的汉字内码；但随着需求的变化，这两种编码有被统一的 Unicode 码（由 Unicode 协会开发的能表示几乎世界上所有书写语言的字符编码标准）所取代的趋势；当然图形、声音等的编码就更复杂多样了。这就说明，信息在计算机中的二进制编码是一个不断发展的、跨学科的知识领域。

1.3.1 西文字符的编码

字符的编码采用国际通用的 ASCII 码（美国信息交换标准代码），每个 ASCII 码以 1 个字节（Byte）存储，从数字 0~127 代表不同的常用符号，如大写 A 的 ASCII 码是 65，小写 a 的 ASCII 码是 97。

ASCII 码中有许多外文和表格等特殊符号，成为目前常用的编码。基本的 ASCII 字符集共有 128 个字符，其中有 96 个可打印字符，包括常用的字母、数字、标点符号等，另外还有 32 个控制字符。标准 ASCII 码使用 7 个二进位对字符进行编码，对应的 ISO 标准为 ISO 646 标准。

标准 ASCII 码是 7 位编码，但由于计算机基本处理单位为字节（1Byte = 8bit），所以一般仍以一个字节来存放一个 ASCII 字符。每个字节中多余出来的一位（最高位）在计算机内部通常保持为 0（在数据传输时可用作奇偶校验位）。由于标准 ASCII 字符集字符数目有限，在实际应用中往往无法满足要求。为此，国际标准化组织又制定了 ISO 2022 标准，它规定了在保持与 ISO 646 兼容的前提下将 ASCII 字符集扩充为 8 位代码的统一方法。ISO 陆续制定了一批适用于不同地区的扩充 ASCII 字符集，每种扩充 ASCII 字符集分别可以扩充 128 个字符，这些扩充字符的编码均为高位为 1 的 8 位代码（即十进制数为 128~255），称为扩展 ASCII 码。

1.3.2 汉字的编码

1. 汉字内码

汉字信息在计算机内部也是以二进制方式存放的。由于汉字数量多，用一个字节的 128 种状态不能全部表示出来，因此在我国 1980 年颁布的《信息交换用汉字编码字符集-基本集》（GB 2312—1980）中规定用两个字节的十六位二进制表示一个汉字，每个字节都只使用低 7 位（与 ASCII 码相同），即有 128×128=16384 种状态。由于 ASCII 码的 34 个控制代码在汉字系统中也要使用，为不致发生冲突，不能作为汉字编码，128 减去 34 只剩 94 种，所以汉字编码表的大小是 94×94=8836。

每个汉字或图形符号分别用两位的十进制区码（行码）和两位的十进制位码（列码）表示，不足的地方补 0，组合起来就是区位码。把区位码按一定的规则转换成的二进制代码叫作信息交换码（简称国标码）。国标码共有汉字 6763 个（一级汉字，是最常用的汉字，按汉语拼音字母顺序排列，共 3755 个；二级汉字，属于次常用汉字，按偏旁部首的笔画顺序排列，共 3008 个），数字、字母、符号等 682 个，共 7445 个。

由于国标码不能直接存储在计算机内，为了方便计算机内部处理和存储汉字，又能区别于 ASCII 码，将国标码中的每个字节的最高位改设为 1，这样就形成了在计算机内部进行汉字的存储、运算的编码，即机内码（或汉字内码、内码）。内码既与国标码有简单的对应关系，易于转换，又与 ASCII 码有明显的区别，且有统一的标准（内码是唯一的）。

2. 汉字外码

无论是区位码还是国标码都不利于汉字输入。因此，为方便汉字的输入而制定了汉字编码，称为汉字输入码。汉字输入码属于外码。不同的输入方法，形成了不同的汉字外码。常见的输入法如下。

1）按汉字的排列顺序形成的编码（流水码）：如区位码。
2）按汉字的读音形成的编码（音码）：如全拼、简拼、双拼等。
3）按汉字的字形形成的编码（形码）：如五笔字型、郑码等。
4）按汉字的音、形结合形成的编码（音形码）：如自然码、智能 ABC。

输入码在计算机中必须转换成机内码，才能进行存储和处理。

3. 汉字字形码

为了将汉字在显示器或打印机上输出，把汉字按图形符号设计成点阵图，就得到了相应的点阵代码（字形码）。

全部汉字字码的集合叫作汉字字库。汉字字库可分为软字库和硬字库。软字库以文件的形式存放在硬盘上，现多用这种方式；硬字库则将字库固化在一个单独的存储芯片中，再和其他必要的器件组成接口卡，插接在计算机上，通常称为汉卡。

用于显示的字库叫作显示字库。显示一个汉字一般采用 16×16 点阵、24×24 点阵或 48×48 点阵。已知汉字点阵的大小，可以计算出存储一个汉字所需要占用的字节空间。例如，用 16×16 点阵表示一个汉字，就是将每个汉字用 16 行、每行 16 个点表示，一个点需要 1 位二进制代码，16 个点需用 16 位二进制代码（即 2 个字节），共 16 行，所以需要 16 行×2 字节/行=32 字节，即 16×16 点阵表示一个汉字，字形码需用 32 字节。即：字节数=点阵行数×点阵列数/8。

用于打印的字库叫作打印字库，其中的汉字比显示字库多，而且工作时也不同于显示字库需调入内存。

可以这样理解，为在计算机内表示汉字而形成的汉字编码叫作内码（如国标码），内码是唯一的。为方便汉字输入而形成的汉字编码为输入码，属于汉字的外码，输入码因编码方式不同而不同，是多种多样的。为显示和打印输出汉字而形成的汉字编码为字形码，计算机通过汉字内码在字模库中找出汉字的字形码，实现其转换。

1.4 指令和程序设计语言

【学习目标】

1. 熟知指令的作用。
2. 通过学习，了解计算机程序语言的发展阶段。
3. 针对学科核心素养要求，形成理性思维、批判质疑、勇于探究、乐学善学、勤于反思、信息意识、技术运用等核心素养。
4. 通过系统学习，培养专业精神、职业精神、工匠精神、创新精神和自强精神。

1.4.1 计算机指令

计算机指令是指挥机器工作的指示和命令，程序则是按一定顺序排列的一系列指令，执行程序的过程就是计算机的工作过程。

控制器靠指令指挥机器工作，人们通过指令表达自己的意图，并将其交给控制者执行。计算机可以执行的不同的指令称为计算机的指令系统。每台计算机都有自己的专用指令系统，其指令内容和格式各不相同。

程序的执行靠的是指令的顺序执行，因此有必要了解指令的执行过程。首先是获取和分析指令。根据程序指定的顺序，从存储器中取出当前执行的指令，发送到控制器的指令寄存器中，对采集到的指令进行分析，即根据指令中的操作码确定计算机的操作。

计算机指令组成的集合称为计算机指令集。

1.4.2 程序设计语言

程序设计语言是用于书写计算机程序的语言。语言的基础是一组记号和一组规则，根据规则由记号构成的记号串的总体就是语言。在程序设计语言中，这些记号串就是程序。程序设计语言有 3 个方面的因素，即语法、语义和语用。语法表示程序的结构或形式，即表示构成语言的各个记号之间的组合规律，但不涉及这些记号的特定含义，也不涉及使用者。语义表示程序的含义，即表示按照各种方法所表示的各个记号的特定含义，但不涉及使用者。

自 20 世纪 60 年代以来，世界上公布的程序设计语言已有上千种之多，但是只有很小一部分得到了广泛的应用。从发展历程来看，程序设计语言可以分为 4 代。

1. 第一代机器语言

机器语言是由二进制 0、1 代码指令构成的，不同的 CPU（中央处理器）具有不同的指令系统。机器语言程序难编写、难修改、难维护，需要用户直接对存储空间进行分配，编程效率极低。这种语言已经被渐渐淘汰了。

2. 第二代汇编语言

汇编语言指令是机器指令的符号化，与机器指令存在着直接的对应关系，所以汇编语言同样存在难学难用、容易出错、维护困难等缺点。但是汇编语言也有自己的优点：可直接访问系统接口、汇编程序翻译成机器语言程序的效率高。从软件工程角度来看，只有在高级语言不能满足设计要求或不具备支持某种特定功能的技术性能（如特殊的输入输出）时，汇编语言才会被使用。

3. 第三代高级语言

高级语言是面向用户的、基本上独立于计算机种类和结构的语言。其最大的优点是：形式上接近于算术语言和自然语言、概念上接近于人们通常使用的概念。高级语言的一个命令可以代替几条、几十条甚至几百条汇编语言的指令。因此，高级语言易学易用、通用性强、应用广泛。高级语言种类繁多，可以从应用特点和对客观系统的描述这两个方面对其进一步分类。

4. 第四代非过程化语言

4GL（第四代语言）是非过程化语言，编码时只需说明"做什么"，不需描述算法细节。数据库查询和应用程序生成器是 4GL 的两个典型应用。用户可以用数据库查询语言（SQL）对数据库中的信息进行复杂的操作。用户只需将要查找的内容在什么地方、根据什么条件查找等信息告诉 SQL，SQL 将自动完成查找过程。应用程序生成器则是根据用户的需求"自动生成"满足需求的程序。

1.5 计算机系统组成

【学习目标】

1. 理解和熟知计算机存储程序控制的概念。

2. 熟知计算机硬件系统的组成。
3. 熟知计算机软件系统的组成。
4. 针对学科核心素养要求，形成理性思维、批判质疑、勇于探究、乐学善学、勤于反思、信息意识、技术运用等核心素养。
5. 通过系统学习，培养专业精神、职业精神、工匠精神、创新精神和自强精神。

计算机系统由硬件系统和软件系统两部分组成。在一台计算机中，硬件和软件相辅相成，缺一不可。如果没有软件，计算机便无法正常工作（通常将没有安装任何软件的计算机称为"裸机"）；反之，如果没有硬件的支持，计算机软件便没有运行的环境，再优秀的软件也无法把它的性能体现出来。因此，计算机硬件是计算机软件的物质基础，计算软件必须建立在计算机硬件的基础上才能运行。计算机系统组成如图 1-13 所示。

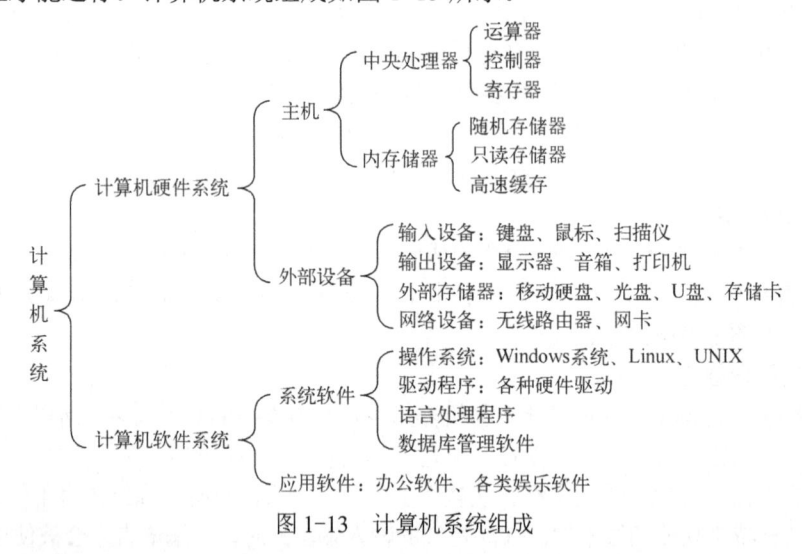

```
                                    ┌中央处理器┬运算器
                                    │         ├控制器
                              ┌主机─┤         └寄存器
                              │     │         ┌随机存储器
                              │     └内存储器─┼只读存储器
                              │               └高速缓存
         ┌计算机硬件系统─────┤
         │                    │     ┌输入设备：键盘、鼠标、扫描仪
计       │                    │     │输出设备：显示器、音箱、打印机
算       │                    └外部设备
机                                   │外部存储器：移动硬盘、光盘、U盘、存储卡
系─┤                                 └网络设备：无线路由器、网卡
统       │                          ┌操作系统：Windows系统、Linux、UNIX
         │                    ┌系统软件┤驱动程序：各种硬件驱动
         │                    │      │语言处理程序
         └计算机软件系统─────┤      └数据库管理软件
                              │
                              └应用软件：办公软件、各类娱乐软件
```

图 1-13　计算机系统组成

1.5.1　"存储程序控制"的概念

存储程序控制即存储程序和程序控制，程序输入到计算机后，首先会被存储在内存储器中，在运行时，控制器按地址顺序取出存放在内存储器中的指令（按地址顺序访问指令），然后分析指令，执行指令的功能，遇到转移指令时，则转移到转移地址，再按地址顺序访问指令（程序控制）。

20 世纪 30 年代中期，冯·诺依曼大胆提出，抛弃十进制，采用二进制作为数字计算机的数制基础。他还提出预先编制计算程序，然后由计算机按照人们事前制定的计算顺序来执行数值计算工作。

1.5.2　计算机硬件系统的组成

计算机系统由硬件系统和软件系统组成。其中硬件系统又分为主机和外部设备两部分。主机由计算机核心部件组成，一般包括运算设备、控制设备、存储设备、各类板卡、插槽和总线等。外部设备主要分为输入设备和输出设备。区分输入设备和输出设备的关键在于数据的传输方向，将数据传输到计算机外部的称为输出设备；将数据由计算机外部传输到计算机内部的称为输入设备，如显示器就是将计算机处理数据的结果显示出来供用户使用，属于典型的输出设备，键盘、鼠标是最基本的计算机输入设备。

1.5.3 计算机软件系统的组成

计算机软件是相对于计算机硬件而言的，两者相互依存，共同协作。计算机软件系统一般包括系统软件和应用软件两部分。它是计算机中的数据、程序和各类文档的集合。

1．系统软件

系统软件是为了更高效地使用和管理计算机硬件而编制的软件。系统软件包括操作系统、数据库管理系统、驱动程序、各类程序设计语言等。

操作系统是计算机软件系统中最基本的系统软件，它负责管理、控制和监督计算机软、硬件资源协调运行。它由一系列具有不同控制和管理功能的程序组成，是系统软件的核心。计算机需要安装操作系统才能更好地为人们服务。

常见的操作系统有 Windows（Windows 2003、Windows 2008、Windows Vista、Windows 7、Windows 8 和 Windows 10 等）、UNIX、Linux、macOS 等。

2．程序设计语言

程序语言分为三个阶段：第一阶段是计算机可以直接识别的机器语言；第二阶段是汇编语言，它是在机器语言的基础上做了改进，使用了字符串和函数，提高了编程效率，但是计算机无法直接识别汇编语言，还需要相应的编译程序；第三阶段是高级语言，高级语言不依赖于计算机硬件，在任何机器上都通用，从早期语言到结构化程序设计语言，从面向过程到非过程化程序语言的过程，逐渐形成产业化，影响比较大的高级语言有 Basic、VB、Delphi、C/C++、Java、Python、JavaScript 等。

3．数据库管理系统

数据库是按照一定联系存储的数据集合，数据库软件能够方便用户对数据库进行加工、管理和维护，其主要功能是对数据库中的数据进行建立、删除、修改等操作。例如，学生学籍管理系统、图书管理系统、医院的病例等。

4．应用软件

为解决各类实际问题而设计的程序系统称为应用软件，应用软件运行在操作系统之中。例如，办公自动化软件 Office、图形图像处理软件 Photoshop 等。

1.6 微型计算机的硬件

【学习目标】

1. 熟知计算机的基本结构。
2. 通过学习，逐步理解冯·诺依曼思想的重要性。
3. 熟知计算机常见硬件知识，理解技术参数。
4. 针对学科核心素养要求，形成理性思维、批判质疑、勇于探究、乐学善学、勤于反思、信息意识、技术运用等核心素养。
5. 通过系统学习，培养专业精神、职业精神、工匠精神、创新精神和自强精神。

1.6.1　微型计算机的基本结构

冯·诺依曼结构概括起来有三条主要设计思想。

1）计算机由运算器、控制器、存储器、输入设备和输出设备五大部分组成，且每一部分有自己独立的功能。

2）采用二进制。在计算机内部，所有的程序都采用二进制代码的形式表示。

3）存储程序自动控制。控制器根据存放在存储器中的指令序列自动执行程序，无须人工干预。

计算机硬件系统的五大部件并不是孤立存在的，它们在处理信息的过程中需要相互连接和传输。计算机的结构反映了计算机各个组成部件之间的连接方式。

现代计算机普遍采用总线（Bus）结构。为了节省计算机硬件连接的信号线，简化电路结构，计算机各部件之间采用公共通道进行信息传送和控制。计算机各部件之间分时占用公共通道进行数据的控制和传送，这样的通道简称为总线。总线经常被比喻为"高速公路"，它包含了运算器、控制器、存储器和 I/O 设备之间进行信息交换和控制传递所需要的全部信号。按照传输信号的性质划分，总线有数据总线、地址总线和控制总线三类，如图1-14所示。

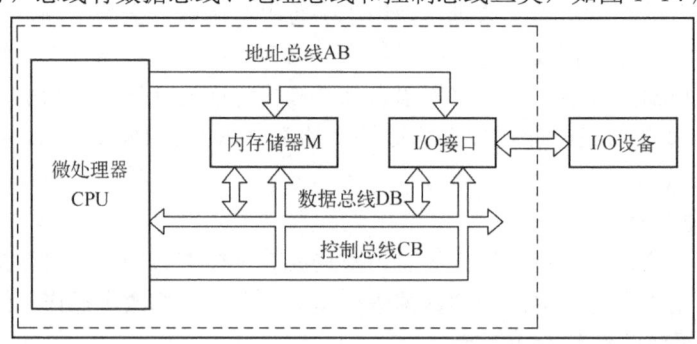

图1-14　三大总线

1．数据总线（DB）

数据总线用来传输数据信息，它是双向传输的总线，CPU 既可以通过数据总线从内存或者输入设备当中读入数据，又可以通过数据总线将内部处理完的数据传输到内存或者输出设备上。

2．地址总线（AB）

地址总线用来传送 CPU 发出的地址信号，是一条单向传输线，目的是指明与 CPU 交换信息的内存单元或输入/输出设备的地址。

3．控制总线（CB）

控制总线用来传送控制信号、时序信号和状态信息等。其中，有的是 CPU 向内存和外部设备发出的控制信号，有的则是内存或外部设备向 CPU 传送的状态信息。

总线在发展过程中已逐步标准化，常见的总线标准有 ISA 总线、PCI 总线、AGP 总线和 EISA 总线等。

1.6.2　微型计算机的硬件及其功能

尽管各种计算机在性能和用途等方面都有所不同，但是其基本结构都遵循冯·诺依曼体系结构，因此，人们便将符合这种设计的计算机称为冯·诺依曼计算机。

冯·诺依曼体系结构的计算机主要由运算器、控制器、存储器、输入设备和输出设备 5 个部分组成，各组成部分的功能和相互关系如图 1-15 所示。从图 1-15 可知，计算机工作的核心是控制器、运算器和存储器 3 个部分，其中，控制器是计算机的指挥中心，它根据程序执行每一条指令，并向存储器、运算器以及输入/输出设备发出控制信号，控制计算机自动地、有条不紊地进行工作；运算器是在控制器的控制下对存储器所提供的数据进行各种算术运算（加、减、乘、除）、逻辑运算（与、或、非）和其他处理（存数、取数等），控制器与运算器构成了中央处理器（CPU），被称为计算机的心脏，是计算机的核心。

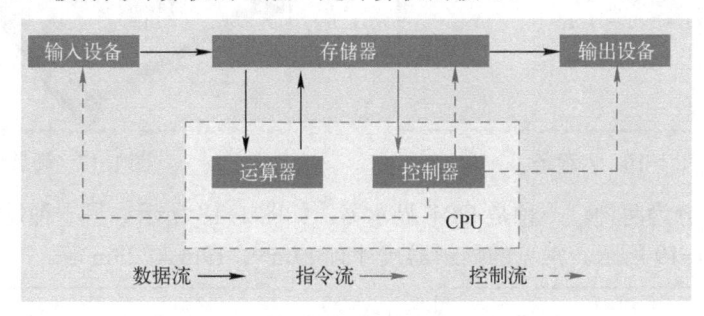

图 1-15　冯·诺依曼计算机工作原理

1. 运算器

运算器是执行算术运算和逻辑运算的部件。其任务就是对数据和信息进行加工和处理，运算器的性能指标是衡量整个计算机性能的重要指标之一。

2. 控制器

根据程序的指令，控制器向各个部件发出控制信息，以达到控制整个计算机系统的目的，因此，控制器是计算机的大脑。

3. 存储器

存储器是计算机中的"仓库"，用来存储程序和数据。存储器具备数据的存入和读取两种功能，简称为"读写功能"。

存储器的分类有多种方法，一般把存储器分为内部存储器和外部存储器。内部存储器也称为主存储器，用于存放当前运行程序和程序所用的数据，属于暂时存储；外部存储器也称为辅助存储器，用于存储大容量的数据和程序，属于永久性存储。

CPU 可以直接访问计算机内部存储器中的数据，无法直接访问计算机外部存储器中的内容，需要先把外部存储器的数据调入内部存储器，由内部存储器负责与 CPU 进行数据流通。

常见的内部存储器就是常说的内存条。内存的大小一般用 GB 来表示，内存容量的大小直接影响计算机的性能。现阶段常见的内存容量有 4GB、8GB、16GB 等，常见的内存类型为 DDR3、DDR4。内存条如图 1-16 所示。

常见的外部存储器就是常说的硬盘。硬盘的大小一般用 TB、GB 来表示，硬盘是计算机当中最大的外存，它为计算机数据和程序长期存储提供了空间，如图 1-17 所示。

4. 输入/输出设备

输入设备是计算机重要的人机接口，用于接收用户输入的命令和程序等信息；输出设备用于将计算机处理完的结果以人们可以识别的形式传输，显示出结果。常见的输入设备有键盘、鼠标、传声器；常见的输出设备有显示器、打印机、音箱等。

显示器是计算机硬件系统中最基础的输出设备，用户可以在显示器上直接看到程序运行过程和处理结果。

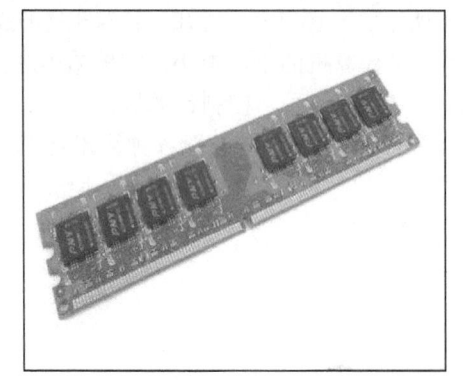

图 1-16　内存条

图 1-17　硬盘

常见的显示器分为两种。一种是 CRT 显示器，如图 1-18 所示。另一种是 LCD 显示器（液晶显示器），如图 1-19 所示。常见的显示器尺寸有 17in[⊖]、19in 与 23in 等。

图 1-18　CRT 显示器

图 1-19　液晶显示器

好的显示器应具备辐射低、耗电量低、颜色显示真实、体积小、重量小等优点，同时应该有国家的绿色环保标志。

键盘和鼠标是计算机系统中最基础的输入设备，可以通过鼠标、键盘对软件和程序进行直观的操作，可以向计算机输入数据和发送指令，是计算机必备的硬件，分别如图 1-20 和图 1-21 所示。

图 1-20　键盘

图 1-21　鼠标

⊖ 1in=25.4mm。——编辑注

好的键盘、鼠标应该具备手感好、键位布置合理、灵敏度高、定位准确等特点。

扫描仪是常见的计算机输入设备，它把外部的图形和文字通过光学原理输入到计算机内部，输入文件格式为图片格式，如图 1-22 所示。常见的扫描仪品牌有松下、惠普、佳能等。

打印机是常见的输出设备，它可以把计算机内的图形和文字输出到计算机外部，便于信息的交流，激光打印机如图 1-23 所示。常见的打印机分为三类：激光打印机、喷墨打印机和针式打印机。

图 1-22 扫描仪 　　　　图 1-23 打印机

好的打印机应该具备打印速度快、打印分辨率高、持续打印时间长等特点。常见的品牌有惠普、佳能、爱普生等。

计算机的硬件可以观察到的一般是显示器、键盘、鼠标、主机箱、摄像头、打印机、音箱、耳机等，但计算机的核心却是全部安装在计算机主机箱内部，包括中央处理器（CPU）、主板（Mainboard）、存储器（Memory）、硬盘（SSD 盘、HDD 盘）、显卡（Graphics Card）、声卡（Sound Card）、光驱（DVD-ROM）、电源（Power）等。

（1）主板（Mainboard）

主板是计算机当中最重要的部件之一，为计算机其他的组件提供各种接口和插槽，在各个组件之间起到协调工作的作用。主板是主机箱内最主要的载体，其他部件只有依赖主板才能发挥作用，如图 1-24 所示。除此之外，主板还为计算机提供了各种外部设备的接口，如键盘、鼠标接口（PS/2）、显示器接口、USB 接口、打印机接口（LPT）、串行接口（COM 接口）、网络接口（RJ-45）等外部接口。

（2）中央处理器（CPU）

中央处理器（Central Processing Unit，CPU）主要由运算器（ALU）、控制器（CU）和高速缓存（Cache）三部分组成。它是计算机的核心，负责整个系统的运算和控制功能，起到整体协调、调度的作用，如图 1-25 所示。运算器主要进行算术运算和逻辑运算；控制器是计算机的指挥中心，向计算机的各个部件发出指令。

图 1-24 计算机主板 　　　　图 1-25 中央处理器

（3）显卡（显示适配卡）

显卡是计算机的图形、图像处理专家，同时还负责数字信号和模拟信号的转换，即把CPU传输来的数字信号转换成计算机显示器可以识别的模拟信号，如图1-26所示。常见的显卡插槽有AGP和PCI-e两种规格，后者速度优于前者，是目前的发展趋势。

（4）电源和机箱

电源为计算机各个部件提供电力，是计算机的动力来源，如图1-27所示。安全稳定的电压是计算机工作的第一道防线。电源的选配应选取知名品牌，如长城电源、爱国者电源等。

图1-26　显卡

机箱的主要作用有两个：一个是载体，为计算机其他部件提供安装位置；另一个是保护作用，是计算机其他部件的最外层物理防护。好的机箱应该具备材质好、散热性能佳、结构合理、抗干扰能力强等特点，如图1-28所示。

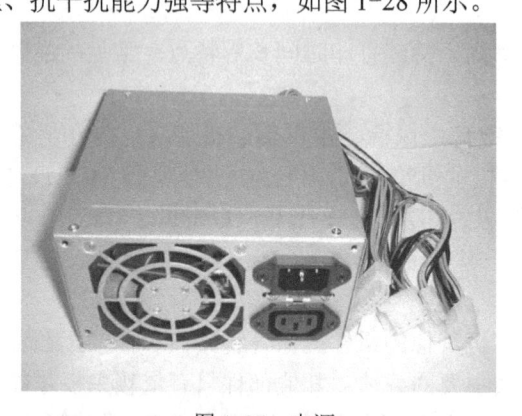

图1-27　电源

图1-28　机箱

1.6.3　微型计算机的技术指标

1）主频：主频是计算机CPU工作时的时钟频率，通常用MHz、GHz表示，如3.2GHz。CPU的主频越高，计算机处理数据的速度越快。

2）字长：指计算机一次性处理二进制数的长度，字长决定了计算机的计算精度，字长越长，计算机处理数的范围越大，运算精度越高。

3）高速缓存：现在的CPU一般有三级高速缓存：L1-cache、L2-cache、L3-cache，是存在于计算机主存和CPU之间的存储器，这种类型的存储器速度比主存的速度快很多，几乎接近于CPU的处理速度，主要存放由主存调入的指令和数据块。从一定意义上讲，高速缓存可以降低CPU的工作负担，避免死机，提高计算机的稳定性。

4）插槽类型：指CPU和主板之间的接口，也称为CPU插座，所选用的CPU要和主板的CPU接口相匹配。

5）多核心技术：为了满足越来越多用户的要求，CPU工程师考虑CPU的横向发展，即在一个CPU中安放多个核心，用来大幅度提高CPU的工作效率，为计算机的各种软件提供硬件支撑。

1.6.4 微型计算机硬件系统的配置

使用计算机时，可以在操作系统的运行环境下查看计算机的系统版本和硬件的配置信息。以 Windows 10 为例，具体操作如下。

1）在"此电脑"图标上单击鼠标右键，在弹出的快捷菜单中选择"属性"。

2）查看"关于本机"信息，如处理器型号、内存大小、操作系统版本等信息，如图 1-29 所示。

图 1-29 计算机配置情况

3）打开"设备管理器"，查看计算机安装的所有硬件信息和配置情况，如图 1-30 所示。例如，从设备管理器中可以看到 CPU 的主频以及型号。

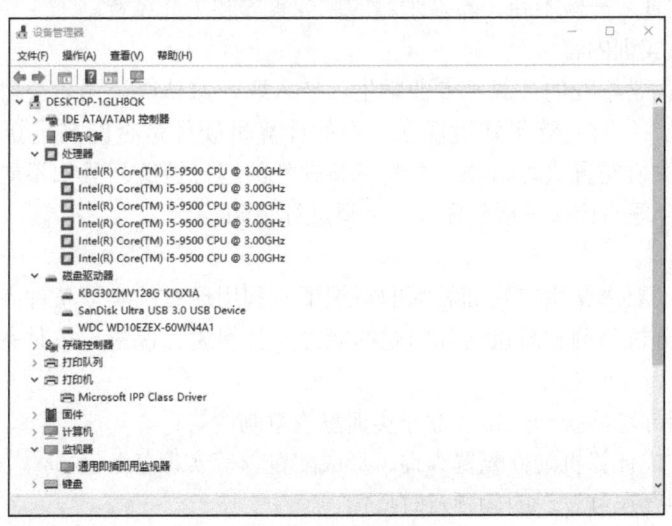

图 1-30 设备管理器

1.7 本章小结

通过本章的学习，可以了解到计算机的发展历史和计算机对人们生产生活的影响；了解计算机的内部工作原理以及计算机内部数据和程序的数据存在形式、不同数制之间的转换；了解计算机系统的组成部分、计算机软件和计算机硬件之间的关系、计算机硬件常见配置和技术参数、软件和硬件之间相辅相成的关系，明白合理的硬件配置才可以真正发挥软件的功能。同时，养成严谨的专业精神、职业精神和工匠精神，学会利用所学知识进行知识与技能的拓展与创新。

【学习效果评价】

复述本章的主要学习内容	
对本章的学习情况进行准确评价	
本章没有理解的内容是哪些	
如何解决没有理解的内容	

注：学习情况评价包括少部分理解、约一半理解、大部分理解和全部理解 4 个层次。请根据自身的学习情况进行准确的评价。

1.8 上机实训

1. 实训学习目标

1）学会简要查询计算机的硬件配置。
2）学会使用第三方软件对计算机硬件进行配置查询。
3）学会制作简要的配置单。
4）学会利用计算机网络查询相关硬件信息。
5）培养严谨认真、一丝不苟、精益求精的职业素养和工匠精神。

2. 实训情境及实训内容

张三是一名刚大学毕业的计算机专业学生，新入职一家传媒公司。公司现使用的软件要进行升级和更新换代，公司主管想知道现在公司的计算机硬件是否能满足新软件正常运行的要求，需要小张对计算机配置进行检测，并测试新软件的运行情况。假如不能满足新软件的运行要求，请出具一份合理的计算机新配置单，重新进行采购。

3. 实训要求

在实训过程中，要求学生在实训教师的组织下，利用现有的实训条件完成本次实训任务。旨在培养学生独立分析问题和解决实际问题的能力，且保质、保量、按时完成相关操作。实训的具体要求如下。

1）听从实训指导老师统一安排、遵守实训室规章制度。
2）按照要求完成计算机硬件配置查询、形成配置单等实训任务。
3）对在实训中存在和发现的问题及时反馈。
4）实训结束后，听从实训教师安排，按照统一标准进行实训设备和场地的清洁和整理工作。

5）开展小组合作探究学习，每 3 人一组，其中一人是小组长，负责组织学习过程以及学习成果汇报（根据实际情况而定）。

4．实训步骤

（1）简要查询计算机的硬件信息

1）在计算机桌面上找到"此电脑"图标，在图标上单击鼠标右键，在弹出的快捷菜单中选择"属性"。

2）在弹出窗口的左侧选择"关于"选项，就可以在右侧显示本机的简要硬件配置情况、系统版本、计算机名称等有用信息。

3）在此窗口的右侧，单击"设备管理器"选项，打开设备管理器，就可以看到本机更详细的硬件配置信息，如 CPU 型号、内存型号、磁盘信息、显示器信息、各类总线和接口信息、各类板卡信息等。

4）将本机硬件信息记录下来，并提交报告。

（2）安装并使用第三方软件进行硬件检测

1）从网上下载鲁大师，双击打开鲁大师的安装程序，按照提示进行安装，如图 1-31 所示。鲁大师安装完成界面如图 1-32 所示。

图 1-31　安装鲁大师　　　　　图 1-32　鲁大师安装完成界面

2）在桌面上找到"鲁大师"的快捷图标，双击打开软件界面，选择"硬件评测""硬件参数"等选项，依次查看"鲁大师"对本机硬件的检测情况，如图 1-33 所示。

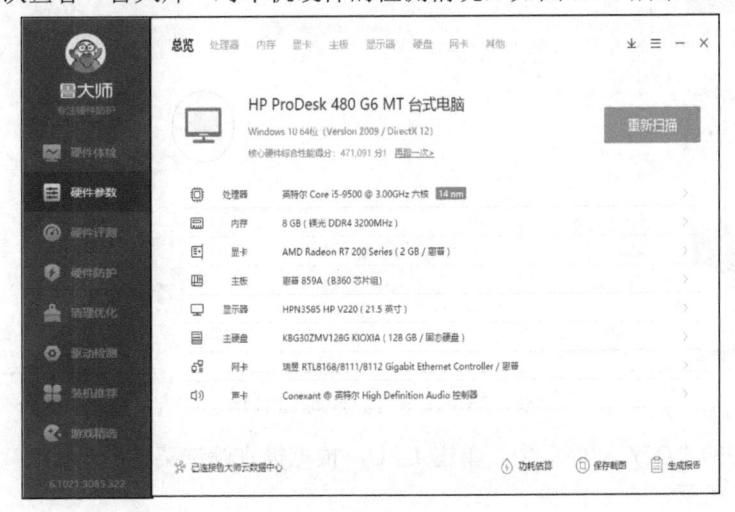

图 1-33　硬件参数

3）对硬件信息进行记录。

（3）通过网络了解计算机硬件信息

现阶段，电商已经具备了相当的规模，大多数的电子商品，包括计算机硬件或者整机都可以在网上购买。

1）打开浏览器，在地址栏中输入"中关村在线（网址为 https://top.zol.com.cn/）"，如图 1-34 所示。

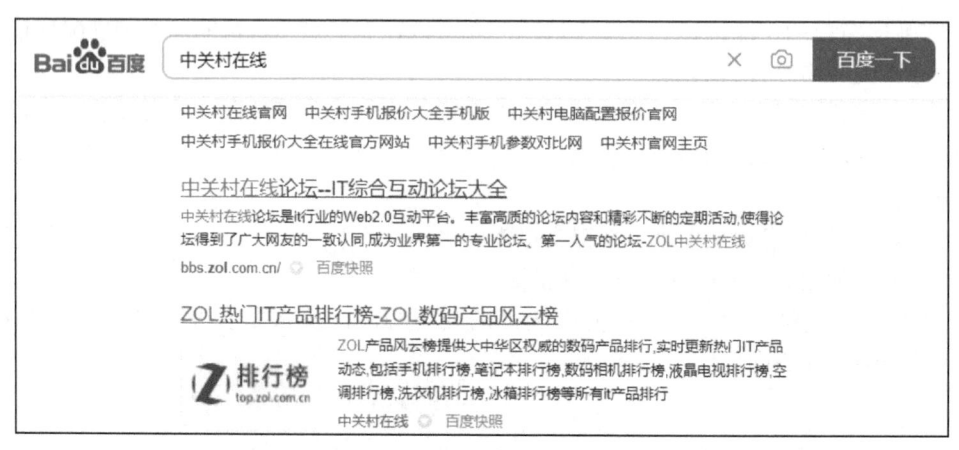

图 1-34　搜索计算机硬件报价网站

2）在主页的搜索框中输入"CPU"或者其他硬件、品牌信息进行查询，如图 1-35 所示。

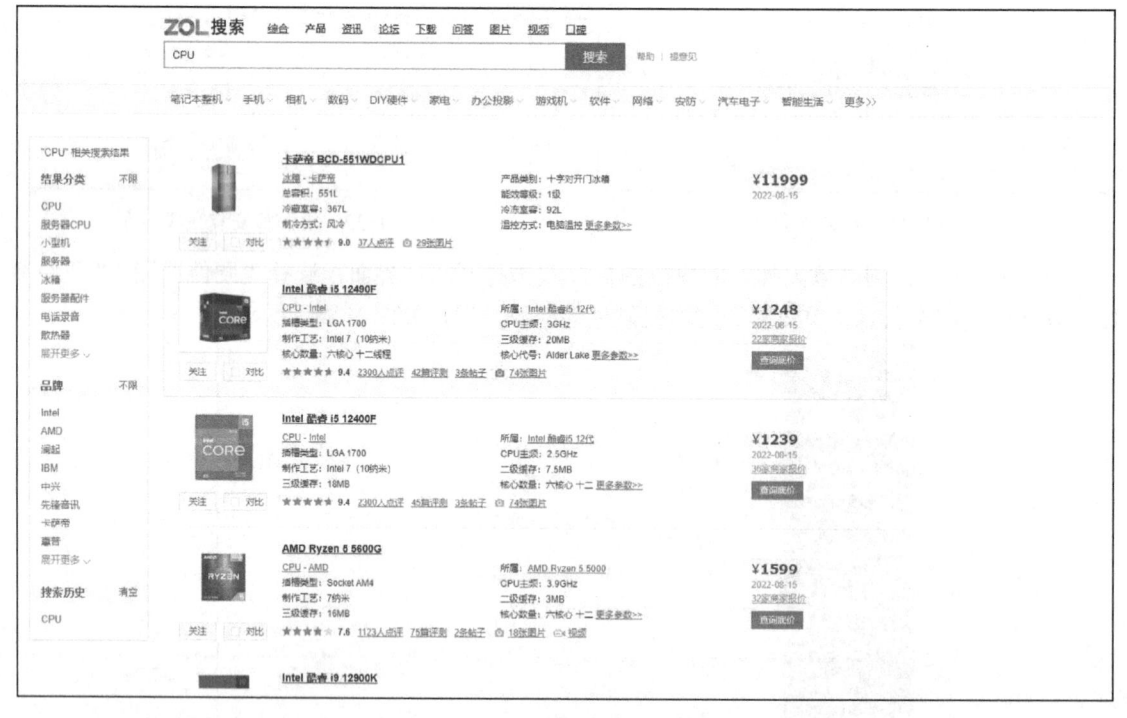

图 1-35　在主页面查询 CPU 信息

3）在新页面的"DIY 硬件"中，单击 CPU，根据需求筛选菜单选项，对 CPU 的型号进行查询，如图 1-36 所示。

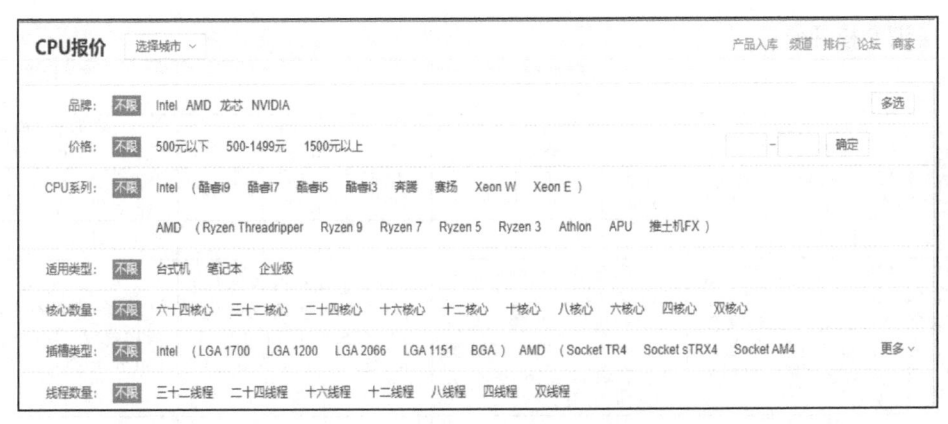

图 1-36　按条件查询 CPU 报价

4）选定一款 CPU，单击进入购买界面，查看此款 CPU 的详细参数。其中，主频、高速缓存、封装类型、制作工艺、适用机型、CPU 线程、支持内存类型和数量等都是重要的参数，如图 1-37 和图 1-38 所示。

图 1-37　查询到商品报价

图 1-38　查看 CPU 的具体参数

5）返回上一界面，在搜索框中输入联想笔记本计算机，查询笔记本计算机的具体参数。

5. 实训考核评价

考核方式与内容	过程性考核（50分）									终结性考核（50分）		
	操行考核（10分）			实操考核（20分）			学习考核（20分）			实训报告成果（50分）		
实施过程	教师评价	小组评价	自评	教师评价	小组评价	自评	教师评价	小组评价	自评	教师评价	小组评价	自评
考核标准	出勤、安全、纪律、协作精神、工作（学习）态度、表达能力、沟通能力、完成作业、环保意识、创新意识等，每项各为1分			正确查询本机硬件信息并记录（4分）、正确安装鲁大师进行硬件检测并记录（6分）、网上商品查询、参数记录（6分）、工匠精神（4分）			预习工作任务内容（4分）、工作过程记录（4分）、完成作业（4分）、工作方法（4分）、工作过程分析与总结（4分）			回答问题准确（20分）、操作规范、实验结果准确（30分）		
各项得分												
评价标准	A级（优秀）：得分>85分；B级（良好）：得分为71～85分；C级（合格）：得分为60～70分；D级（不合格）：得分<60分											
评价等级	最终评价得分是：　　　　分						最终评价等级是：					

6. 知识与技能拓展

根据用户预算，能够给出合理的计算机部件购买建议。

【温故知新——练习题】

一、选择题

1. 1946年诞生的第一台电子计算机是（　　）。
   A．UNIVAC-1　　B．EDVAC　　C．ENIAC　　D．IBM
2. 第二代计算机的划分年代是（　　）。
   A．1946—1957年　　　　　　B．1958—1964年
   C．1965—1970年　　　　　　D．1971年至今
3. 1KB的准确数值是（　　）。
   A．1024 Byte　　B．1000 Byte　　C．1024 bit　　D．1024MB
4. 十进制数55转换成二进制数等于（　　）。
   A．111111　　B．110111　　C．111001　　D．111011
5. 二进制数111+1等于（　　）。
   A．1000　　B．100　　C．1111　　D．1001
6. 与二进制数101101等值的十六进制数是（　　）
   A．2D　　B．2C　　C．1D　　D．B4
7. 下面属于计算机的特点的是（　　）。
   A．运算速度快　　B．计算精度高　　C．自动控制　　D．故障率高
8. 下面不属于计算机的应用领域的是（　　）。
   A．电子商务　　B．物联网　　C．感情调解　　D．金融理财
9. 下列哪些行为属于违法行为（　　）。

A．浏览网页 B．电子竞技
C．下载病毒代码自己研究 D．将恶意链接发布到网上和各个聊天群
10．下列哪一种计算机属于个人计算机（   ）。
　　A．巨型机　　　B．大型机　　　　C．服务器　　　D．微机

二、填空题

1．第二代计算机的主要特点是_____。
2．计算机辅助设计主要包括_____。
3．计算机指令是_____。
4．常见的输入设备有_____，输出设备有_____。
5．常见的操作系统有_____。
6．常见的程序设计语言有_____。
7．在计算机结构中，三大总线是指_____、_____、_____。
8．CPU 又称为_____，它由_____、_____、_____三大部分组成。
9．存储器分为_____和_____，计算机硬盘属于_____存储器，内存条属于_____存储器。
10．计算机主板的作用是_____。

三、简答题

1．冯·诺依曼体系结构的核心思想是什么？
2．查看计算机配置的方法有哪些？

四、计算题

1．十进制数转换为二进制数。
134=（   ），256=（   ），197=（   ）。
2．二进制数转换为十进制数。
1010110=（   ），11100111=（   ），10100001=（   ）。
3．二进制数与十六进制数互换。
1010111B=（   ）H，123BC=（   ）B。

第 2 章 Windows 10 操作系统

2.1 Windows 10 的启动和退出

【学习目标】

1. 通过学习和查阅资料，熟知 Windows 操作系统的发展历程。
2. 通过学习，熟知操作系统的功能和作用。
3. 正确操作 Windows 系统，如正确开关机、正确创建用户账户。
4. 针对学科核心素养要求，形成理性思维、批判质疑、勇于探究、乐学善学、勤于反思、信息意识、技术运用等核心素养。
5. 通过系统学习，培养专业精神、职业精神、工匠精神、创新精神和自强精神。

操作系统（Operating System，OS）是一种系统软件，用于管理和控制计算机硬件与软件资源、控制计算机程序的运行、改善人机交互界面、为其他应用软件提供支持等，从而使计算机系统所有的资源得到最大限度的发挥和应用，并为用户提供了方便、有效、直观的服务界面，是靠近计算机硬件的第一层软件。

目前，个人计算机中常用到的操作系统分为三个系列：微软公司的 Windows 系列（如 Windows 7、Windows 8、Windows 10、Windows 11 等）、基于 Linux 的操作系统、苹果公司的 macOS 系列。一般来讲，使用 Windows 系列的操作系统用户居多，如本书讲到的 Windows 10。

微软公司自 1985 年推出 Windows 操作系统以来，其版本也从最初的 DOS 下的 Windows 1.0 发展到现在的 Windows 11，见表 2-1。

表 2-1 Windows 操作系统发布时间

发布时间	发布版本	发布时间	发布版本
1985 年	Windows 1.0	2001 年	Windows XP
1987 年	Windows 2.0	2005 年	Vista
1990 年	Windows 3.0	2009 年	Windows 7
1992 年	Windows 3.1（NT）	2012 年	Windows 8
1995 年	Windows 95	2015 年	Windows 10
1998 年	Windows 98	2021 年	Windows 11
2000 年	Windows 2000		

2.1.1 Windows 10 的启动

开启计算机主机箱和显示器的电源开关，Windows 10 将载入内存，便开始对计算机的主板和内存等进行检测。系统启动完成后，将进入 Windows 10 欢迎界面，若只有一个用户，且没有设置用户密码，则直接进入系统桌面；如果系统存在多个用户且设置有用户密码，则需要选择用户并输入正确的密码才能进入系统。

2.1.2 Windows 10 的退出

关闭计算机一般分为两种方式，一种是使用完计算机后，把需要存储的计算机数据和程序分别进行存储和关闭处理，然后单击计算机"开始"按钮，单击"电源"按钮，再单击"关机"按钮，如图 2-1 所示。另外一种是在死机的情况下，即操作系统出现故障，无法正常关机，需要按住计算机电源开关不放，持续五秒以上，直到关闭电源为止。

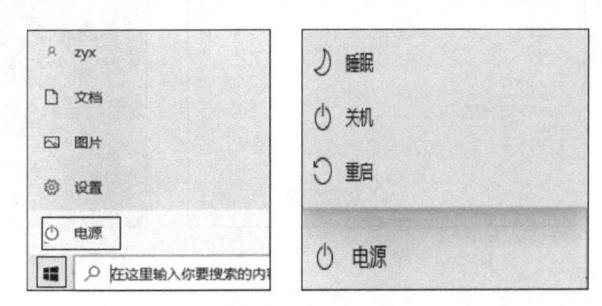

图 2-1 正确关机

2.1.3 创建新用户账户

Windows 10 提供了多用户的操作环境。当多人使用一台计算机时，可以分别为每个人创建一个用户账户。这样，每个人都可以使用自己的账户登录计算机，拥有独立的存储空间，每个用户之间相互不影响。创建用户账户的步骤如下。

1）从"开始"菜单选择"设置"，单击进入设置菜单，选择"账户"选项，如图 2-2 所示。

2）单击进入"账户"界面，查看当前账户类型。

3）在左侧菜单中选择"家庭和其他用户"，单击"使用 Microsoft 账户登录"。单击"下一步"按钮，如图 2-3 所示。

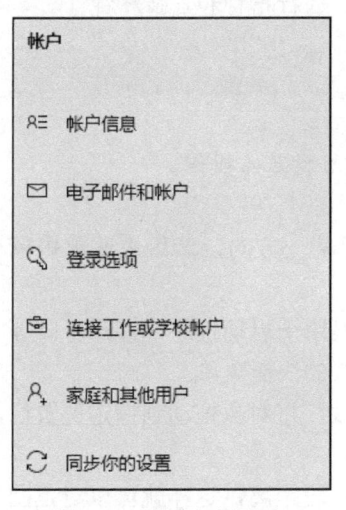

图 2-2 设置账户界面

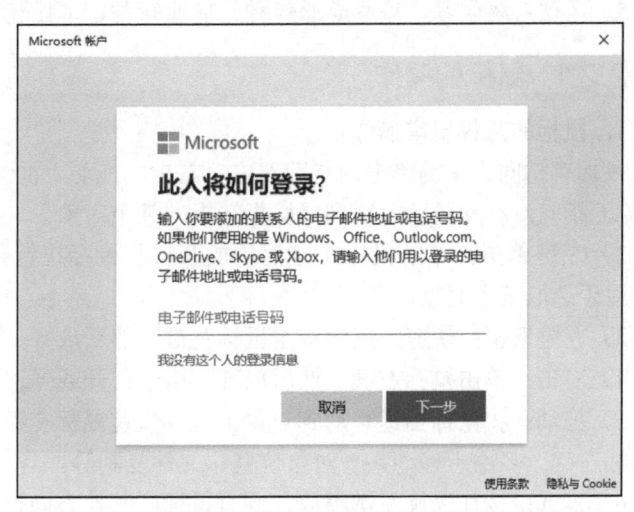

图 2-3 使用 Microsoft 账户登录

4）为这台计算机创建新账户。输入账户名称和密码以及账户的密码提示问题，单击"下一步"按钮，如图 2-4 所示。

5）为新创建的用户账户更改账户类型。用户账户分为管理员级和普通用户级，如图 2-5 所示。

图 2-4　创建账户　　　　　　　　　图 2-5　更改账户类型

2.2 鼠标和键盘的基本操作

【学习目标】

1. 通过学习，学会键盘和鼠标的设置。
2. 熟练使用键盘和鼠标进行计算机控制。
3. 熟知鼠标的指针类型、键盘的键位分布和键位功能。
4. 针对学科核心素养要求，形成理性思维、批判质疑、勇于探究、乐学善学、勤于反思、信息意识、技术运用等核心素养。
5. 通过系统学习，培养专业精神、职业精神、工匠精神、创新精神和自强精神。

2-1 鼠标和键盘的基本操作

2.2.1 鼠标的操作

1. 鼠标的几种日常操作

鼠标有指向、左键单击、左键双击、右击、拖动、框选这6种基本操作。

1）指向：移动鼠标，直到鼠标指针指向某个对象。
2）左键单击：单击鼠标左键然后放开，将鼠标指针指向某一方向，然后快速单击鼠标左键，用于选取某个对象。
3）左键双击：快速、连续双击鼠标左键，然后放开。一般用于启动程序、打开窗口等。
4）右击：单击鼠标右键，然后放开，用于打开或弹出对象的快捷菜单。
5）拖动：将鼠标指针移动到对象上，并按住鼠标左键不放，将对象拖动到指定位置后，松开鼠标左键，多用于移动某一对象位置、文件复制等。
6）框选：按住鼠标左键不放，同时鼠标向其他方向拖动一段距离，这样就可以对范围内的文件进行框选。

2.2.2 鼠标的指针

1. 鼠标的指针类型

在 Windows 10 操作系统中，鼠标指针在不同状态下有不同的形状，这样可以直观地告诉用

第 2 章　Windows 10 操作系统

户当前进行的操作和系统状态。常用的鼠标指针以及对应状态见表 2-2。

表 2-2　鼠标指针图标

鼠标指针	表示的状态	鼠标指针	表示的状态	鼠标指针	表示的状态
	准备状态	╋	精确调整对象		调整对象水平大小
	选择帮助	I	文本输入		调整对象垂直大小
	后台处理		禁用状态		等比例调整对象 1
	忙碌状态		手写状态		等比例调整对象 2
	选择对象		超链接选择		候选

2．鼠标的常规设置

从"开始"菜单中找到"设置",打开控制面板,找到设置鼠标的选项,单击进入鼠标设置界面。

1）设置鼠标的主次键。一般来讲,鼠标左键就是鼠标的主键,有时候可以根据用户的需要和使用习惯,调整鼠标的主次键,如将鼠标右键设为主键,设置完成后,鼠标左键和鼠标右键的功能互换,如图 2-6 所示。

2）设置光标的闪烁间隔时间。

3）设置鼠标中键（中间滑轮）一次性滚动的页面行数。

4）设置鼠标主键双击速度。大家应该知道,双击鼠标主键就可以打开程序和文件,但是每个人的反应速度不同,可以根据用户的使用情况,合理调整双击打开文件的间隔时间,优化操作手感,如图 2-7 和图 2-8 所示。

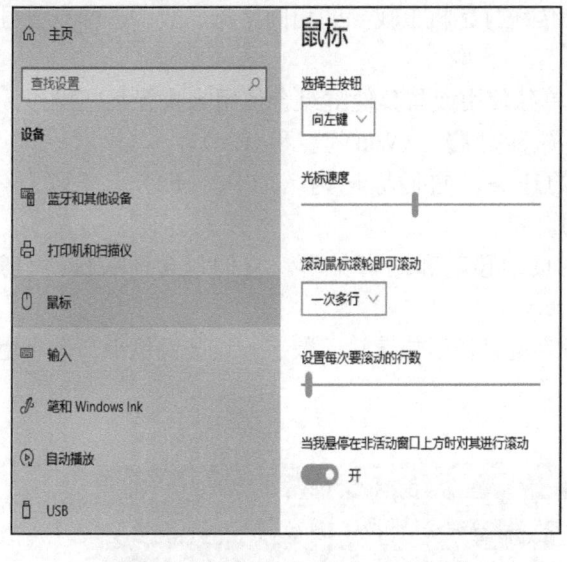

图 2-6　设置鼠标主次键、光标速度　　　　图 2-7　其他鼠标选项

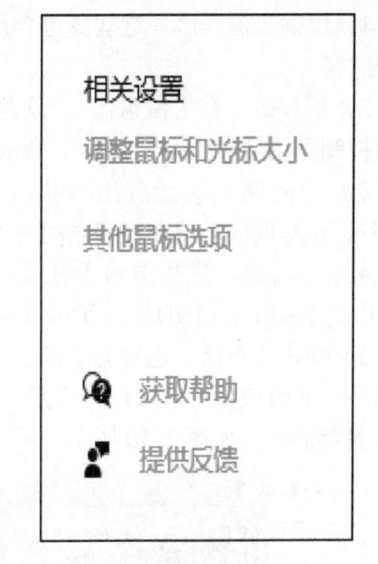

5）调整鼠标指针样式。可以根据自身需求调整鼠标指针的大小和颜色,如图 2-9 所示。

6）调整鼠标指针滑动灵敏性。建议调整到中速,假如鼠标移动速度太快,不容易捕捉到鼠标指针;速度太慢,会影响操作流畅性,影响操作速度。

图 2-8　调整双击速度　　　　　　　图 2-9　设置指针大小和颜色

2.2.3　键盘的布局

1．键盘的功能和作用

键盘是一种带有一定执行功能的输入设备。所以，键盘的基础作用，首先是各种字符的输入，其次是键盘上的功能键或者是组合键对计算机的某种控制。

2．键盘的布局

1）主键盘键入区。这些键包含可以在传统打字机上找到的相同字母、数字、标点符号和符号键。

2）控制键（在主键盘区）。这些键可单独使用或与其他键组合使用来执行某些操作。最常用的控制键包括〈Ctrl〉、〈Alt〉、Windows 徽标键 （〈Win〉键）和〈Esc〉。

3）功能键。功能键用于执行特定的任务。它们标记为〈F1〉、〈F2〉、〈F3〉、……、〈F12〉。这些键的功能在程序之间各不相同。

4）导航键。这些键用于在文档或网页中移动和编辑文本。它们包含箭头键、〈Home〉〈End〉、〈PgUp〉、〈PgDn〉、〈Delete〉和〈Insert〉。

5）数字键盘区。也称为小键盘区，数字键盘便于快速输入数字。这些键位于一个小矩形区域内中，分组放置，像常规计算器。

键盘的布局如图 2-10 所示。

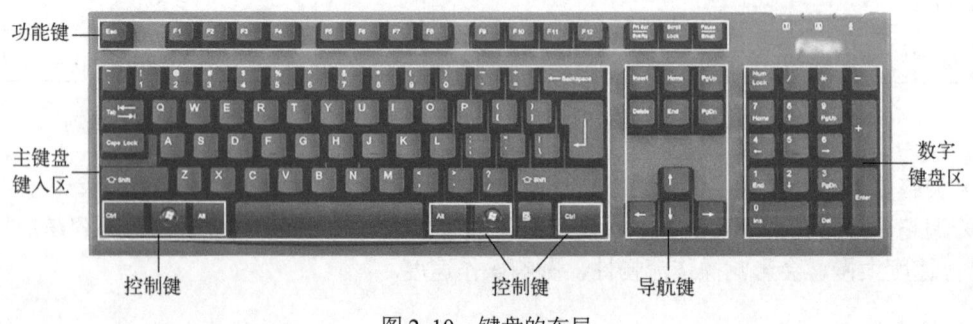

图 2-10　键盘的布局

2.2.4 键盘的使用

1. 正确的打字姿势

人们一定要养成正常的打字习惯，这对以后的工作和学习很重要。除了健康方面的影响之外，还会有其他方面的影响。比如，打字的时候错别字太多，容易导致肩、腰、颈方面的职业病等。正确的打字姿势如图 2-11 所示。

1）屏幕及键盘应该在正前方，不应该让脖子及手腕处于斜的状态。
2）屏幕的中心应比眼睛的水平线低，屏幕离眼睛最少要有一个手臂的距离。
3）要坐直，不要半坐半躺。
4）大腿应尽量保持与前臂平行的姿势。
5）手、手腕及手肘应保持在一条直线上。
6）双脚轻松平稳地放在地板或脚垫上。
7）椅座高度应调到与你的手肘有近 90°弯曲，使你的手指能够自然地架在键盘的正上方。
8）腰背贴在椅背上，背靠斜角保持在 10～30°。

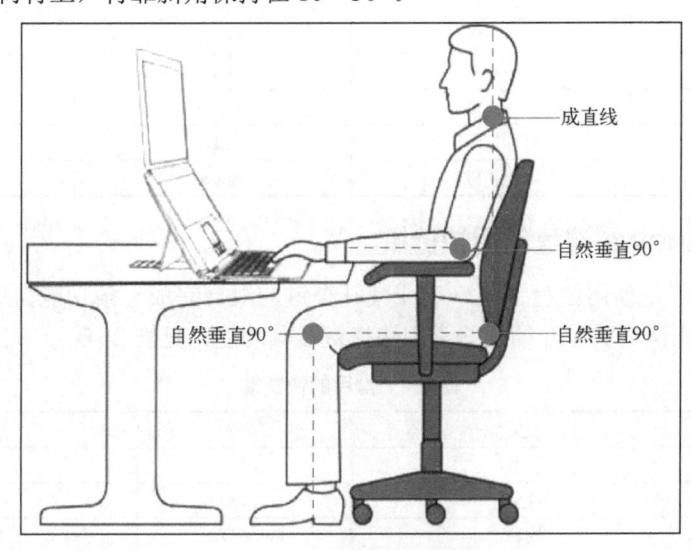

图 2-11　正确的打字姿势

2. 使用打字软件

随着信息技术越来越成熟，计算机、手机、各类平台等智能产品的出现，键盘输入已经成为一种技术能力。因此，熟练掌握一种输入法也成为现代职业的基本素养。使用打字软件可以提高打字键入速度和准确率，金山打字通如图 2-12 所示。

金山打字通是一款功能齐全、数据丰富、界面友好的、集打字练习和测试于一体的打字软件，金山打字通针对用户水平定制个性化的练习课程，循序渐进，提供英文、拼音、五笔、数字符号等多种输入练习，并

图 2-12　金山打字通

为收银员、会计、速录等职业提供专业培训。

3. 键盘键位分布

不同键盘的键位分布也有所差别，在输入字符时，双手需要放在八个基准键上，手指要按照就近原则进行字符输入，所以每个手指负责一个区域的字符输入，下面给大家介绍一下键盘上的键位分布，如图 2-13 所示。

键盘上常见的功能键介绍，见表 2-3。

图 2-13 键位分布、基准键

表 2-3 键盘常用键功能

键名	功能	键名	功能
〈Esc〉	退出键、取消键	〈ScrLk〉	滚动锁定
〈Tab〉	制表键	〈Pause〉	暂停键
〈CapsLock〉	大小写锁定键	〈Inset〉	插入键
〈Shift〉	换档键	〈Delete〉	删除键
〈Ctrl〉	控制键	〈Home〉	原位键
〈Alt〉	可选键	〈End〉	结尾键
〈Enter〉	回车键	〈PgUp〉	向上翻页键
〈PrtSc〉	打印屏幕键	〈PgDn〉	向下翻页键
〈Backspace〉	退格键	〈Space〉	空格键

2.2.5　Windows 键盘常用快捷键

所谓快捷键，就是使用键盘上某一个或某几个键的组合完成一条功能命令，从而达到提高操作速度的目的。下面为大家介绍一些常用快捷键及其功能，见表 2-4。

表 2-4 常用的快捷键

按键	说明	按键	说明
〈F1〉	帮助	〈F2〉	重命名
〈F3〉	搜索	〈F4〉	地址
〈F5〉	刷新	〈Win+D〉	显示桌面
〈Win+R〉	运行	〈Win+E〉	打开我的文件资源管理器
〈Win+Break〉	显示系统属性	〈Win+L〉	锁定计算机
〈Win+数字键〉	打开关闭任务栏中的第 n 个窗口	〈Win+↑〉	最大化窗口
〈Win+X〉	打开附件菜单（可调节音量、电源、亮度、网络连接）	〈Win+↓〉	还原、最小化窗口
〈Ctrl+A〉	全选	〈Ctrl+S〉	保存
〈Ctrl+D〉	删除	〈Ctrl+F〉	查找
〈Ctrl+Z〉	撤销	〈Ctrl+Shift+Z〉	向上一步撤销
〈Ctrl+X〉	剪切	〈Ctrl+C〉	复制
〈Ctrl+V〉	粘贴	〈Ctrl+滚轮〉	放大或缩小网页
〈Ctrl〉+鼠标左键	单选	〈Ctrl+Home/End〉	跳到顶端/底端
〈Alt+F4〉	关闭	〈Alt+空格〉	显示窗口属性
〈Alt+F〉	打开文件菜单	〈Alt+Enter〉	查看属性
〈Alt+Tab〉	切换窗口	〈Shift+F10〉	打开右键菜单
〈Shift+空格〉	半全角切换	〈Shift+Delete〉	永久删除
〈Shift+Home/End〉	选中光标至行首或行尾的文字		

2.3 桌面及窗口的基本操作

【学习目标】

1. 通过学习，熟知 Windows 10 操作系统桌面的组成。
2. 熟知任务栏的组成元素和功能。
3. 熟知 Windows 窗口的作用。
4. 针对学科核心素养要求，形成理性思维、批判质疑、勇于探究、乐学善学、勤于反思、信息意识、技术运用等核心素养。
5. 通过系统学习，培养专业精神、职业精神、工匠精神、创新精神和自强精神。

2.3.1 认识桌面

登录到 Windows 10 系统后，展现在面前的就是系统桌面，主要包括桌面图标、任务栏、桌面区三部分。桌面图标由系统图标、应用程序图标和快捷方式三种组成，如图 2-14 所示。安装新软件后，一般会在桌面上自动添加新的快捷图标，用户也可以自己添加快捷图标，如图 2-15 所示。

图 2-14　桌面图标　　　　　　　　图 2-15　快捷方式图标

在安装完 Windows 10 操作系统后，在桌面上只有"回收站"图标，其他的图标（如"计算机""网络""个人文件夹"）需要用户手动添加，首先单击"开始"图标，单击"设置"按钮，弹出"Windows 设置"窗口，单击"个性化"按钮，在"个性化"面板中找到"主题"，在"相关的设置"中单击"桌面图标设置"按钮，弹出"桌面图标设置"对话框，在要添加的图标前打上对号，如图 2-16 所示。

图 2-16　添加系统图标

2.3.2 认识任务栏

在 Windows 主窗口下方是任务栏，从左往右依次是"开始"菜单按钮、搜索栏、"语音助手 Cortana"按钮、"任务视图"按钮、"Edge 浏览器"图标和通知区域，如图 2-17 所示。每当打开一个应用程序时，在任务栏上就会显示该程序的任务栏图标，程序关闭，图标消失。

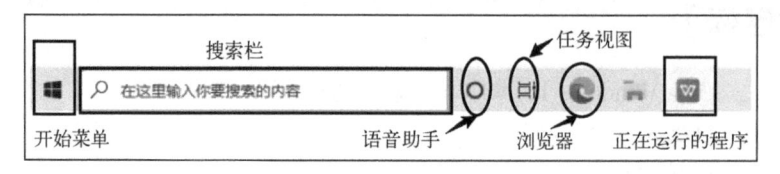

图 2-17 任务栏

- "开始"菜单按钮：单击按钮可以打开"开始"菜单，可以从"开始"菜单打开计算机当中的应用程序、运行 Windows 命令、关闭、重启、睡眠计算机。
- 搜索栏：在搜索栏中输入需要搜索的信息的关键字，就可以对计算机硬盘文件进行扫描，找到关键字关联的文件或者文件夹。
- "语音助手 Cortana"按钮：单击此按钮，在打开的界面中可以进行语音搜索。
- Edge 浏览器：是 Windows 10 自带的浏览器，单击浏览器就可以打开网页了。
- 通知区域：包括系统时间和日期、扬声器、网络连接、输入法等一些程序的通知图标。单击或者右击通知区域的图标可以执行不同的操作，如图 2-18 所示。

图 2-18 通知区域

- 已启动的程序任务栏：Windows 10 系统默认会分组显示程序的任务栏图标，将鼠标指针移动到"图标"上时，会显示分组内不同窗口的预览图，单击预览图可以快速切换至该程序窗口。右击"图标"，会弹出快捷菜单，其中列出了当前可以对该程序窗口进行的操作、最近使用的文档或常用的对象，用户可以选择所需项进行快速操作。

2.3.3 窗口的组成与基本操作

在 Windows 10 中打开某个文件时，就会在屏幕上显示一个划定的矩形区域，这便是窗口。一个窗口代表这一个程序的某项功能正在执行。大多数的窗口在外观上都一样，由几种元素组成。双击打开"此电脑"图标，出现"此电脑"窗口，下面以该窗口为例，介绍窗口中的各个组成元素，如图 2-19 所示。

- "标题栏"：位于窗口的最顶端，显示当前目录的位置。标题栏右侧为窗口的"最小化""最大化/还原""关闭"按钮，单击对应的按钮窗口会进行相应的操作。
- "快速访问工具栏"：用于显示用户的常用命令，默认只显示"属性"和"新建文件夹"两个命令，用户可以自行添加其他命令到"快速访问"。
- "选项卡标签"：用于分类存放与当前窗口相关的命令。例如，"查看"选项卡中就可以调整查看的布局和视图的浏览模式。
- "控制按钮区"：主要功能是实现目录的后退、前进或返回上一级目录。
- "地址栏"：显示当前文件的路径信息。用户也可以在地址栏输入网址，直接就可以跳转到网页当中。
- "搜索栏"：用于在当前目录中搜索文件。

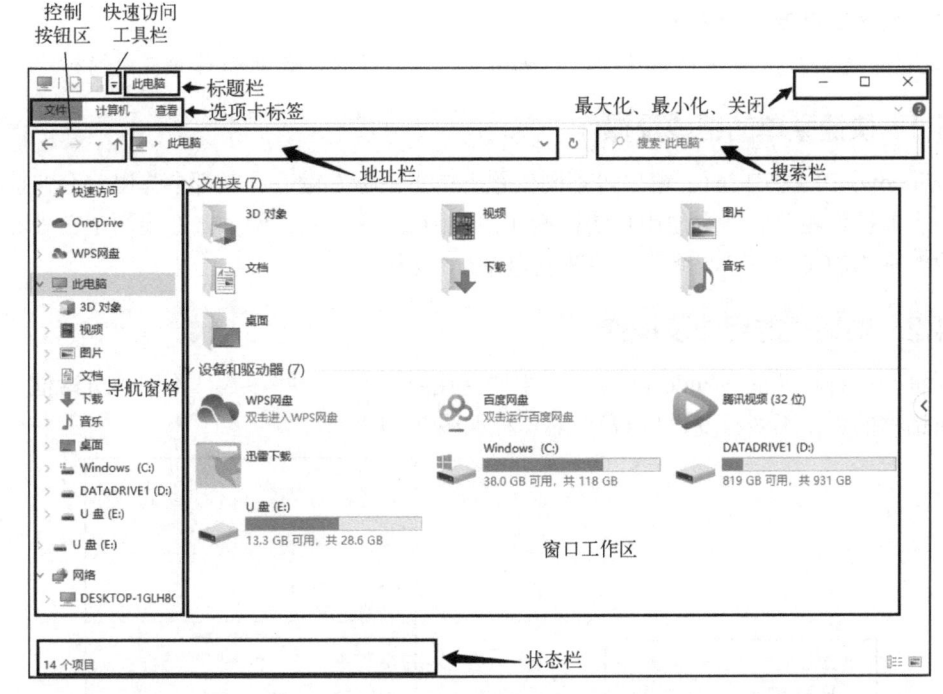

图 2-19 认识"窗口"

- 导航窗格：可以使用"导航窗格"快速对文件和文件夹进行操作，比如复制、选择、剪切、移动位置等。
- 窗口工作区：用于显示当前窗口的内容或者执行某项操作后显示的内容。可以使用"滚动条"来调整工作区的显示区域。
- 状态栏：会根据用户当前选择的内容，显示当前窗口中的项目数量、已选择项目数、选择文件的大小等基本信息；状态栏右侧有"列表"按钮和"缩略图"按钮，单击某一按钮，就可以切换到对应的模式。

窗口除了可以执行最小化、最大化/还原、关闭等操作外，常用的窗口操作还包括下面几项。

- 移动窗口：可以将鼠标指针放置上标题栏上，按下鼠标左键来拖动窗口的位置。
- 窗口最小化后还原：对窗口执行最小化命令后，窗口会缩小放置在任务栏上，在任务栏上单击该图标就可以实现窗口的还原操作。
- 改变窗格的大小：用户需要将鼠标放置在窗口的边缘，鼠标样式变为双向箭头样式时，按下鼠标左键改变窗口的大小。也可以将鼠标放置窗口的角上，可以等比例缩放窗口大小。

2.4 快捷菜单及对话框的操作

【学习目标】

1. 通过学习，熟知快捷菜单的功能和作用。
2. 熟知对话框的功能和作用、对话框与窗口的区别。
3. 熟知鼠标的指针类型、键盘的键位分布和键位功能。
4. 针对学科核心素养要求，形成理性思维、批判质疑、勇于探究、乐学善学、勤于反思、信息意识、技术运用等核心素养。

5. 通过系统学习，培养专业精神、职业精神、工匠精神、创新精神和自强精神。

2.4.1 快捷菜单的组成及操作

在 Windows 10 系统桌面、窗口等不同位置上单击鼠标右键，一般都会弹出一个快捷菜单，该菜单与当前操作相关联，方便用户快捷操作，如图 2-20 所示。例如，在桌面空白处右击，单击"新建"→"DOC 文档"，就可以快速创建 Word 文档。

2.4.2 对话框的组成及操作

对话框是一种特殊的 Windows 窗口，主要是让用户设置一些参数，不同的对话框，样式也不同。对话框的大小不能改变，"声音"对话框如图 2-21 所示。

图 2-20　右键快捷菜单　　　　图 2-21　"声音"对话框

- 标题栏：对话框最上端显示名称的地方就是标题栏，可以在标题栏按下鼠标左键来移动对话框的位置，也可以单击关闭对话框。
- 选项卡：当有多个选项时，就会显示在不同的选项卡上，单击选项可以切换选项卡。
- 下拉列表框：包含某些设置的多个设置选项，可以单击下拉箭头打开下拉菜单，选择其中一项作为当前设置。
- 复选框：用于设定或者取消某些项目，单击选中，再次单击取消选择。
- 单选框：区别于复选框，单选框只能选择当前多个选项中的一项，一旦选择确认，其他选项就会呈灰色不可选状态。
- 命令按钮：在对话框中有许多按钮，单击这些按钮可以打开某个对话框或者应用相关设置。

2.5　文件管理

【学习目标】

1. 通过学习，熟知文件和文件夹的命名规则。

2. 熟知常见的文件扩展名。

3. 熟练使用快捷键进行文件和文件夹基本操作。

4. 针对学科核心素养要求，形成理性思维、批判质疑、勇于探究、乐学善学、勤于反思、信息意识、技术运用等核心素养。

5. 通过系统学习，培养专业精神、职业精神、工匠精神、创新精神和自强精神。

2.5.1 文件的基本概念

在计算机当中，用户的各种数据和信息都是以文件的形式存在的，而文件夹则可以看成存放各种文件的容器，因此，在 Windows 10 中最重要的就是操作和管理文件夹。

1. 文件和文件名

计算机中所有的信息（包括程序和数据）都以文件的形式存储在存储器上。文件是相关的一组信息的集合，可以是程序、文档、图像、声音、视频等。计算机文件就是用户赋予名字并存储在外存储器上的信息的有序集合。文件名是存取文件的依据，一般文件名由主文件名和扩展名组成，中间以"."间隔，格式是<主文件名>.<扩展名>，如"我的祖国.mp3"代表一个格式为 MP3 的声音文件。文件的组成如图 2-22 所示。

主文件名是文件的标识，扩展名用于标识文件的类型，必须有主文件名，扩展名是可选的。Windows 10 有以下文件命名规则。

图 2-22 文件的组成

- 支持长文件名，最多可以由 255 个字符组成，可以使用汉字，一个汉字占两个字符。
- 文件名可以有多个间隔符，如 ttjx.xxb.jsj58.exe 等。
- 文件名的命名中不能出现以下字符：\、/、*、?、:、<、>、|、"。
- 文件名不区分英文大小写。例如，music.123 与 MUSIC.123 为同一文件，在同一个存储位置文件命名不能重复。

2. 文件夹

文件夹是系统组织和管理文件的一种形式，这是为方便用户查找、维护和存储文件设置的，用户可以将文件分门别类地存放在不同的文件夹中。在 Windows 10 操作系统中，仍然是采用树形结构以文件夹的形式组织和管理文件。在文件夹的树形结构中，一个文件夹既可以存放文件，也可以存放其他文件夹（称为子文件夹）；同样，子文件夹又可以存放文件和子文件夹，但在同一级的文件（文件夹）中，不能有同名的文件和文件夹。

在 Windows 10 中，根据文件存储内容的不同，可以把文件分成各种类型，一般用文件的扩展名来表示文件的类型。常见的文件类型及其扩展名见表 2-5。

表 2-5 文件类型及其扩展名

文件类型	扩展名	文件类型	扩展名
应用程序文件	.exe 或.com	系统文件	.sys
文本文件	.txt	系统配置文件	.ini
Word 文档	.doc 或.docx	声音文件	.wav 或.mp3
Excel 电子表格	.xls 或.xlsx	批处理文件	.bat
PPT 演示文稿	.ppt 或.pptx	位图文件	.bmp
Web 文件	.htm 或.html	压缩文件	.rar 或.zip

2.5.2 浏览文件与文件夹

文件和文件夹是存放各类数据、程序的基本单位。当文件达到一定的数量后，就不容易快速找到需要的文件，这时可以通过修改文件的查看模式、文件排列顺序等方式来快速定位目标文件。下面学习常见的文件或者文件夹浏览查看模式。

1）打开 Windows 10 系统中要查看文件内容的文件夹。

2）在打开的文件夹空白处单击鼠标右键，在打开的快捷菜单的"排序方式"中选择"修改日期"和"递减"，如图 2-23 所示。

3）在"分组依据"中选择"名称"和"递增"。这样文件夹里的文件按名称分组并按修改日期的先后顺序排列，如图 2-24 所示。

图 2-23 选择文件排序方式

图 2-24 文件分组依据

4）如果在打开的文件夹右侧没有显示"预览窗格"，可以单击"查看"选项卡，接着在"窗格"组单击"预览窗格"按钮，这时便出现了"预览窗格"。

5）在文件夹的文件分组中选择要查看的文件，该文件的内容就可以在预览窗格进行预览了。另外，可以拖动"预览窗格"左侧的边框线来调整预览窗格的大小。

2.5.3 选择文件与文件夹

如果要选择单个文件或文件夹，可以用鼠标单击该文件或文件夹。如果要选择连续或不连续的多个文件或文件夹，则需要借助辅助键。

（1）选择连续文件

方法 1：按住鼠标左键，利用鼠标拖动选择一块区域内的文件或文件夹。

方法 2：单击选中第一个文件或文件夹，按住〈Shift〉键，再单击最后一个文件或文件夹。

（2）选择不连续的多个文件或文件夹

按住〈Ctrl〉键，单击所要选择的文件或文件夹，即可选中。如果选错，按住〈Ctrl〉键再次单击该文件或文件夹即可取消。

（3）选择所有的文件和文件夹

方法 1：单击菜单"编辑"→"全选"命令，或单击工具栏上"组织"→"全选"命令。

方法 2：按住〈Ctrl+A〉组合键。

2.5.4 移动、复制文件与文件夹

方法 1：选择要复制/移动的文件或文件夹，右击鼠标，在弹出的快捷菜单中选择"复制"/"剪切"命令；然后在目标文件夹空白处右击，在弹出的快捷菜单中选择"粘贴"命令。

方法 2：选择要复制/移动的文件或文件夹，单击菜单"编辑"→"复制到文件夹"/"移动到文件夹"命令；然后移动到目标文件夹的对话框中，选择目标文件后单击"复制"/"移动"按钮。

对于文件或文件夹的复制和移动，最常用的方法是利用组合键来完成，可以选择需要复制/移动的文件或文件夹，按〈Ctrl+C〉（复制）/〈Ctrl+X〉（剪切）组合键，然后在目标文件夹中按〈Ctrl+V〉（粘贴）即可。

2.5.5 删除、还原文件与文件夹

"回收站"是微软 Windows 操作系统中的一个系统文件夹，主要用来存放用户临时删除的文档资料，存放在回收站中的文件可以恢复。

方法 1：选择需要删除的文件或文件夹，单击右键，在弹出的快捷菜单中选择"删除"命令。

方法 2：选择需要删除的文件或文件夹，单击菜单"文件"→"删除"命令，或工具栏的"组织"→"删除"命令。

方法 3：选择需要删除的文件或文件夹，按〈Delete〉键删除。

如果在按〈Shift〉键的同时使用以上删除方法，则文件或文件夹将被永久删除，而不进入"回收站"。

还原文件或文件夹：打开回收站，选中要还原的文件或文件夹，单击菜单中"还原选定的项目"按钮即可。

2.5.6 新建文件夹

1. 新建文件

方法 1：打开要新建文件夹的磁盘或文件夹，在当前窗口空白处右击，在弹出的快捷菜单中选择"新建"命令，选择要新建的文件类型，输入文件名后按〈Enter〉键确定。

方法 2：在要建立新文件的磁盘或文件夹中，单击菜单"文件"→"新建"命令。

2. 新建文件夹

方法 1：打开要新建文件夹的磁盘或文件夹，在当前窗口空白处右击，在弹出的快捷菜单中单击"新建"→"文件夹"命令，输入文件夹名称后按〈Enter〉键确认。

方法 2：在 Windows 10 文件管理窗口的工具栏上，单击"新建文件夹"按钮，再输入文件夹名称即可。

2.5.7 重新命名文件与文件夹

方法 1：单击需要重命名的文件或文件夹，再单击文件名部分，输入新名称即可。

方法 2：右击需要重命名的文件或文件夹，在弹出的快捷菜单中选择"重命名"即可。

方法 3：选中需要重命名的文件或文件夹，单击菜单"文件"→"重命名"命令或单击工

具栏的"组织"→"重命名"命令，输入新名称即可。

2.5.8 查询文件与文件夹

打开"此电脑"窗口，在窗口右上角的搜索框中输入要查找的文件名称（假如记不清文件名的全称，也可以输入部分名称信息）。单击搜索，一段时间后，就会看到和该文件相关的文件。

2.5.9 创建快捷方式

快捷方式是一种指向某种应用程序的桌面图标，用户可以通过双击快捷图标打开应用程序，不需要从安装位置或者开始菜单打开。删除快捷方式对原来的程序不会造成影响，同样，在进行文件复制时，也不能直接复制快捷方式。

例如，将 D 盘下名为"大作业"的文件夹发送到桌面快捷方式。

1）可以先打开"大作业"文件的存放位置。

2）在文件夹上单击鼠标右键，在弹出的快捷菜单中选择"发送到"→"桌面快捷方式"，如图 2-25 所示。

3）打开桌面快捷图标，就可以快速查看"大作业"文件内容，如图 2-26 所示。

图 2-25　发送快捷方式　　　　图 2-26　桌面上生成快捷方式

2.6 管理与设置

【学习目标】

1. 通过学习，学会使用系统工具对计算机进行管理和优化操作。
2. 熟练设置 Windows 系统桌面和主题。
3. 熟知控制面板的基本功能和主要作用。
4. 掌握卸载和安装程序操作。
5. 针对学科核心素养要求，形成理性思维、批判质疑、勇于探究、乐学善学、勤于反思、信息意识、技术运用等核心素养。
6. 通过系统学习，培养专业精神、职业精神、工匠精神、创新精神和自强精神。

2.6.1 管理磁盘

Windows 10 操作系统内部提供了磁盘维护工具，如驱动器清理和驱动器优化等。长时间不清理磁盘驱动器，会造成系统不稳定、机器反应迟钝、经常死机等现象。定期使用如下工具清理系统垃圾文件、整理磁盘碎片可以让磁盘保持良好的状态。

1. "磁盘清理"工具

使用"磁盘清理"工具可以帮助用户找出并清理硬盘中的垃圾文件，从而提高计算机的运行速度并增加硬盘的使用空间，如图 2-27 所示。

■ 删除临时文件的步骤如下。

1）在任务栏上的搜索框中，键入"磁盘清理"，并从结果列表中单击"磁盘清理"按钮。

2）选择要清理的驱动器，然后单击"确定"按钮。

3）在"要删除的文件"下，选择要删除的文件类型。若要获取文件类型的说明，请选择它。

4）单击"确定"按钮。

如果需要释放更多空间，还可以删除系统文件，步骤如下。

1）在"磁盘清理"中，选择"清理系统文件"。

2）选择要删除的文件类型。若要获取文件类型的说明，请选择它。

3）单击"确定"按钮。

2. "驱动器优化"工具

"驱动器优化"工具用于检查硬盘健康状态以及数据存储情况。一般情况下，能检测出硬盘上的坏道、文件交叉链接和文件分配表错误等故障，从而及时提示用户修复或自动修复，如图 2-28 所示。具体步骤如下。

图 2-27 磁盘清理

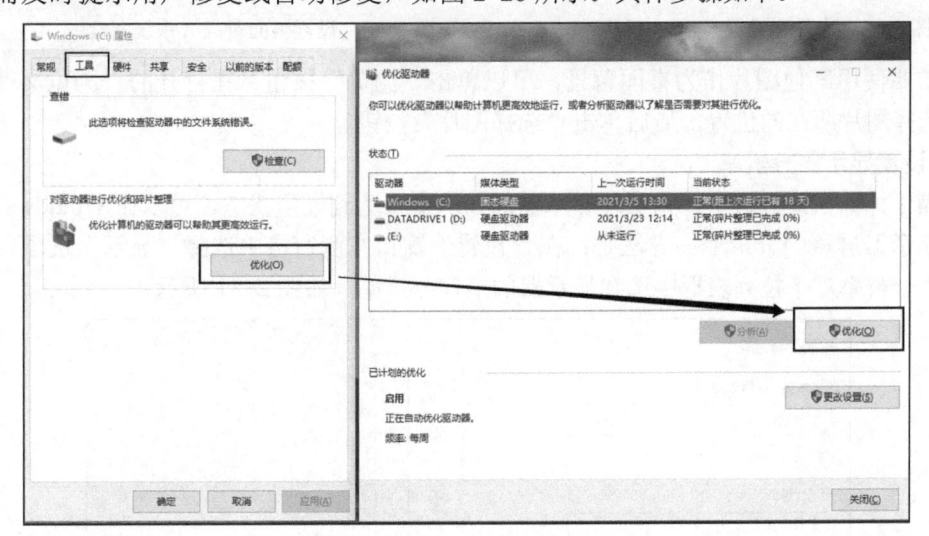

图 2-28 磁盘优化

1）双击打开"此电脑"。

2）选择任意一个磁盘，比如双击打开 C 盘。

3）单击菜单栏中的"管理"，再单击"优化"按钮。

4）然后打开优化驱动器对话框，就可以对系统进行碎片整理了。选择一个盘符，单击"分析"→"优化"按钮。注意：固态硬盘不建议使用磁盘碎片整理。

2.6.2 显示设置

1. 设置桌面主题

桌面主题是 Windows 10 系统的界面风格，通过改变桌面主题，可以同时改变桌面图标、背景图像和窗口等项目的外观。右击桌面空白区域，在弹出的快捷菜单中选择"个性化"选项，打开"设置"窗口，选择左侧窗格中的"主题"选项，在右侧窗格的主题列表中选择所需主题即可，如图 2-29 和图 2-30 所示。

2. 设置桌面背景

在"设置"窗口左侧窗格中选择"背景"选项，在右侧窗格的图片列表中单击要设置为桌面背景的图片即可，如图 2-30 所示。

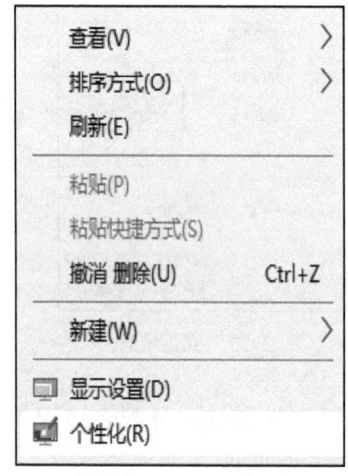

图 2-29　个性化设置

图 2-30　设置桌面背景、系统主题

如果要使用其他图片作为桌面背景，可以单击"浏览"按钮，在打开的"浏览文件夹"对话框中选择图片所在的位置，最后单击"选择图片"按钮。

3. 设置显示器分辨率

在操作计算机的过程中，为了使显示器的显示效果达到最佳状态，可以在 Windows 10 系统中调整显示器屏幕的分辨率，方法是：在"设置"窗口左侧窗格中选择"显示"选项，在右侧窗格的"分辨率"下拉列表框中选择显示器的最佳分辨率，如图 2-31 所示。

图 2-31　设置显示器分辨率

2.6.3 使用控制面板

控制面板中包含了计算机系统对计算机软硬件的设置，主要包括系统和安全、用户账户、网络和 Internet 设置、外观和个性化、时钟和区域、硬件和声音、计算机程序卸载、计算机更新服务等功能选项。打开控制面板的方法有两种。

方法 1：通过"开始菜单"→"设置"，在搜索框中输入控制面板，单击进入控制面板设置窗口，如图 2-32 所示。

方法 2：在桌面图标"此电脑"上单击鼠标右键，打开属性菜单，在左侧窗口可以打开控制面板功能。

图 2-32 搜索控制面板

在"控制面板"窗口中单击不同的超链接即可进入相应的下一级菜单设置窗口或打开参数设置对话框。单击"查看方式"按钮，在打开的下拉列表中可以选择"大图标""小图标""类别"三种查看模式，如图 2-33 所示。

2.6.4 应用程序的卸载

在控制面板中可以进行程序的卸载。在打开的控制面板窗口中选择"程序"选项，单击进入，找到需要卸载的程序，如"酷我音乐"，单击右键，选择卸载，就可将不需要的程序从计算机当中彻底删除，如图 2-34 所示。

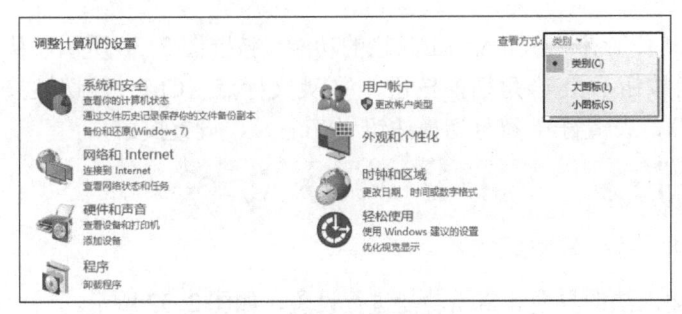

图 2-33 控制面板查看方式

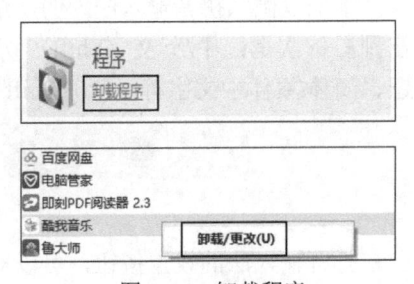

图 2-34 卸载程序

2.7 汉字输入法介绍

【学习目标】

1. 熟知输入法的切换方式和属性设置。
2. 熟练掌握输入法的卸载和安装程序操作。
3. 针对学科核心素养要求，形成理性思维、批判质疑、勇于探究、乐学善学、勤于反思、信息意识、技术运用等核心素养。
4. 通过系统学习，培养专业精神、职业精神、工匠精神、创新精神和自强精神。

在计算机中要输入汉字，需要使用汉字输入法才能进行。汉字输入法是指输入汉字的方式，常用的汉字输入法有微软拼音输入法、搜狗拼音输入法和五笔输入法等。这些输入法按编码的不同可以分为音码、形码和音形码三类。

- 音码：音码是指利用汉字的读音特征进行编码，通过输入拼音字母来输入汉字，例如，"计算机"一词的拼音编码为"jisuanji"，这类输入法包括微软拼音输入法和搜狗拼音输入法等，它们都具有简单、易学以及会拼音即会汉字输入的特点。
- 形码：形码是指利用汉字的字形特征进行编码，例如，"计算机"一词的五笔编码为"ytsm"，这类输入法的输入速度较快、重码少，且不受方言限制，但需记忆大量编码，如五笔输入法。
- 音形码：音形码是指既可以利用汉字的读音特征，又可以利用字形特征进行编码，如智能ABC输入法等。音码与形码相互结合，取长补短，既降低了重码，又无须大量记忆编码。

2.7.1 切换输入法

用户根据需要可以在计算机当中安装多种输入法，常见的切换输入法的方法有两种。

方法1：单击任务栏上的输入法图标，可以实现输入法的切换，如图2-35所示。

方法2：使用〈Ctrl+Shift〉组合键，可以快速切换输入法。

图2-35 切换输入法

2.7.2 输入法工具栏的介绍

下面以微软拼音输入法为例，给大家介绍一下输入法工具栏的功能。按照图2-36所示，从左到右依次是：中/英文〈Shift〉切换按钮、全/半角切换按钮、中/英文标点〈Ctrl+.〉切换按钮、简体/繁体中文字符〈Ctrl+Shift+F〉、表情符号/符号切换按钮〈Win+.〉、设置按钮。

图2-36 输入法工具栏

打开输入法的设置按钮，可以对输入法的界面和常用功能进行设置，如图2-37所示。

2.7.3 添加、删除输入法

Windows 10操作系统中集成了多种汉字输入法，但不是所有的汉字输入法都会显示在语言栏中，此时可以通过添加输入法将适合使用的输入法显示出来，将不常使用的输入法删除，如图2-38和图2-39所示。

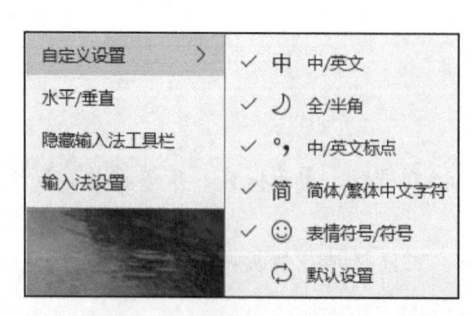

图2-37 设置输入法属性

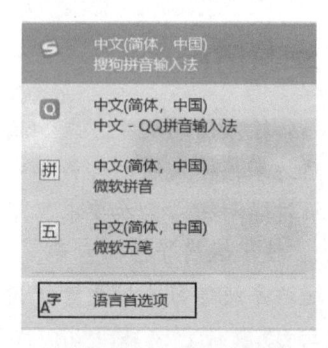

图2-38 打开语言选项

图 2-39　添加和删除输入法

2.8　其他附件程序的使用

【学习目标】

1. 熟知计算机系统附件程序。
2. 熟练使用记事本、计算器和画图软件。
3. 针对学科核心素养要求，形成理性思维、批判质疑、勇于探究、乐学善学、勤于反思、信息意识、技术运用等核心素养。
4. 通过系统学习，培养专业精神、职业精神、工匠精神、创新精神和自强精神。

在 Windows 10 系统中，通常自带有很多附件程序，比如画图、计算器、截图工具、记事本等，这些工具小巧而实用，是人们的好帮手。

2.8.1　记事本的使用

记事本是经常会用到的一款 Windows 系统自带的纯文本编辑软件。该软件启动速度快，保存方便快捷，可以记录文件保存时间，可以保存无格式文本，经常用于会议记录、文本编辑、备忘记录、编写代码、查看文本格式文件等。

打开"记事本"，练习输入文本内容，并保存，如图 2-40 所示。

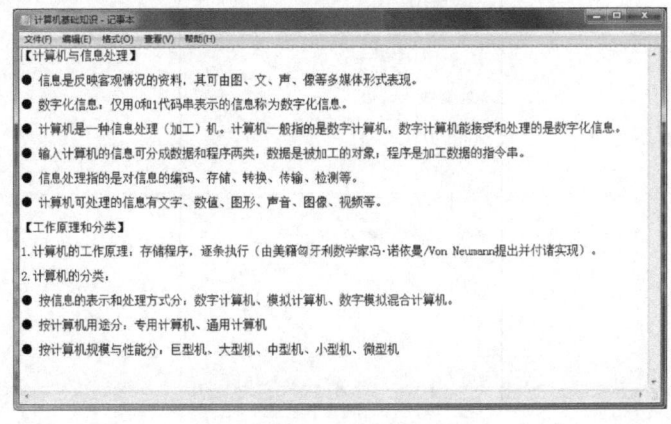

图 2-40　使用"记事本"录入

2.8.2 计算器的使用

Windows 10 自带的计算器可以说是所有 Windows 版本中最好用的,该软件由计算器(包含标准、科学、程序员、日期计算)和转换器(货币、体积、长度、重量等单位转换)两部分组成。计算器的模式切换如图 2-41 所示。

1. 计算器部分

1)日期计算器可以计算两个日期之间的间隔时间,也可以计算某个日期添加或减去天数后的日期,如图 2-42 所示。

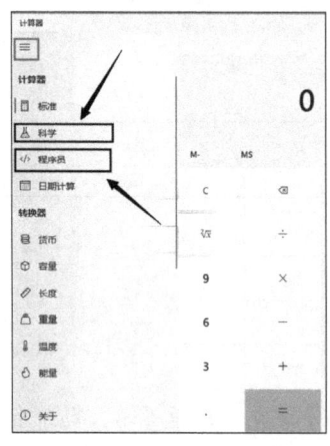

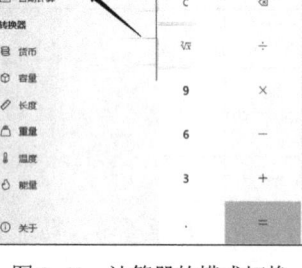

图 2-41　计算器的模式切换

图 2-42　转换日期

2)普通的计算器可以用来计算加、减、乘、除,科学型的计算器功能更加强大,如三角函数、指数、对数等。

3)程序员计算器则是为了数制转换而设计的,可以在十六进制、十进制、八进制和二进制之间方便地换算。

2. 转换器部分

货币转换工具是最常用的转换工具,系统计算器自带这个功能,使用起来比较方便,重点是汇率会实时更新;同时还可以进行其他的单位转换,如体积、长度、重量、温度、能量等。以体积转换为例,可以在毫升、升、品脱、夸脱、加仑等单位之间转换,非常方便,如图 2-43 所示。

图 2-43　体积转换器

2.8.3 画图软件的使用

Windows 10 系统自带了画图应用软件，该软件不仅体积小、启动快，编辑功能也十分强大。主要用来调整图片尺寸大小、像素、形状、颜色等属性，还可以在图片中加入文本，可以使用其线条和基本图形制作流程图、工程图、简易线稿图形等；Windows 10 画图工具新增了三维图形的功能，如图 2-44 所示。

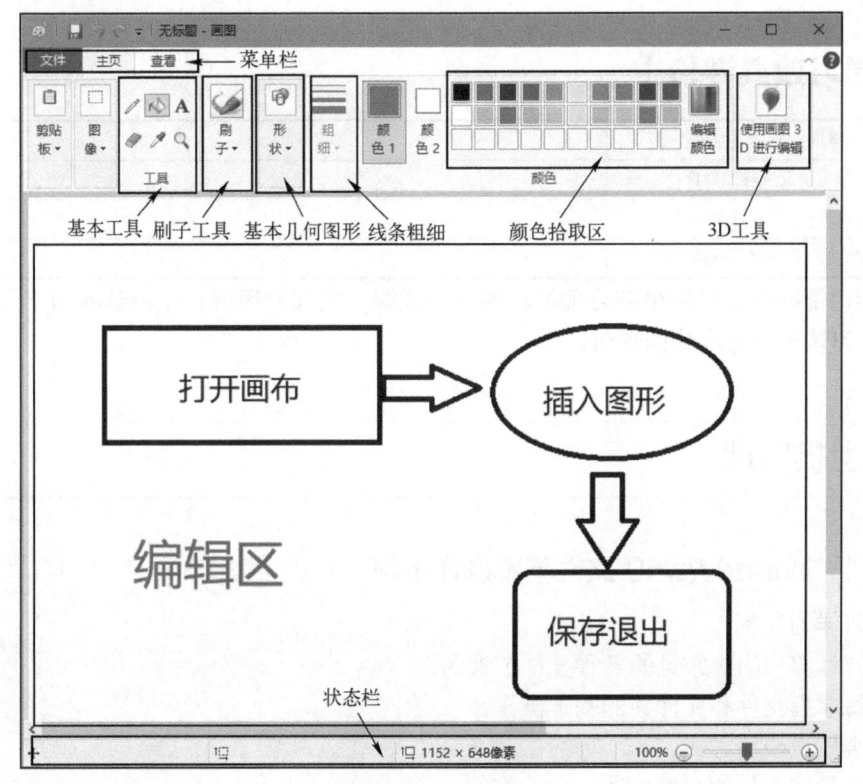

图 2-44 画图工具

打开 Windows 10 自带画图工具有三种方法，分别如下。

方法 1：用 Cortana 搜索"画图"关键词，单击打开"画图"软件。

方法 2：打开"开始"菜单，找到"Windows 附件"文件夹，单击打开，找到其中的"画图"软件，单击打开使用。

方法 3：按〈Win+R〉组合键打开"运行"，输入"mspaint"，按〈Enter〉键，即可打开"画图"软件。

2.9 本章小结

通过本章的学习，初步掌握和了解 Windows 操作系统的发展历史、操作系统的基本功能和常规性操作；对鼠标指针、键盘键位有清晰的认识养成正确的打字姿势，使用快捷键来提高计算机操作速度，让手、脑、眼配合得更加完美；认识 Windows 系统的桌面、窗口和快捷菜单，这是组成窗口化操作系统的基本元素；文件和文件夹是存放信息和程序的主要场所，学会文件和文件夹的常规操作,可以极大地提高使用计算机的效率;磁盘管理和系统工具的使用,能有效地保证计算机处于正常的工作状态,提高计算机的使用寿命;掌握一种以上的文本输入的方法,能更好地实现人机交流,培养正确的录入习惯,努力实现盲打;计算机提供的附件(如记事本、计算器、画图工具等),可以让读者掌握不同形式的文件和数据类型的处理方法;同时,养成严谨的专业精神、职业精神和工匠精神,学会利用所学知识进行知识与技能的拓展与创新。

【学习效果评价】

复述本章的主要学习内容	
对本章的学习情况进行准确评价	
本章没有理解的内容是哪些	
如何解决没有理解的内容	

注:学习情况评价包括少部分理解、约一半理解、大部分理解和全部理解 4 个层次。请根据自身的学习情况进行准确的评价。

2.10 上机实训

2.10.1 Windows 10 文件基本操作练习

1. 实训学习目标

1)熟知计算机当中常见的各种文件扩展名。
2)熟练掌握文件和文件夹的基本操作。
3)学会发送快捷方式。
4)逐步掌握文件的分类方法。
5)培养严谨认真、一丝不苟、精益求精的职业素养和工匠精神。

2. 实训情境及实训内容

张三是一名刚入职的计算机专业学生,主要在公司负责文件的分类管理、文件的分级存储等工作。最近,有的公司员工提交上来的文件杂乱不堪,将几个、几十个甚至几百个不同类型的文件混杂在一起,给张三造成很大的工作压力,而且还很容易发生错误,甚至导致计算机运行速度变慢,增加运行风险。为此,张三发布了关于公司文件分级管理、分类存储的建议,在全公司进行培训和推广,很快收到成效。

3. 实训要求

按照下面的实训要求和步骤进行实训,根据提供的素材对不同的文件进行分类存储、分级管理。实训的具体要求如下。

1)新建文件和文件夹。
2)重新命名文件或者文件夹。
3)熟练使用复制、剪切、粘贴、删除、全选、搜索等功能以及其快捷键。
4)将文件的快捷方式发送到桌面。
5)建议每个学生使用一台计算机进行操作,作业提交以后,可以三人以上分成一组,对各自提交的作业进行评价。

4．实训步骤

1）在磁盘中创建名为"五台山旅游攻略"的文件夹。

2）在此文件夹下分别创建五个文件夹，分别命名为"旅游景点文字介绍""旅游景点图片""入住酒店及交通地图""特色小吃及商品""佛乐"。在"旅游景点图片"文件夹下再次创建"黛螺顶""五爷庙""文殊菩萨殿"三个文件夹，如图2-45所示。

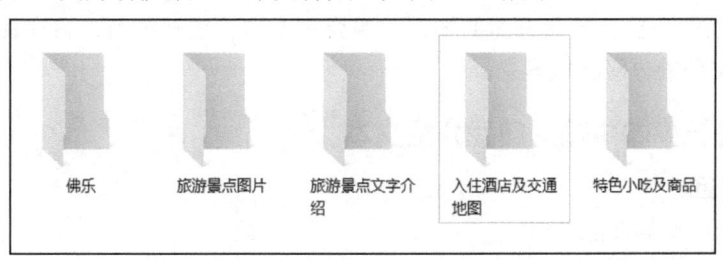

图2-45　创建文件夹并命名

3）按〈Ctrl〉键依次选择多张风景图片文件，单击鼠标右键，在弹出的快捷菜单中选择"剪切"（〈Ctrl+X〉），打开目标文件夹"旅游景点图片"，在空白处单击鼠标右键，选择"粘贴"（〈Ctrl+V〉），将风景图片放入相应文件夹。比如将关于黛螺顶的图片放入"黛螺顶"文件夹。

4）依次对素材文件夹中的文件进行以上操作。例如，将声音文件放入到"佛乐"文件夹，将地图截图图片放入"入住酒店及交通地图"文件夹。

5）返回素材文件夹，按〈Delete〉键删除未分类的无用文件，并返回桌面，打开并清空"回收站"。

6）返回"五台山旅游攻略"文件夹，向桌面发送快捷方式。

5．实训考核评价

考核方式与内容	过程性考核（50分）									终结性考核（50分）		
^	操作考核（10分）			实操考核（20分）			学习考核（20分）			实训报告成果（50分）		
实施过程	教师评价	小组评价	自评	教师评价	小组评价	自评	教师评价	小组评价	自评	教师评价	小组评价	自评
考核标准	出勤、安全、纪律、协作精神、工作（学习）态度、表达能力、沟通能力、完成作业、环保意识、创新意识，每项各为1分			正确创建文件、文件夹（4分）、文件的复制、剪切、粘贴、删除等操作（共8分）、清空回收站（2分）、向桌面发送快捷方式（2分）、工匠精神（4分）			预习工作任务内容（4分）、工作过程记录（4分）、完成作业（4分）、工作方法（4分）、工作过程分析与总结（4分）			回答问题准确（20分）、操作规范、实训效果完整呈现（30分）		
各项得分												
评价标准	A级（优秀）：得分>85分；B级（良好）：得分为71～85分；C级（合格）：得分为60～70分；D级（不合格）：得分<60分											
评价等级	最终评价得分是：　　　　分						最终评价等级是：					

6．知识与技能拓展

（1）文件分类

可以根据文件的不同类型进行分类存储，常见的分类方法如下。

1）按照文件的不同格式（扩展名不同），可以分为文本文件、声音文件、视频文件、程序文件、网页文件、压缩文件等。

2）根据文件的创建时间进行分类，比如可以将上次出去游玩时拍的照片命名为上次出去游玩的时间，这样可以进行回溯。

3）按照不同的存放位置进行分类，比如可以将工作的文件存放在 D:盘，娱乐文件和程序存放在 E 盘等，各个盘符相对独立，这样文件不容易发生关联性损坏，有利于文件长久存放。

（2）文件分类练习

实训教师可以结合自身专业方面的知识，结合本章内容进行练习，旨在让学生掌握文件的基本操作，深化文件的分级存储理念。

2.10.2 在记事本中输入自我介绍文本

1. 实训学习目标

1）学会使用记事本功能。
2）制作个人自我介绍。
3）学会文本格式的设置。
4）熟知自我介绍的基本内容。
5）培养严谨认真、一丝不苟、精益求精的职业素养和工匠精神。

2. 实训情境及实训内容

张三是一名即将大学毕业的医学院学生，学校下周为毕业生安排了现场面试，各个用工单位和企业的面试人员会对来求职的学生进行深入了解，学校要求每个学生制作一份电子版的自我介绍，时间控制在五分钟内，字数控制在 500 字左右，主要从自身出发，将个人信息、专业课程掌握程度、求职岗位、求职待遇等几方面进行简要介绍。请参考给出的图例（见图 2-46），结合自身特点，在记事本中完成本次实训。

3. 实训要求

在实训过程中，要求学生培养独立分析问题和解决实际问题的能力，且保质、保量、按时完成操作。实训的具体要求如下。

1）语言文字组织能力、写作功底。
2）计算机汉字录入速度。
3）记事本功能的使用。
4）设置文本格式。
5）建议每个学生使用一台计算机进行操作，作业提交以后，可以三人以上分成一组，对各自提交的作业进行评价。

4. 实训步骤

（1）自我介绍要点提示

1）姓名。
2）爱好、籍贯、学历或业务经历（应注意与公司岗位有关）。
3）专业知识、学术背景、受到奖励（应注意与岗、职有关）。
4）优点、技能（应突出能对公司所做的贡献）。
5）用幽默或警句概括自己的特点，可加深他人的印象。
6）致谢。

按照上面提到的自我介绍的写作要点，建议大家先在纸上写一份草稿，修改完成后再进行下一步操作。

（2）录入文本

1）按照前面所讲，打开记事本，选择“另存为”，选择存储位置，并给文件命名。

2）选择合适的输入法，保持正确的文字输入姿势，将纸质草稿放置在正前方，开始录入。

3）在需要换行的光标位置，按〈Enter〉键。继续录入。

（3）设置文本格式

1）对录入的文本进行格式设置，根据自己实际情况而定。比如字体大小设置为三号字、字体样式设置为华文楷体。

2）将设置好的文本，按〈Ctrl+S〉键再次进行保存。

3）实例文档如图 2-46 所示。

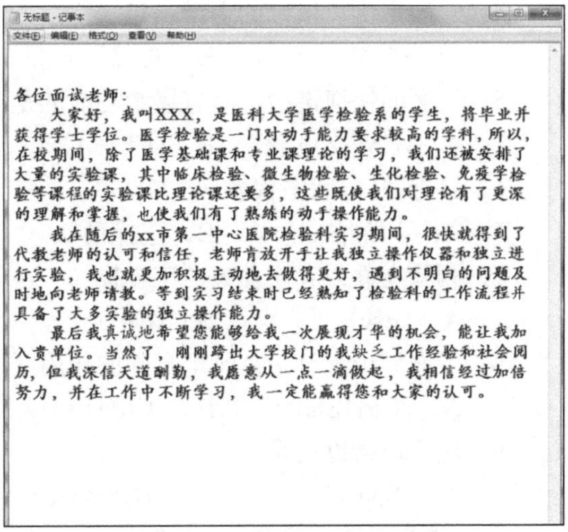
无标题 - 记事本
文件(F)　编辑(E)　格式(O)　查看(V)　帮助(H)

各位面试老师：
大家好，我叫XXX，是医科大学医学检验系的学生，将毕业并获得学士学位。医学检验是一门对动手能力要求较高的学科，所以，在校期间，除了医学基础课和专业课理论的学习，我们还被安排了大量的实验课，其中临床检验、微生物检验、生化检验、免疫学检验等课程的实验课比理论课还要多，这些既使我们对理论有了更深的理解和掌握，也使我们有了熟练的动手操作能力。
我在随后的xx市第一中心医院检验科实习期间，很快就得到了代教老师的认可和信任，老师肯放开手让我独立操作仪器和独立进行实验，我也就更加积极主动地去做得更好，遇到不明白的问题及时地向老师请教。等到实习结束时已经熟知了检验科的工作流程并具备了大多实验的独立操作能力。
最后我真诚地希望您能够给我一次展现才华的机会，能让我加入贵单位。当然了，刚刚跨出大学校门的我缺乏工作经验和社会阅历，但我深信天道酬勤，我愿意从一点一滴做起，我相信经过加倍努力，并在工作中不断学习，我一定能赢得您和大家的认可。

图 2-46　个人简历最终效果

5. 实训考核评价

考核方式与内容	过程性考核（50 分）									终结性考核（50 分）		
	操行考核（10 分）			实操考核（20 分）			学习考核（20 分）			实训报告成果（50 分）		
实施过程	教师评价	小组评价	自评	教师评价	小组评价	自评	教师评价	小组评价	自评	教师评价	小组评价	自评
考核标准	出勤、安全、纪律、协作精神、工作（学习）态度、表达能力、沟通能力、完成作业、环保意识、创新意识，每项各为 1 分			纸质自我介绍（4 分）、电子版自我介绍的制作，包括文本录入、格式设置、正确保存和命名（共 8 分）、自我介绍措辞和表达（4 分）、工匠精神（4 分）			预习工作任务内容（4 分）、工作过程记录（4 分）、完成作业（4 分）、工作方法（4 分）、工作过程分析与总结（4 分）			回答问题准确（20 分）、操作规范、实训结果准确（30 分）		
各项得分												
评价标准	A 级（优秀）：得分＞85 分；B 级（良好）：得分为 71～85 分；C 级（合格）：得分为 60～70 分；D 级（不合格）：得分＜60 分											

【温故知新——练习题】

一、选择题

1．下面哪一种操作系统是现在的主流操作系统（　　）。

A．DOS 系统　　B．Basic 系统　　C．Windows 10　　D．Vista

2．下面不属于微软公司的操作系统的是（　　）。

A．Linux　　B．Windows 98

C．Vista　　D．Windows 2000 Server

3．下面不属于鼠标的日常操作的是（　　）。

A．单击 B．双击 C．拖动 D．显示数据结果
4．一般来讲，鼠标的主键是指（　　）。
A．左键 B．右键 C．滚轮 D．辅助键
5．下面的快捷键中，具有撤销功能的是（　　）。
A．〈Ctrl+Z〉 B．〈Ctrl+A〉 C．〈Ctrl+C〉 D．〈Alt+F4〉
6．鼠标的 ○ 状态代表（　　）。
A．系统忙 B．选择菜单 C．指向功能 D．移动菜单
7．删除文件或者文件夹，应该按（　　）。
A．〈Esc〉 B．〈Ctrl〉 C．〈Shift〉 D．〈Delete〉
8．下面哪个组合键是物理删除的作用（　　）。
A．〈Ctrl+Shift〉 B．〈Ctrl+Esc〉 C．〈Ctrl+Space〉 D．〈Shift+Delete〉
9．属于退格键的是（　　）。
A．〈Space〉 B．〈Backspace〉 C．〈Home〉 D．〈Alt〉
10．选择不连续的多个文件时，需要借助键盘上的（　　）键。
A．〈Tab〉 B．〈Shift〉 C．〈Ctrl〉 D．〈Delete〉
11．下列软件中属于应用软件的是（　　）。
A．Windows 10 B．UNIX C．Linux D．Excel 2016

二、填空题

1．输入法的切换可以通过按快捷键_____完成。

2．常见的字音输入法有_____，常见的字形输入法有_____，常见的字音和字形相结合的输入法有_____。

3．鼠标的日常操作有_____。

4．复制的快捷键是_____，粘贴的快捷键是_____，剪切的快捷键是_____，全选的快捷键是_____，关闭窗口的快捷键是_____。

5．〈Backspace〉是删除光标_____一个字符，〈Delete〉是删除光标_____一个字符。

6．快捷方式的作用是_____。

7．键盘的布局主要分为_____、_____、_____、_____、_____五大部分。

8．Windows 系统桌面由_____、_____、_____三部分组成。

9．在文件和文件夹的命名规则中，不能出现_____几种符号。

10．文件的扩展名是区分不同类型文件的标志，.exe 属于_____，.docx 属于_____，.mp3 属于_____。

三、简答题

1．简述操作系统的作用。

2．简述控制面板的作用。

第 3 章 文字处理软件 Word 2016

3.1 初识 Word 2016

【学习目标】

1. 认知本节的内容、性质、任务、基本要求及学习方法。
2. 通过学习，熟知 Word 2016 的工作环境。
3. 认知 Word 2016 的安装，学会正确的操作方法，能独立使用 Word 2016 进行内容编辑、图文排版、制作表格等操作。
4. 针对学科核心素养要求，形成理性思维、批判质疑、勇于探究、乐学善学、勤于反思、信息意识、技术运用等核心素养。
5. 通过系统学习，培养专业精神、职业精神、工匠精神、创新精神和自强精神。

Word 文字处理软件是 Microsoft 公司开发的办公套件 Microsoft Office 中的一个专门用来进行文字处理的软件产品，它具有用户界面良好易用、操作简单直观、文字处理功能强大等特点，其主要功能如下。

1）内容编辑。键盘和鼠标结合起来就可以方便地实施修改、插入、删除、复制等操作。

2）图文编排。Word 具有强大的图形处理能力。在 Word 文档中可任意地链接或插入各种图片、图形、图表或艺术字等对象，很容易实现图文混排，获得图文并茂的效果。

3）排版功能。Word 提供了丰富的字体、字号、字样、颜色、艺术字处理功能以及灵活、规范、可选的版面格式定义和不同风格的排版形式，可以快速设置字符格式与文本段落格式；可以插入页眉或页脚等对象；可以选定用来打印文档纸张的大小；可以指定打印纸的上、下、左、右页边距的尺寸。此外，Word 还会根据纸张的大小及页边距来自动调整文本的位置，把文档组织排版成报纸风格的外观，以满足各种版式的印刷要求。Word 真正实现了"所见即所得"的功能，提高了排版工作的效率。

4）表格功能。Word 对表格的处理独具一格，与其他文字处理软件的表格功能相比更显得灵活机动。Word 提供了不同种类的多种风格的表格模式，可以根据数据的宽度自动调节表格的列宽，对数据进行汇总计算及逻辑处理。

5）特殊功能。Word 中有许多特殊功能，主要有数学公式编辑、文件格式转换、打印预览、电子邮件预处理、访问互联网进行网页浏览及制作 Web 页等。

3.1.1 启动和退出 Word 2016

安装好 Office 2016 软件后，选择"所有程序"→"Word2016"，启动 Word 程序。

启动 Word 2016 后，如果需要退出程序，可以单击右上角的"关闭"按钮，如图 3-1 所示，Word 2016 将被关闭。用户也可以

图 3-1 右上角的"关闭"按钮

单击"文件"按钮,在弹出的快捷菜单中单击"关闭"按钮。

3.1.2　Word 2016 工作环境

Word 2016 的工作界面由标题栏、功能区、快速访问工具栏、用户编辑区等部分构成,其工作界面中各元素的名称如图 3-2 所示。

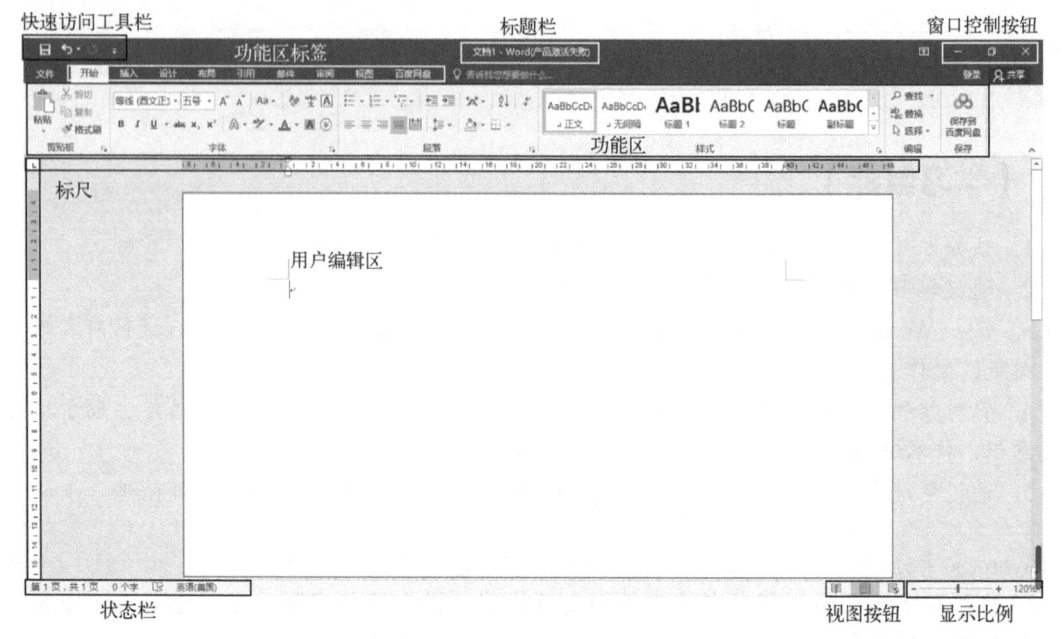

图 3-2　Word 2016 的工作界面

1)快速访问工具栏:用于存放工作中最常用的按钮,如撤销、保存等。
2)标题栏:用于显示当前文档的名称。
3)窗口控制按钮:可用于对当前窗口进行移动、调整大小、最大化、最小化及关闭等常规操作。
4)功能区标签:显示各个功能区的名称。
5)功能区:在功能区中包含很多组以及大部分功能按钮。
6)标尺:用于手动调整页面边距或表格列宽等。
7)用户编辑区:用户在其中输入、编辑文档内容。
8)状态栏:用于显示当前文件的信息。
9)视图按钮:单击其中某一按钮可切换至所需的视图方式下。
10)显示比例:通过拖动中间的缩放滑块可更改当前文档的显示比例。

3.1.3　Word 2016 新增功能

在 Word 2016 中,新增的功能大多体现在各个选项卡下的部分功能组中,如在"审阅"选项卡下,取消了"校对"组中的"定义"功能,但又增加了"见解"分组。此外,"页面布局"选项卡名称更改为"布局"。除了在选项卡下新增了部分功能组外,功能组中某些按钮的下拉列表内容也发生了变化,如"设计"选项卡下的"字体"列表内容就与之前的 Word 2013 不一样。这些细微的改变在其他的办公组件中也有更新,用户在使用时将会有更多的选择。除了这些功能的升级外,在 Word 功能区标签的右侧还新增了一个"请告诉我"框,通过该框的"告诉我您想要做什么"功能能够快速查找某些功能按钮。该框中还记录了用户最近使用的操作，方便用户重复使用，如图 3-3 所示。这一功能在 Excel 和 PowerPoint 中也有体现。

图 3-3　部分新增功能

3.2　编辑与排版

【学习目标】

1. 通过学习，学会文档的创建、保存和打开。
2. 学会编辑文档。
3. 学会设置文本格式、段落格式、页面格式等。
4. 针对学科核心素养要求，形成理性思维、批判质疑、勇于探究、乐学善学、勤于反思、信息意识、技术运用等核心素养。
5. 通过系统学习，培养专业精神、职业精神、工匠精神、创新精神和自强精神。

3.2.1　文档的创建、保存和打开

1. 创建文档

Word 2016 中新建文档有很多种方法，此处介绍新建空白文档的方法。启动 Word 2016 应用程序后，系统会弹出如图 3-4 所示的对话框，选择"空白文档"，新建一个名为"文档 1"的空白文档。除此之外，还可以使用以下三种方法来新建空白文档。

方法 1：单击"快速访问工具栏"中的"快速新建空白文档"按钮，即可新建一个空白文档，如图 3-5 所示。

图 3-4　新建空白文档　　　　　　　图 3-5　快速新建空白文档

方法 2：单击菜单栏"文件"→"新建"命令，弹出"新建文档"对话框。在该对话框中选择"空白文档"选项即可，如图 3-6 所示。

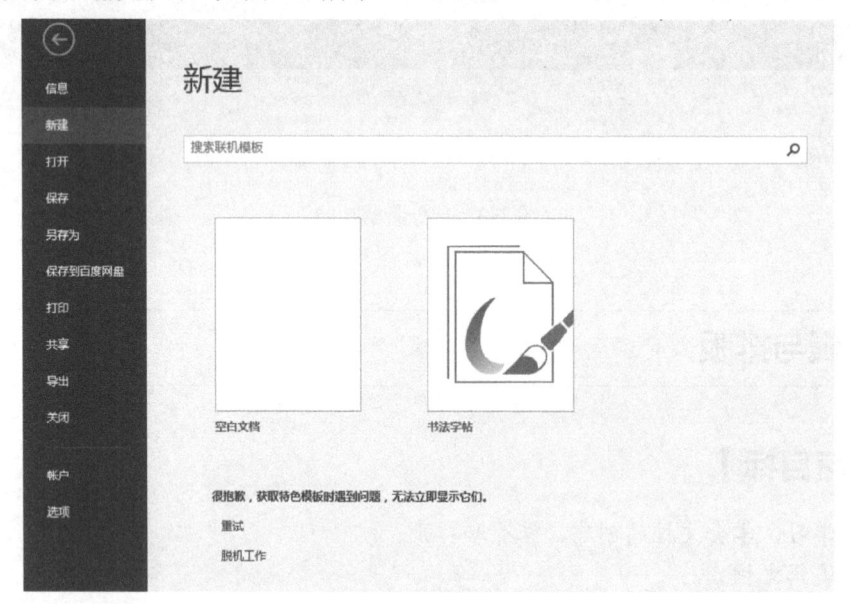

图 3-6 "文件"→"新建"→"空白文档"

方法 3：按〈Ctrl+N〉组合键即可快速创建新的空白文档。

2. 保存文档

保存文档包括保存新建的文档、保存已有的文档、将现有文档另存为其他格式的文档。为防止计算机发生断电、死机、系统自动关闭等特殊情况造成文档内容丢失，在编辑文档的过程中，应及时保存对文档内容所做的更改。

（1）保存新建文档

新建和编辑一个文档后，需要执行保存操作，下次才能打开或继续编辑该文档。具体操作方法如下。

方法 1：单击快速访问工具栏中的"保存"按钮。

方法 2：按〈Ctrl+S〉组合键快速保存文档。

方法 3：单击"文件"选项卡，在展开的列表中选择"保存"选项；在"保存"对话框中输入文件名，并选择保存类型和保存位置，即可保存新建文档。

（2）保存已有的文档

对已经保存过的文档进行编辑之后，可以通过以下方法保存。

方法 1：单击快速访问工具栏中的"保存"按钮。

方法 2：按〈Ctrl+S〉组合键快速保存文档。

方法 3：单击"文件"选项卡，在展开的列表中选择"保存"选项，即可按照原有的路径、名称以及格式进行保存。

（3）另存为其他文档

对打开的文档进行编辑后，如果想将文档保存为其他名称或其他类型的文件，可以对文档进行"另存为"操作。单击"文件"选项卡，在展开的列表中选择"另存为"选项，在"另存为"对话框中输入文件名，并选择保存类型和保存位置，即可另存为文档。

3. 打开文档

要打开一个 Word 文档，通常是通过双击该文档图标打开，除此之外还有其他方法可以打开文档。

方法 1：打开文档所在的文件夹，在文档的图标上双击鼠标左键即可打开。

方法 2：单击菜单栏"文件"→"打开"命令，在打开的下拉菜单中执行"最近"命令，可以打开最近编辑过的文档；执行"浏览"命令，可以在弹出的"打开"对话框中选择目标文件，单击"打开"按钮即可，如图 3-7 所示。

图 3-7 "浏览"→"打开"对话框

方法 3：单击"快速访问工具栏"中的"打开"按钮，如图 3-8 所示。

方法 4：按〈Ctrl+O〉组合键，弹出"打开"界面，选择"浏览"→"打开"对话框，选择目标文件。

3.2.2 自定义快速访问工具栏

快速访问工具栏是放置快捷功能按钮的地方，默认包含的功能有三个，为了方便用户，可以在快速访问工具栏中添加更多的功能按钮。

【温馨提示】

将快速访问工具栏恢复到默认状态。

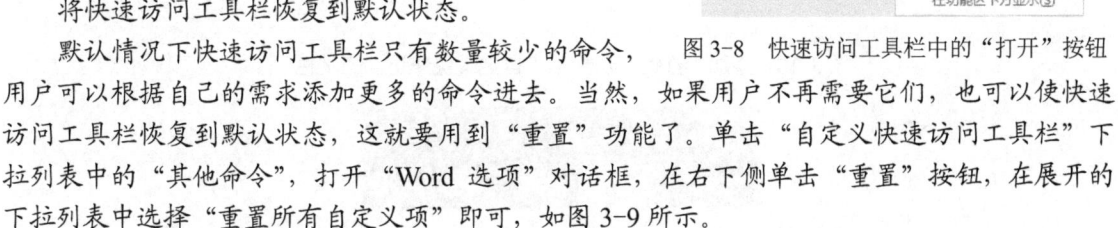

默认情况下快速访问工具栏只有数量较少的命令，用户可以根据自己的需求添加更多的命令进去。当然，如果用户不再需要它们，也可以使快速访问工具栏恢复到默认状态，这就要用到"重置"功能了。单击"自定义快速访问工具栏"下拉列表中的"其他命令"，打开"Word 选项"对话框，在右下侧单击"重置"按钮，在展开的下拉列表中选择"重置所有自定义项"即可，如图 3-9 所示。

图 3-8 快速访问工具栏中的"打开"按钮

打开"Word 选项"对话框，单击"快速访问工具栏"选项，在右侧面板中的"从下列位置选择命令"列表框中单击需要添加的选项，如"查找"选项，单击"添加"按钮，可以看到"自定义快速访问工具栏"列表框中添加了"查找"选项，单击"确定"按钮，如图 3-10 所示，返回文档主界面，在快速访问工具栏中可以看到自定义的功能按钮，如图 3-11 所示。

图 3-9 "Word 选项"对话框

图 3-10 添加"查找"功能到"自定义快速访问工具栏"

图 3-11 "自定义快速访问工具栏"中的"查找"功能

【温馨提示】

除了可以在"Word 选项"对话框的自定义访问工具栏中添加功能按钮外,还可以右击功能区中的功能键,在展开的列表中选择"添加到快速访问工具栏"。要删除快速访问工具栏的某个按钮，只需在快速访问工具栏中的某个按钮上单击右键，选择"从快速访问工具栏中删除"即可。

3.2.3 文本的插入和删除

1. 插入文本

Word 2016 最基本的操作就是文字处理，所以使用该软件输入文本的方法非常简单，把光标定位到需要输入文本的位置，就可以直接输入需要的文本。输入的文本类型包括中文文本、英文或其他语言文本、数字文本、其他符号等。

（1）录入英文文本

当光标定位到需要输入英文文本的位置，把输入法切换到英文输入法状态下进行输入即可。输入英文文本的时候需要注意几个问题。

1）当需要连续输入多个大写英文字母的时候，按〈CapsLock〉键就可以切换到大写字母输入状态（CapsLock 指示灯亮），当再次按该键后切换回小写字母录入状态（CapsLock 指示灯灭）。

2）当需要输入单个大写字母时，按住〈Shift〉键的同时按下相应的字母键就可以录入大写字母。

3）按〈Enter〉键光标自动切换到下一行的行首。

4）按〈Space〉空格键会在插入点的左侧插入一个空格。

（2）录入中文文本

录入中文文本只需将光标定位在需要插入中文文本的位置，将输入法切换到中文输入法状态即可。系统一般会自带一些基本常用的输入法，如微软拼音、智能 ABC 等，目前流行的输入法有搜狗拼音输入法、百度拼音输入法、QQ 拼音输入法等。

【温馨提示】

按住〈Shift〉键，可让输入法在中文和英文之间切换。

（3）录入数字文本

数字文本分为西文半角、西文全角、中文小写、中文大写、罗马数字、类似数字符号等多种。将光标定位在需要插入数字文本的位置，在键盘上敲击数字键即可输入相应的数字文本。

（4）录入标点符号

标点符号分为英文标点符号和中文标点符号两种。将光标定位在需要插入标点符号的位置，在键盘上敲击符号键即可输入相应的标点符号。

1）英文标点符号：了解英文标点符号用法，对于更好地完成英文打字、提高工作效率有很大的帮助。

2）中文标点符号：分为点号和标号两类。点号的作用是点断，表示语句的停顿或语气。标号用于表明词语在句中的性质和作用。

【温馨提示】

如果想要切换中英文标点，可以按下〈Ctrl++〉组合键，也可以用鼠标单击输入法的标注位置。

2. 删除文本

删除文本是指当发现不再需要录入的内容的时候，可以对多余或者错误的文本进行删除操作。删除文本的方法分为逐一删除文本和删除多个文本两种。

1）逐一删除文本：将光标定位在需要删除字符的位置，按〈Backspace〉键，将删除光标左侧的字符；如果按〈Delete〉键，将删除光标右侧的一个字符。

2）删除选择的多个文本可以使用以下方法。

方法 1：选取需要删除的所有内容，按〈Backspace〉键或者〈Delete〉键即可删除所选取的文本。

方法 2：选取需要删除的文本，在"开始"选项卡的"剪贴板"组中单击"剪切"按钮，就可以删除所选取的文本。

方法 3：选取需要删除的文本，按〈Ctrl+X〉组合键即可删除所选取的文本。

3.2.4 文本的选取

在 Word 2016 中录入文本后，就可以对文本进行编辑。对文本进行编辑操作，首先需要选取进行编辑的文本。选取文本的方式有很多种，包括选取单个字或词、选取连续或不连续的多个文本、快速选择一行文本或多行文本、选择段落或整篇文章等。

1）选取单个字、词：将光标移到所要选择的字的上面，双击鼠标左键，可以立即选择单个字；在词语位置处双击鼠标左键，可以快速选择该词语。

2）选取连续或不连续的多个文本：将光标定位在起始位置上，并按住鼠标左键进行拖动，一直到目标选择位置完成后放开鼠标左键，即可选择连续的多个文本。按住〈Ctrl〉键再用同样的方法选择其他文本，就可同时选择多个不连续的文本。

3）快速选取一行或多行文本：将光标定位到选定行的左侧空白处，当光标变成 ⇗ 形状时单击即可选取该行文本。当光标变成 ⇗ 形状时，按住鼠标左键向下拖动，可选择连续的多行文本。

4）选取段落或整篇文章：将光标定位在要选取的段落中，快速单击鼠标左键三次，或在段落左侧空白处双击鼠标左键，都可以快速选择一个段落。将光标移动至文档左侧空白处，当光标变成 ⇗ 形状时快速单击鼠标左键三次，或者按〈Ctrl+A〉组合键都可以选中整篇文档。

3.2.5 文本的复制和移动

1. 复制文本

编辑文档的时候，经常会遇到需要输入相同文本内容的情况，此时，可以对该文本进行复制、粘贴等操作来提高工作效率。

复制文本是指将原文本移动到其他的位置，而原位置的文档保留不变。复制文本的方法有以下几种。

方法 1：选取需要复制的文本，在"开始"选项卡的"剪贴板"组中找到"复制"按钮，将光标移动到需要该文本的目标位置，单击"粘贴"按钮即可。

方法 2：选取需要复制的文本，按住〈Ctrl+C〉组合键，然后将光标移动到需要该文本的目标位置，再按〈Ctrl+V〉组合键就可以完成复制、粘贴的操作。

方法 3：选取需要复制的文本，单击鼠标右键，在弹出的快捷菜单中选择"复制"命令，然后将光标移动到需要该文本的目标位置，再次单击鼠标右键，在弹出的快捷菜单中选择"粘贴"命令即可。

方法 4：选取需要复制的文本，按住鼠标右键拖动该文本到需要该文本的目标位置，释放鼠标右键会弹出快捷菜单，在其中选择"复制到此位置"命令即可完成操作。

方法 5：选取需要复制的文本，按〈Ctrl〉键的同时按住鼠标左键进行拖动，将该文本拖动到目标位置后释放鼠标左键，即可看到所选取的文本已经复制到了目标位置。

2. 移动文本

移动文本是指将当前位置的文本移动到其他的目标位置，当移动文本后，原位置的文本将不存在。移动文本的方法如下。

方法 1：选取需要移动的文本，在"开始"选项卡的"剪贴板"组中单击"剪切"按钮，将光标移动到目标位置后单击"开始"选项卡的"剪贴板"组中的"粘贴"按钮就可以完成移动文本的操作。

方法 2：选取需要移动的文本，按住〈Ctrl+X〉组合键，然后将光标移动到需要该文本的目标位置处，再按住〈Ctrl+V〉组合键即可完成移动操作。

方法 3：选取需要移动的文本，单击鼠标右键，在弹出的快捷菜单中选择"剪切"命令，然后将光标移动到需要该文本的目标位置处，再次单击鼠标右键，在弹出的快捷菜单中选择"粘贴"命令即可。

方法 4：选取需要移动的文本，按住鼠标右键拖动文本至需要该文本的目标位置处，释放鼠标右键会弹出快捷菜单，选择"移动到此位置"命令即可。

方法 5：选取需要移动的文本，按住鼠标左键，当光标变为拖动形状的时候将该文本拖动到目标位置，之后释放鼠标左键就可以将选取的文本移动到目标位置。

3.2.6 插入符号

符号是具有某种代表意义的标识。在 Word 2016 中，可通过"符号"对话框输入各种各样的符号。

1）先将插入点定位在要插入符号的位置，然后在"插入"选项卡下的"符号"组中单击"符号"下拉按钮，在弹出的下拉列表中执行"其他符号"命令，如图 3-12 所示。

2）打开"符号"对话框后，在"符号"选项卡下的"字体"列表中选择相应的字体，在符号列表框中选择需要插入的符号后，单击"确定"按钮即可，如图 3-13 所示。

图 3-12　单击"其他符号"命令　　　　图 3-13　"符号"对话框

【知识加油站】

除了插入符号外，还可以在"符号"对话框中切换至"特殊字符"选项卡下，选择要插入的特殊字符，如插入段落字符¶。

3.2.7 查找和替换

有时需要将编辑好的文档中的一些内容替换为其他内容,如果文档特别长,在里面逐一进行查找和修改的话会浪费大量的时间,并且还不容易替换完全。Word 提供的文本查找与替换功能可以方便快捷地完成此项操作,从而节省大量的时间。

1)查找文本:在"开始"选项卡的"编辑"组中单击"查找"按钮(按〈Ctrl+F〉组合键同样可以打开此对话框),弹出查找导航,导航分为标题、页面和结果三部分,选择"结果",在"导航"下输入需要查找的内容,即可查找出文档中对应的内容。

2)替换文本:替换与查找的不同之处是:替换在完成查找的基础上还要用新的文本去替换查找出来的原有文本。准确地说,在查找到文档中的指定内容后,才可以对指定的内容进行统一替换。在"开始"选项卡的"编辑"组中单击"替换"按钮,弹出"查找和替换"的"替换"对话框(按〈Ctrl+H〉组合键同样可以打开此对话框)。在"替换"选项卡下的"查找内容"文本框中输入需要查找的内容,在"替换为"文本框中输入需要替换为的内容,单击"替换"按钮,即可对查找到的内容进行替换,并自动跳转到下一处查找到的内容。也可以选择文档中需要查找的区域,再单击"全部替换"按钮。此时将弹出"Microsoft Office Word"对话框,显示已经完成的所选内容的搜索以及替换的数目,提示用户是否搜索文档的其余部分。单击"是"按钮会继续对文档的其余部分进行查找和替换操作;单击"否"按钮会看到所选择内容的查找内容已经全部被替换,没选择的部分没有进行替换。

3.2.8 拼写和语法检查

在 Word 2016 中,用户可以很方便地对文档进行校对,从而提升文档的准确性。

Microsoft Office 2016 附带含标准语法和拼写的词典,但这些语法和拼写并不全面。在文档中如果出现红色波浪下划线,代表 Word 检查出单词的拼写有可能错误;如果出现蓝色波浪下划线,代表 Word 检查出文本语法有可能错误。此时,用户可通过 Word 2016 的"拼写检查"任务窗格来对文档的内容进行拼写和语法的检查。将光标定位在文档需要检查拼写和语法的位置,切换至"审阅"选项卡,单击"拼写和语法"按钮,如图 3-14 所示。弹出"拼写检查"对话框,此时单击"忽略"按钮,如图 3-15 所示。

图 3-14 单击"拼写和语法"按钮   图 3-15 忽略错误提示

"拼写检查"对话框将显示 Word 文档中第二处有可能拼写错误的文本,直接单击"忽略"按钮,继续按照同样的方法检查文档中的拼写和语法,当完成后会弹出"拼写和语法检查完成,可以继续操作"的提示框,单击"确定"按钮即可。经过操作后,文档中所有有红色和蓝色下划线的文本都被检查,下划线也取消了。

3.2.9 多窗口和多文档的编辑

1. 视图

为了更方便快捷地查看和编辑文档，Word 2016 提供了五种显示文档的方式，选择"视图"选项卡中的"视图"组，可分别选择阅读视图、页面视图、Web 版式视图、大纲视图和草稿，如图 3-16 所示，一般情况下，默认显示页面视图。

图 3-16 视图

1）页面视图：页面视图是 Word 默认的视图模式，该视图中显示的效果和打印的效果完全一致。在页面视图可看到页眉、页脚、水印和图形等各种对象在页面中的实际打印位置，便于用户对页面中的各元素进行编辑。

2）阅读视图：为了方便用户阅读文章，Word 设置了"阅读视图"模式，该视图模式适用于阅读比较长的文档，如果文字较多，它会自动分成多屏，以方便用户阅读。在该视图模式下，可对文字进行勾画和批注。

3）Web 版式视图：Web 版式视图是几种视图模式中唯一一个按照窗口的大小来显示文本的视图，使用这种视图模式查看文档时，不需要拖动水平滚动条就可以查看整行文字。

4）大纲视图：对于一个具有多重标题的文档来说，用户可以使用大纲视图来查看该文档。这是因为大纲视图是按照文档中标题的层次来显示文档的，用户可以将文档折叠起来只看主标题，也可以展开文档查看全部内容。

5）草稿：草稿是 Word 中最简化的视图模式，在该视图模式下不显示页边距、页眉和页脚、背景、图形和图像以及没有将环绕方式设置为"嵌入型"的图片，因此这种视图模式仅适合编辑内容和格式都比较简单的文档。

2. 显示比例

单击"视图"选项卡中的"显示比例"，弹出"显示比例"对话框，Word 文档在打开时，默认显示比例为 100%，可以单击选择 Word 内置的显示比例，如 75%、200%，也可以在百分比输入栏中输入自定义的显示比例，如 150%，Word 文档就以 150%的比例显示文档的内容，如图 3-17 所示。选择"页宽"，则以页面宽度来显示文档；选择"文字宽度"，则以文字宽度来显示文档。

3. 窗口

打开多个文档后，可以在文档的窗口界面单击"向下还原"按钮，让多个文档都出现在 Windows 窗口上，用鼠标移动位置或调整大小即可。也可以选择"视图"选项卡的"窗口"组，单击"全部重排"，可以让多个窗口排列在同一个 Word 窗口内，这样多个文档就可以自由编辑。

通过"窗口"的"并排查看"功能可以将两篇不同的文档进行并排查看，用户可以在任意文档之间进行对比与编辑。再次单击"并排查看"按钮，即可取消两篇文档并排查看的状态。

图 3-17 "显示比例"对话框

如果浏览的文档过长，并且需要跨页查看或比较前后内容时，就可以为其设置拆分窗口，从而便于在两个窗口中分别定位并查看要比较的内容。打开需要设置的文档，单击"视图"选项卡"窗口"选项组中的"拆分"按钮，可以看到在文档中间出现了一个分隔，就可以轻松实现文档的任意位置的浏览查看；如果想要取消拆分窗口，单击"取消拆分"按钮即可；用户还可以通过上下拖动拆分窗口之间的"调整大小"控件，来调整两个窗口的视图大小。

3.2.10 设置字符格式

1．设置字体

Word 2016 提供了宋体、楷体、黑体、方正姚体等多种可以使用的字体，输入的文本在默认情况下为宋体五号。设置字体有多种方法。

方法 1：选中要设置字体格式的文本，在"开始"选项卡"字体"组的"字体"下拉列表中选择适合的字体进行设置。

方法 2：选中要设置字体格式的文本，在"开始"选项卡下的"字体"组单击右下角的对话框启动器按钮，即可打开"字体"对话框。或者在选中的文本上单击鼠标右键，在弹出的快捷菜单中执行"字体"命令，也可以打开该对话框。在"字体"选项卡下的"中文字体"下拉列表中可以选择文档中中文文本的字体格式，在"西文字体"下拉列表中可以选择文档中西文文本的字体格式。

方法 3：选中要设置字体格式的文本后，软件会自动弹出"格式"浮动工具栏，在该浮动工具栏中单击"字体"下拉按钮，在弹出的列表框中可以选择需要的字体样式。

方法 4：按〈Ctrl+Shift+P〉组合键或〈Ctrl+D〉组合键，都可以直接打开"字体"对话框。

2．设置字号

字号是指字符的大小。这里有两种字号的表示方法，一种是中文标准，以"号"为单位，如四号、五号、初号等，字号越大，字越小；另一种是西文标准，以"磅"为单位，如 11 磅、12 磅、14 磅等，磅数越大，字越大。设置字号的方法如下。

方法 1：选中需要设置字号的文本，在"开始"选项卡下的"字体"组的"字号"下拉列表中选择需要设置的字号。

方法 2：选中需要设置字号的文本，打开"字体"对话框。在"字体"选项卡下的"字号"列表框中选择需要设置的字号。

方法 3：选中需要设置字号的文本，打开"格式"浮动工具栏，在该浮动栏中单击"字号"下拉三角按钮，在弹出的列表框中设置字号。

【温馨提示】

字号右侧的增大字号按钮和减小字号按钮 可以对字号进行增大和减小，按〈Ctrl+>〉组合键可以增大字号，〈Ctrl+<〉组合键可以减小字号。

3．字体颜色

为字符设置不同的字体颜色，可以使文本更加符合制作要求，更加美观。设置字体颜色的方法如下。

方法 1：选中要设置字体颜色的文本，在"开始"选项卡下的"字体"组中单击"字体颜色"下拉三角按钮，在弹出的颜色面板中选择需要的颜色即可。

方法 2：选中要设置字体颜色的文本，右击，打开"字体"对话框，在"字体"选项卡下的"字体颜色"下拉列表中选择需要的颜色。

方法 3：选中要设置字体颜色的文本，右击，在浮动工具栏中单击"字体颜色"下拉三角按钮，同样可以弹出颜色面板，从中选择需要的颜色即可。

利用"字体"对话框"字体"选项卡中"字形"列表框可设置字符的加粗和倾斜效果，只需选中相应选项即可；利用"所有文字"设置可设置字体颜色、下划线和着重号效果，只需在相应的下拉列表中选择即可；利用"效果"选项组可设置字符的删除线、阴影、上标和下标等效果，只需选中相应的复选框即可。此外，若将"字体"对话框切换到"高级"选项卡，则还可以设置字符之间的距离、字符的上下位置等效果，如图 3-18 所示。

4．设置文本效果

文本效果包括删除线、阴影、小型大写字母、双删除线、空心、全部大写字母、上标、下标、阳文、阴文、隐藏。通过为文本增加文本效果，可以丰富文档内容，使文本突出显示，从而使整个文档更加漂亮得体。在 Word 2016 中要对文本进行文本效果的设置，首先需要选中要设置效果的文本，接下来打开"开始"选项卡，单击"字体"组右下方的对话框启动器按钮，这时会弹出"字体"对话框，在该对话框中就可以添加各种文字效果了，如图 3-19 所示。

图 3-18 "字体"→"高级"对话框　　　　图 3-19 "字体"对话框

1）删除线：为所选字符的中间添加一条线，如"删除线"。
2）双删除线：为所选字符的中间添加两条线，如"双删除线"。
3）上标：提高所选文字的位置并缩小该文字，如"X^2"。
4）下标：降低所选文字的位置并缩小该文字，如"$X_1+X_2=Y$"。
5）阴影：在文字的后、下和右方加上阴影，如"阴影"。
6）空心：将所选字符只留下内部和外部框线，如"空心"。
7）阴文：将所选字符变成凹型，如"阴文"。
8）阳文：将所选字符变为凸型，如"阳文"。
9）小型大写字母：将小写的字母变成大写，并将其缩小，如"hello"→"HELLO"。
10）全部大写字母：将小写的字母变成大写，但不改变字号，如"hello"→"HELLO"。
11）隐藏：隐藏选定字符，使其不显示、不被打印。

5. 设置突出显示文本

为了使文档中的重要内容突出显示，可以为其设置边框和底纹，也可以使用突出显示文本功能。

（1）设置字符边框和底纹

1）设置边框，方法如下。

方法 1：选中要添加边框的文本，在"开始"选项卡下的"字体"组中单击"字符边框"按钮 A 即可。

方法 2：选中要添加边框的文本或者段落，接下来在"开始"选项卡下的"段落"组中单击"边框"按钮右侧的下拉三角按钮，在弹出的下拉列表中选择所需要的边框选项即可，如图 3-20 所示。

方法 3：选择"边框和底纹"命令，打开"边框和底纹"对话框，在"边框"选项卡下对各选项进行设置。在左侧的"设置"区域内可以选择边框的效果，如方框、阴影、三维、自定义等；在"样式"区域可以选择边框的线型，如直线、双实线、虚线、点实虚线、波浪线等；在"颜色"区域可以设置边框的颜色；在"宽度"区域可以设置边框线的粗细，如 1 磅、2 磅等；在"应用于"区域可以选择边框应用的范围为"文字"，如图 3-21 所示。

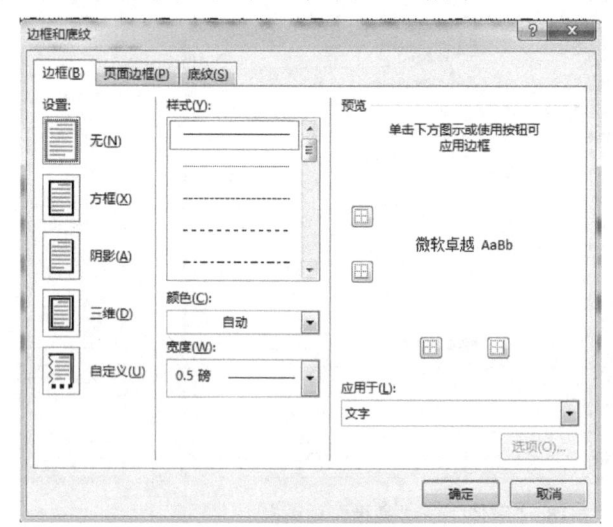

图 3-20 "边框"按钮　　　　图 3-21 "边框和底纹"对话框

2）设置底纹，方法如下。

方法 1：选中要添加底纹的文本，在"开始"选项卡下的"字体"组中单击"字符底纹"按钮 A 即可。

方法 2：选中要添加底纹的文本，在"开始"选项卡下的"段落"组中单击"底纹"按钮即可。

方法 3：选择"边框和底纹"对话框中的"底纹"选项卡进行设置。在"填充"里面可以对底纹填充的颜色进行设置；"图案"选项里可以对图案的样式和图案颜色进行设置；"应用于"中设置为文字，如图 3-22 所示。

（2）设置突出显示文本

Word 2016 提供了突出显示文本的功能，可以快速将指定的内容以需要的颜色突出显示出来，也常应用于审阅文档。首先选择需要设置突出显示的文本，在"开始"选项卡的"字体"

组中单击"以不同颜色突出显示文本"按钮右侧的下拉三角按钮,在弹出的下拉列表中选择需要的颜色,就可以使选择的文本以相应的颜色突出显示,如图 3-23 所示。

图 3-22 "底纹"对话框

图 3-23 以不同颜色突出显示文本

3.2.11 段落格式

段落格式主要包括段落的对齐方式、段落缩进、段落间距和行间距等,如图 3-24 所示。要设置某个段落的格式,可将插入符置于该段落中;要设置多个段落的格式,可同时选中多个段落进行设置。

1. 项目符号和编号

项目符号和编号是放在文本前的点或其他符号,可起强调作用。合理使用项目符号和编号,可以使文档的层次结构更清晰、更有条理。Word 2016 中有相应的项目符号库和编号库,也可以使用自定义的项目符号和编号。

(1) 添加项目符号和编号

项目符号和编号是以段落为单位来进行设置添加的。

选择需要添加项目符号的段落,在"开始"选项卡下的"段落"组中单击"项目符号"按钮 右侧的下拉三角按钮,在弹出的项目符号库中可以选择所需要的项目符号样式,如图 3-25 所示。

图 3-24 段落格式

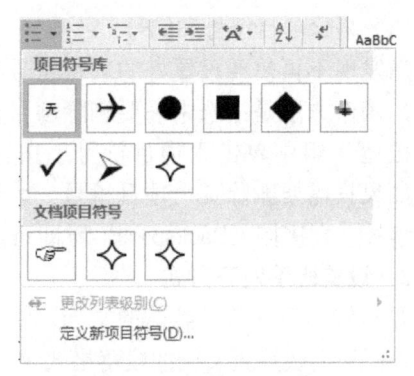

图 3-25 项目符号库

选择需要添加编号的段落,在"开始"选项卡下的"段落"组中单击"编号"按钮 右侧的下拉三角按钮,在弹出的编号库中可以选择所需要的编号样式,如图3-26所示。

(2)自定义项目符号和编号

1)自定义项目符号,可在"项目符号"下拉列表中执行"定义新项目符号"命令,打开"定义新项目符号"对话框,如图3-27所示。其中,包括符号、图片、字体三个选项,分别可以打开"符号"对话框、"图片"对话框、"字体"对话框,"符号"对话框可以从中选择合适的符号样式作为项目符号;"图片"对话框可以选择合适的图片符号作为项目符号;"字体"对话框可以设置项目符号的字体格式。对齐方式在下拉列表中列出了 3 种项目符号的对齐方式,分别为左对齐、居中和右对齐。

图 3-26 编号库　　　　　　　　图 3-27 "定义新项目符号"对话框

2)自定义编号的操作过程是:在"编号"下拉列表中执行"定义新编号格式"命令,打开"定义新编号格式"对话框,如图 3-28 所示。其中,编号样式可以选择其他的编号样式;字体可以设置编号的字体格式;编号格式显示的是编号的最终样式,在该文本框中可以添加一些特殊的符号,如冒号、逗号、半角句号等;对齐方式下拉列表中列出了 3 种编号的对齐方式,分别为左对齐、居中和右对齐。

(3)删除项目符号和编号

当发现不再需要设置好的项目符号和编号时,可以将其删除,操作方法是:选中需要删除项目符号或编号的文本,在"段落"组中单击"项目符号"按钮或"编号"按钮即可。如果只需要删除某个项目符号或编号,就选中该项目符号或编号,直接按〈Backspace〉键即可。

2. 设置段落对齐方式

要制作一篇规范、整洁的文档,除了要对字体格式进行设置外,还需要设置文档的段落格式。

图 3-28 "定义新编号格式"对话框

(1)设置段落对齐方式

在 Word 2016 中可以设置 5 种段落对齐方式,包括文本左对齐、居中、文本右对齐、两端对齐以及分散对齐，如图 3-29 所示。输入文本时，默认的对齐方式是"两端对齐"，用户可以根据实际情况进行更改。

（2）为段落划分级别

Word 2016 会使用层次结构来组织文档，大纲级别就是段落所处层次的级别编号。Word 2016 提供了 9 级大纲级别，默认输入的文本为"正文文本"，用户可以通过"段落"对话框进行设置。选择文档标题，单击"段落"对话框启动器，弹出"段落"对话框，切换至"缩进和间距"选项卡，单击"大纲级别"下拉三角按钮，在展开的下拉列表中单击"1 级"选项，如图 3-30 所示，单击"确定"按钮。按照同样的方法，将其他段落划分为 2 级、3 级等。

图 3-29 段落的对齐方式

图 3-30 设置大纲级别

（3）设置段落缩进效果

在编排文档中，通常都希望每一个段落的第一行文字向里缩进两个汉字的位置，Word 2016 为此提供了很方便的功能，即"段落缩进"，方法如下。

方法 1：在"视图"选项卡中勾选"显示"组的"标尺"复选框，然后选择除文档标题外的所有段落，将鼠标指向标尺中的"首行缩进"按钮，按住鼠标左键不放，拖动鼠标至"2"处，如图 3-31 所示。

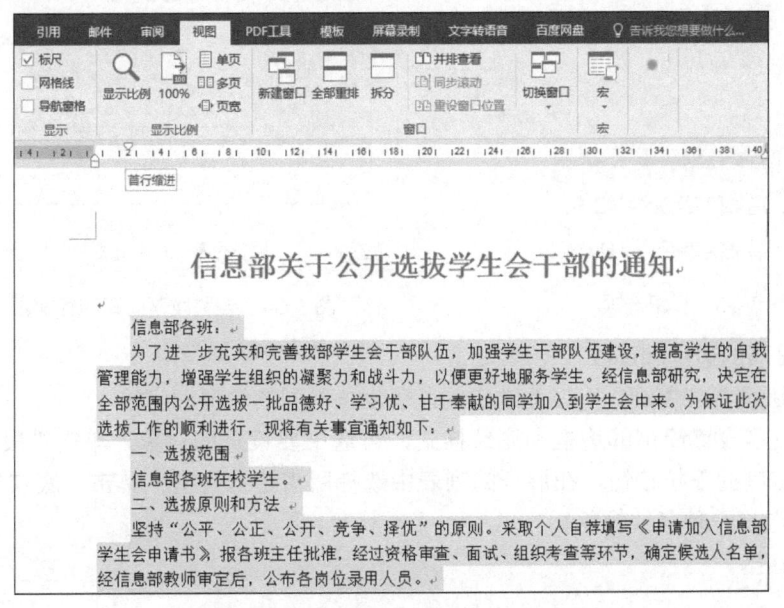

图 3-31 拖动标尺设置缩进 2 个字符

方法 2：单击"段落"对话框启动器，在"段落对话框"中设置"首行缩进"格式，单击"确定"按钮即可，如图 3-32 所示。

（4）行和段落间距

行距是从一行文字的底部到下一行文字底部的间距。Word 会自动调整行距以容纳该行中最大的字体和最高的图形。如果某行包含大字符、图形或公式，将自动增加该行的行距。要想设置或更改行距，需要单击更改行距的段落，在"开始"选项卡上的"段落"组中，单击"行和段落间距"按钮，从弹出的列表中选择行距或段间距，或在列表中选择"行距选项"，如图 3-33 所示；或单击"段落"组右下角的对话框启动器"段落设置"，打开"段落"对话框，在"间距"选项组可设置段落间距和行距，如图 3-34 所示。

图 3-32　设置"首行缩进"格式

图 3-33　行距选项

图 3-34　设置段落间距和行间距

3．设置段落的边框和底纹

为使文档版面更加美观，可以为选定的段落设置不同的边框和底纹。

1）要对段落设置简单的边框和底纹样式，可选中要设置的对象，单击"段落"组中"边框"按钮右侧的下拉按钮，在展开的列表中选择所需边框类型；单击"底纹"按钮，在展开的列表中选择一种底纹颜色。

【温馨提示】

使用这种方式设置边框时，若选中的是字符（不选中段落标记），则设置的是字符边框；若选中的是段落（连段落标记一起选中），则设置的是段落边框。

2）要对边框和底纹进行复杂的设置，可通过"边框和底纹"对话框来实现。首先选择要设置边框和底纹的段落，然后单击"开始"选项卡上"段落"组中的边框按钮右侧的下拉按钮，在展开的列表中选择"边框和底纹"选项，打开"边框和底纹"对话框。

3）在"边框"选项卡的"设置"中选择边框类型，在"样式""颜色"和"宽度"设置区分别选择边框样式、颜色和线型，然后在"预览"设置区单击相应的按钮来添加或取消添加上、下、左、右边框，在"应用于"下拉列表中选择"段落"（这里保持默认的"文字"），单击"确定"按钮。

4）设置复杂底纹可以将"边框和底纹"对话框切换到"底纹"选项卡，在"填充"下拉列表中选择底纹颜色，还可在"图案"下拉列表中选择一种底纹图案样式，在"颜色"下拉列表中选择图案颜色，接着在"应用于"下拉列表中选择"段落"，单击"确定"按钮。

3.2.12 首字下沉

在很多杂志或者报刊中，为吸引读者注意力通常会设置首字下沉。首字下沉是指文档中段首的一个字或者多个字比文档中的其余文本字号设置得要大，放大的程度可以根据需要自行设定，并且在放大的基础上采用下沉或者悬挂的方式显示出来。在 Word 2016 中，首字下沉共设置了两种方式，第一种为普通下沉，第二种为悬挂下沉。两种方式的区别在于：第一种方式设置的下沉字符会紧靠其他文字，第二种方式设置的下沉字符可以随意地移动位置。

设置首字下沉的操作步骤如下：首先将光标定位在要设置的段落，找到"插入"选项卡中的"文本"组，单击"首字下沉"按钮，这时会弹出下拉列表，单击"下沉"或者"悬挂"按钮即可，如图 3-35 所示。

选择好之后如果还想对"下沉"的方式进行具体的设置，可以单击"首字下沉选项"按钮，在打开的"首字下沉"对话框的"位置"选项区域中，可以选择首字的位置，在"选项"区域可以设置下沉字符的字体、下沉所占用的行数以及与正文的距离，如图 3-36 所示。

图 3-35　"首字下沉"按钮　　　　　　图 3-36　"首字下沉"对话框

3.2.13 分栏

报刊或者杂志中经常会进行分栏设置，也就是在一个标题下面，将文本分成并排的若干个条块来满足实际排版需求，以方便阅读，并使文档更加整齐美观。Word 2016 就具有分栏排版这个在文字排版中重要的功能，可以把每一栏都作为一个节对待，这样就可以对每一栏单独进行格式化和版面设计。

1．快速分栏

在"布局"选项卡的"页面设置"组中单击"分栏"按钮,在弹出的下拉列表中选择所需要的栏数以及偏左、偏右选项,如图3-37所示。

2．手动分栏

如果系统默认的分栏选项不符合文档需求,还可以根据具体需要设置不同的栏数和栏宽等。设置方法为:可以在"布局"选项卡的"页面设置"组中单击"分栏"按钮,在弹出的下拉列表中执行"更多分栏"命令,弹出"分栏"对话框,就可以在"栏数"文本框中自定义分栏的栏数,这里最多可以设置到12栏;在"宽度和间距"区域可以设置分栏的栏宽和间距;勾选"分隔线"复选框可以在各个栏之间添加分隔线;在"应用于"列表中选择将设置应用于"整篇文章""所选文字"或"插入点之后",如图3-38所示。

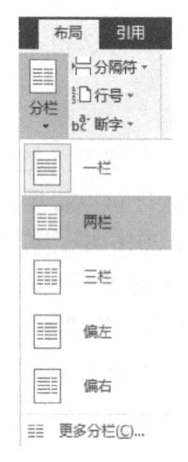

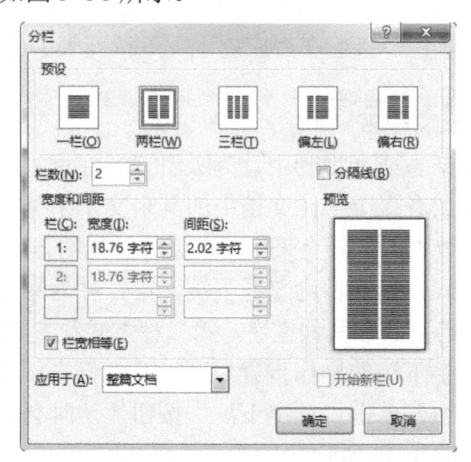

图3-37 "分栏"按钮　　　　图3-38 "分栏"对话框

3．设置分页符、分节符

当编辑杂志或者论文等长文档时,有时可能需要把前后两部分内容放到两个不同的页面上,在Word 2016中可以使用插入分页符的方法来实现这个目标。在页面视图下,分页符是一条虚线,又称为自动分页符。

分节符是指为表示节的结尾插入的标记。分节符包含节的格式设置元素,如页边距、页面的方向、页眉和页脚、页码的顺序。分节符用一条横贯屏幕的虚双线表示。如果删除了某个分节符,它前面的文字会合并到后面的节中,并且采用后者的格式设置。通常情况下,分节符只能在大纲视图下看到,如果想在页面视图中显示分节符,只需选中"文件"选项卡的"选项",在"Word选项"对话框中选择"显示"中的"显示所有格式标记"即可。

(1)插入分页符的方法

要插入分页符,首先将光标置于需要分页的位置,之后在"布局"选项卡中单击"页面设置"组的"分隔符"按钮,在展开的列表中选择"分页符"类别的"分页符"选项,如图3-39所示。此时前后两部分内容分成了两页显示。

(2)插入分节符的方法

要插入分节符,首先将光标置于需要分节的位置,之后在"布局"选项卡中单击"页面设置"组中的"分隔符"按钮,在展开的列表中根据需要选择"分节符"四个选项中的一个,如图3-40所示。

图 3-39　插入分页符　　　　　　　图 3-40　插入分节符

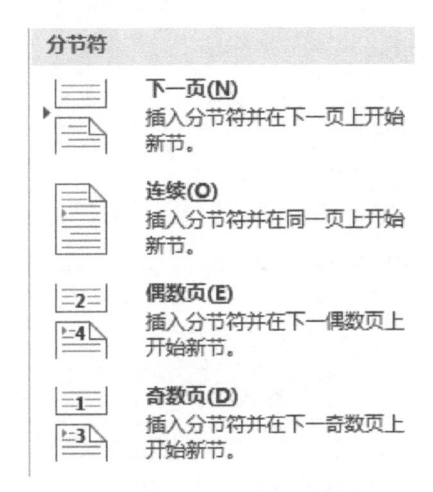

1）下一页：插入分节符并在下一页上开始新节。

2）连续：插入分节符并在同一页上开始新节。

3）偶数页：插入分节符并在下一偶数页上开始新节。

4）奇数页：插入分节符并在下一奇数页上开始新节。

（3）删除分节符的方法

删除分节符会同时删除该分节符之前的文本节的格式，该段文本将成为后面的节的一部分并采用该节的格式。

确保文档处于"大纲视图"中，以便可以看到双虚线分节符，这时选择要删除的分节符，按〈Delete〉键。

3.2.14　设置页面背景

设置文档的页面背景，主要用于创建一些更有趣的 Word 文档。设置页面背景包括给页面添加水印、设置页面的颜色和设置页面的边框等。

1. 添加水印

文档中的水印可以设置为文字，也可以设置为图片。水印可以很好地突出文档的主题以及性质，也可做记号或者防盗用。

1）添加图片水印。选择"设计"选项卡的"页面背景"组，单击"水印"按钮，在其下拉菜单中选择"自定义水印"命令，打开"水印"对话框，选中"图片水印"单选按钮，如图 3-41 所示，单击"选择图片"按钮，打开"插入图片"面板，单击"浏览"按钮，在打开的"插入图片"对话框中选择需要的图片，单击"插入"按钮，返回"水印"对话框，设置缩放比例，选中"冲蚀"复选框，单击"确定"按钮，完成图片水印效果的设置。

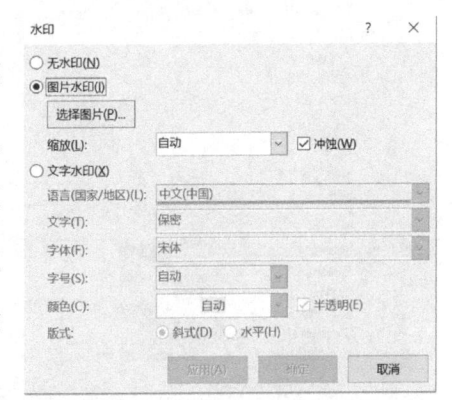

图 3-41　添加"图片水印"

2）添加文字水印。选择"设计"选项卡的"页面背景"组，单击"水印"按钮，在其下拉列表中选择"自定义水印"命令，打开"水印"对话框，单击"文字水印"按钮，如图 3-42 所示，设置文字内容、字体样式、字号大小、文字颜色等内容，单击"确定"按钮，完成文字水印的添加，效果如图 3-43 所示。

图 3-42　添加"文字水印"　　　　　　　图 3-43　文字水印效果

2. 页面颜色

页面颜色可设置文档页面的颜色，如纯色、渐变色、纹理、图案等，能够美化页面以及个性化文档页面的制作。选择"设计"选项卡的"页面背景"选项组中的"页面颜色"按钮，在下拉菜单中可选择"主题颜色"和"标准色"；在"其他颜色"中可选择"自定义颜色"；在"填充效果"中可设置"渐变""纹理""图案""图片"等，如图 3-44 所示。

3. 页面边框

用户可以为整篇文档添加简单的线条边框，也可以为其设置更加美观、艺术、多样化的边框形式。

选择"设计"选项卡的"页面背景"选项组中的"页面边框"按钮，打开"边框和底纹"对话框，如图 3-45 所示。选择"页面边框"选项卡，在"样式"栏中可选择简单线框，如虚线、双线等；在"颜色"下拉列表中设置页面边框颜色；在"宽度"下拉列表中设置页面边框的宽度；在"艺术型"下拉列表中选择艺术样式；设置"应用于"为"整篇文档"；单击"确定"按钮返回文档，可以看到文档四周的页面边框效果。

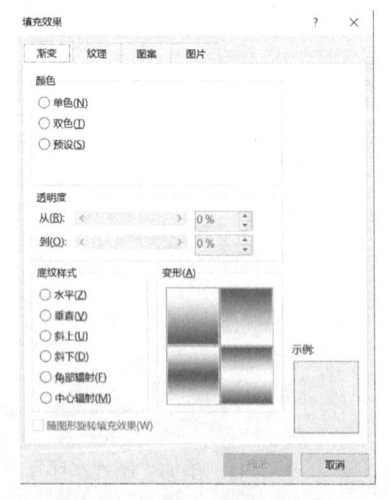

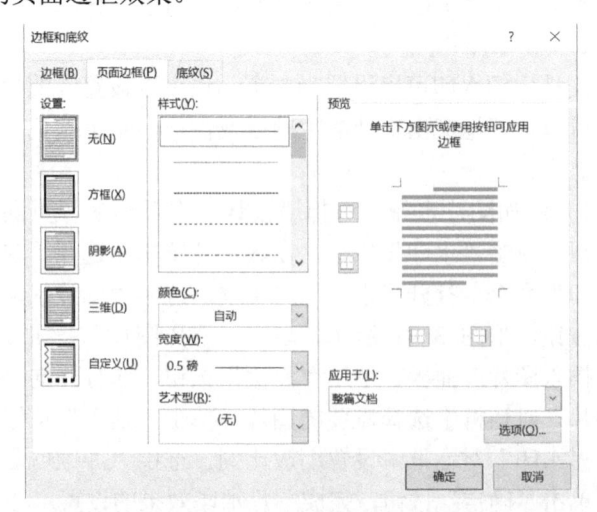

图 3-44　"填充效果"对话框　　　　　　　图 3-45　"边框和底纹"对话框

3.2.15 应用模板

Word 2016 内置了多种文档模板样式，可单击"文件"选项卡中的"新建"按钮，在弹出的"搜索联机模板"中搜索需要的模板类型，如"简历和求职信"，就会弹出各种简历和求职信的模板样式，如图 3-46 所示，选择一种模板样式，单击"创建"按钮，编辑文本内容即可。

图 3-46 "新建"按钮中的模板样式

Word 2016 内置了多种封面样式模板，用户可以选择满意的封面直接插入文档的首页中。

打开文档，单击"插入"选项卡"页面"选项组中的"封面"按钮，在弹出的列表框中单击"内置"栏的封面样式，如"花丝"封面样式，如图 3-47 所示，单击后就可以在文档的第一页插入选择的封面样式，然后在文本框内进行相关编辑即可。

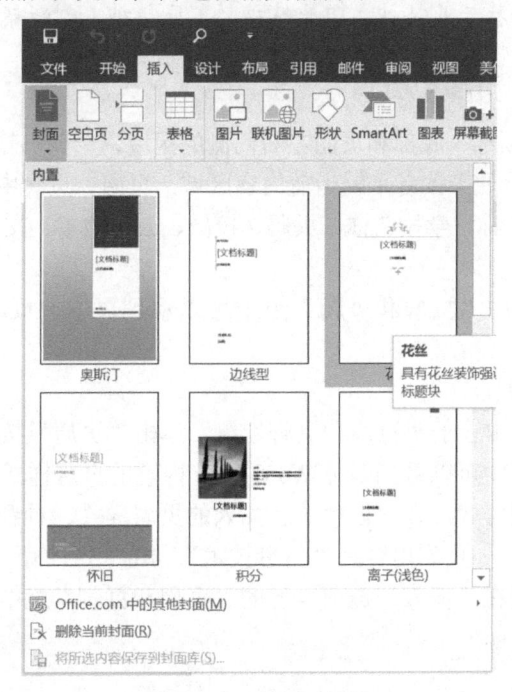

图 3-47 "封面"按钮

3.2.16　格式刷的使用

格式刷是 Word 提供的一个工具，用于复制一个位置的格式，将其应用到另一个位置。使用方法如下。

选中已经设定好格式的文本，之后单击"开始"选项卡的"剪贴板"组中的"格式刷"，或者使用〈Ctrl+Shift+C〉快捷键，如图 3-48 所示。接下来选中要设置格式的文本进行选取，即可完成格式的应用。

双击格式刷可以将相同格式应用到文档中的多个位置。

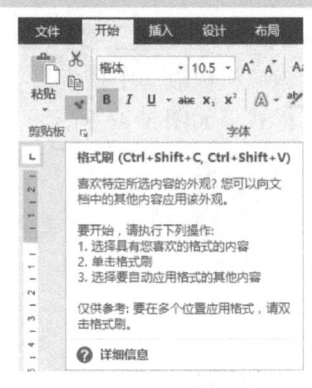

图 3-48　选择"格式刷"

3.3　页面设置与打印

【学习目标】

1. 学会添加页眉、页脚和页码的方法。
2. 学会页面设置的方法。
3. 学会文档的保护和加密。
4. 学会打印文档。
5. 针对学科核心素养要求，形成理性思维、批判质疑、勇于探究、乐学善学、勤于反思、技术活学活用等核心素养。
6. 通过系统学习，培养专业精神、职业精神、工匠精神、创新精神和自强精神。

3.3.1　添加页眉、页脚和页码

页眉和页脚是指文档顶部、底部和页面左右两侧的区域，一般书籍或文档中都会设置页眉和页脚使文档更加完整美观，便于读者了解当前内容区域。页眉、页脚中可以添加时间和日期、文档章节内容、书名、公司名称、学校名称、页码、校徽、公司徽章、文件名或作者信息等。

1. 插入页眉和页脚

在"插入"选项卡下的"页眉和页脚"组中可以看到页眉、页脚和页码的选择按钮，如图 3-49 所示。

插入页眉的操作步骤如下。

1）找到"插入"选项卡上的"页眉和页脚"组，单击"页眉"按钮。

2）在弹出的下拉列表中可以看到多种 Word 2016 内置的页眉样式，如图 3-50 所示。

3）选择其中一种页眉样式，在文档中显示插入的页眉样式，看到"在此处键入"字样，直接输入所设定的页眉内容，如页眉内容为"信息技术"，如图 3-51 所示。

4）插入页脚的方法是在"插入"选项卡上的"页眉和页脚"组中选择"页脚"按钮，其他设置与页眉设置相似。

图 3-49 "插入"选项卡下的"页眉和页脚"组

图 3-50 页眉样式

图 3-51 显示页眉样式

2. 设置页眉和页脚格式

为达到更加符合文档主题、更加美观的效果，可以在插入页眉和页脚后设置其格式。设置页眉和页脚格式的方法与设置文档中的文本方法相同。操作步骤为：选中页眉或页脚的文本内容，在"开始"选项卡中找到"字体"组别，在此设置页眉或页脚的字体格式，如将页眉"信息技术"的字体设置为"方正姚体"，字号设置为"小五"，如图 3-52 所示。

图 3-52 设置页眉的字体字号

3. 删除页眉和页脚

在"插入"选项卡的"页眉和页脚"组中，单击"页眉"或"页脚"按钮，在弹出的下拉列表中选择"删除页眉"或"删除页脚"命令，这样就可以删除整个文档中的页眉或页脚。

4. 设置奇偶页不同的页眉页脚

认真观察可以发现很多杂志和书籍都设置有页眉和页脚，并且奇数页和偶数页设置有不同的页眉，如奇数页采用书籍名称，偶数页采用章节名称等。设置步骤如下。

首先为整篇文档设置页眉，之后在"页眉和页脚工具"的"设计"选项卡的"选项"组中勾选"奇偶页不同"复选按钮，如图 3-53 所示。

图 3-53 勾选"奇偶页不同"选项

此时就可以分别设置奇数页和偶数页的页眉内容。

5．页码的设置

1）插入页码：为更方便地阅读文档或者更快捷地管理文档，可以在文档中插入页码。页码的显示位置可以根据需要来设置，可以设置在页面的顶端、页面的底端等多种位置。设置步骤为：在"插入"选项卡的"页眉和页脚"组中，单击"页码"按钮，在弹出的下拉列表中选择需要设置的位置，再在弹出的列表中选择所需要设置的页码样式即可，如图3-54所示。

2）设置页码格式：默认的页码格式如果不符合文档要求，也可以对页码的格式进行设置。设置步骤为：在"页眉和页脚工具"的"设计"选项卡中，单击"页码"按钮，在弹出的下拉列表中选择"设置页码格式"选项，这时会弹出"页码格式"对话框，在"编号格式"下拉列表中选择所需要的页码格式，如图3-55所示。

图3-54　插入页码　　　　　　　　　　图3-55　"页码格式"对话框

3.3.2　页面设置

1．设置页边距和纸张方向

默认情况下，Word创建的文档是"纵向"，顶端和底端各留有2.54cm的页边距，两边各留有3.17cm的页边距。用户可以根据需要修改页边距和纸张方向。

（1）快速设置

单击"布局"选项卡上"页面设置"组中的"页边距"按钮，在展开的列表中选择一种页边距方式，如图3-56所示；单击"纸张方向"按钮，在展开的列表中选择纸张方向，如图3-57所示。

（2）精确设置

单击"布局"选项卡中"页面设置"组右下角的对话框启动器按钮，打开"页面设置"对话框，切换至"页边距"选项卡，然后在"页边距"选项组中设置页边距参数，在"纸张方向"选项组中选择文档的页面方向，如图3-58所示。

2．设置纸张规格

默认情况下，Word中的纸型是标准的A4纸，宽度是21cm，高度是29.7cm，用户可以根据需要改变纸张的大小。

图 3-56　选择页边距　　　　　　图 3-57　选择纸张方向

（1）快速设置

单击"布局"选项卡上"页面设置"组中的"纸张大小"按钮，在展开的列表中可选择所需要的纸型，如图 3-59 所示。

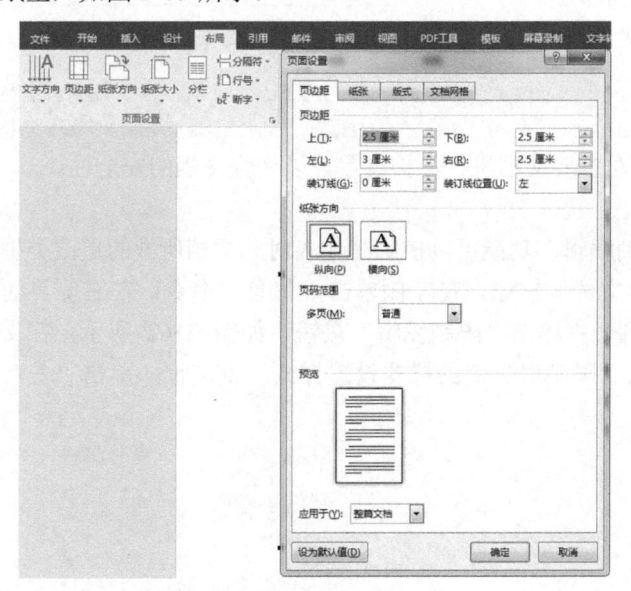

图 3-58　设置页边距和纸张方向　　　　　　图 3-59　选择纸型

（2）精确设置

若列表中没有所需纸型，用户可自定义纸张大小。方法是在"纸张大小"列表中单击"其他纸张大小"项，打开"页面设置"对话框，在"纸张大小"下拉列表中选择一种纸型，或者直接在"宽度"和"高度"编辑框中输入数值并单击"确定"按钮即可，如图 3-60 所示。

3．设置每页行数与每页字数

在制作一些公文的时候，往往需要精确设置好每页的行数和每页的字数。在 Word 中通过以下操作可以完成这项设置。

在"布局"选项卡的"页面设置"组中找到右下角的"页面设置"对话框打开按钮，打开"页面设置"对话框中的"文档网格"选项，如图 3-61 所示。在"字符数"中设置每行的字数，在"行数"中可以设置每页的行数，最后在"应用于"中选择对应的应用范围即可完成设置。

图 3-60　精确设置纸张大小　　　　图 3-61　设置每页行数和每页字数

3.3.3　文档的保护

当文档制作完成后，用户可以对重要文档进行保护设置，以增强文档的安全性。

1．限制文档的编辑

在 Word 2016 中，通过"限制编辑"功能可以控制其他人对此文档所做的更改类型，如格式设置限制、编辑限制等。单击"文件"按钮，在左侧单击"信息"命令，在右侧界面中单击"保护文档"按钮，在展开的下拉列表中单击"限制编辑"按钮，如图 3-62 所示，在文档右侧显示"限制编辑"任务窗格，勾选"限制对选定的样式设置样式"复选框，单击"是，启动强制保护"按钮，如图 3-63 所示。

图 3-62　选择限制编辑　　　　图 3-63　启动强制保护

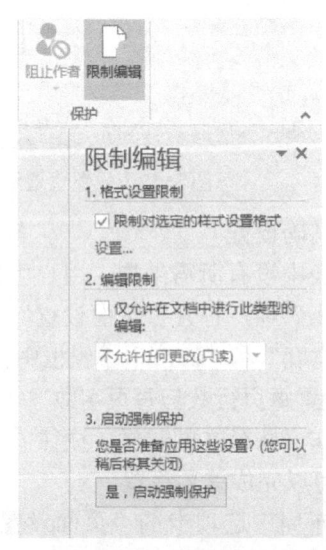

弹出"启动强制保护"对话框,单击"密码"按钮,输入"新密码"和"确认新密码",这里为"123456",再单击"确定"按钮,如图 3-64 所示。经过操作后,文档中的功能区将呈现灰色,不能使用,效果如图 3-65 所示。

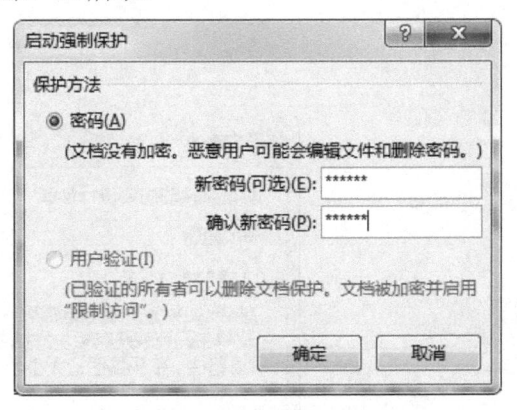

图 3-64　设置保护密码

图 3-65　显示功能区不能使用

若想取消强制保护,可以在文档右侧显示"限制编辑"任务窗格的下方单击"停止保护"按钮,如图 3-66 所示,在弹出的"取消保护文档"对话框中输入刚才设置的密码,单击"确定"按钮即可,如图 3-67 所示。

图 3-66　单击"停止保护"　　　　图 3-67　"取消保护文档"对话框

2．为文档添加密码保护

若想保障自己的 Word 文档数据安全,用户可以为文档添加密码保护。此后,当再次需要打开该文档时,必须使用密码才能将其打开。

单击"文件"按钮,在左侧单击"信息"命令,在右侧界面中单击"保护文档"按钮,在展开的下拉列表中单击"用密码进行加密"选项,如图 3-68 所示。弹出"加密文档"对话框,在其文本框中输入设置的密码，再单击"确定"按钮，如图 3-69 所示。

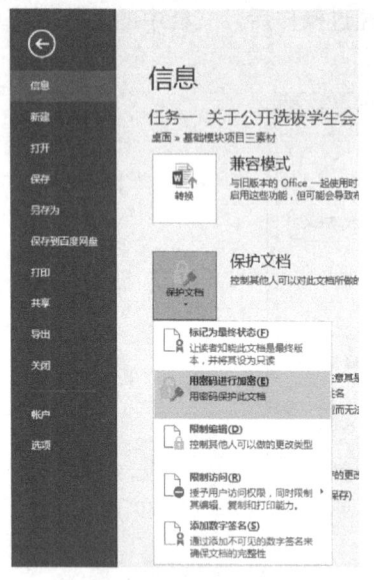

图 3-68　选择"用密码进行加密"　　　　　图 3-69　设置加密密码

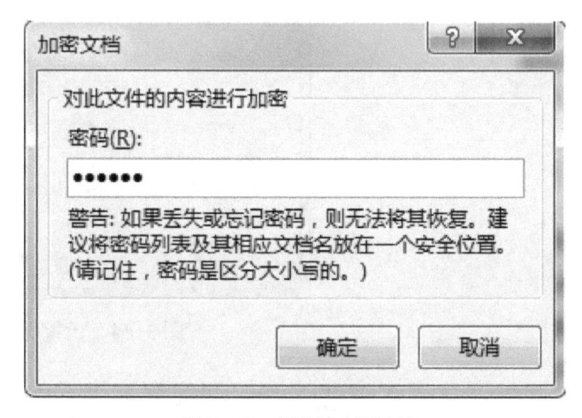

弹出"确认密码"对话框，在其中重新输入前面设置的密码，再单击"确定"按钮，如图 3-70 所示。经过操作后，当用户再次打开该文档时，会弹出"密码"对话框，要求输入设置的加密密码，如图 3-71 所示。

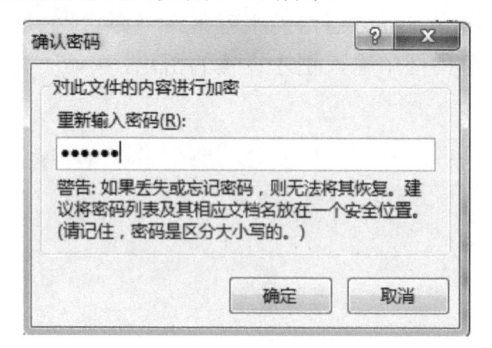

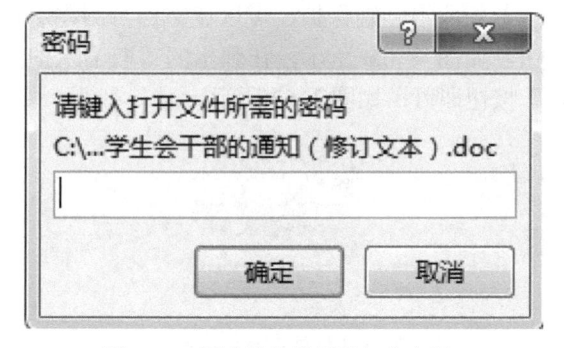

图 3-70　重复加密密码　　　　　图 3-71　要求输入设置的加密密码

3.3.4　打印预览和打印文档

文档编辑完成后，需要对文档进行打印，可选择"文件"选项卡"打印"命令，弹出的"打印"窗口左侧为打印设置，右侧为打印预览效果，如图 3-72 所示。在此页面中可设置打印的份数；在"设置"中可选择"打印所有页""打印当前页面"或"自定义打印范围"；可对文档进行单面打印或双面打印，单击"单面打印"右侧下拉按钮，在弹出的下拉列表中进行选择，如果打印机提供了"双面打印"功能，则已设置为双面打印，如果没有提供双面打印功能，选择"手动双面打印"命令，执行打印时，当打印完正面后，Word 提示将纸翻过来，然后重新装入打印机进行打印即可。还可以选择打印的纸张方向为"纵向"或"横向"、纸张大小为 A4 或 B5 等。Word 中还支持按版型进行缩放打印，即将多页缩版到一页上进行打印，选择"每版打印 4 页"即可将文档每 4 页缩放打印到一页上。

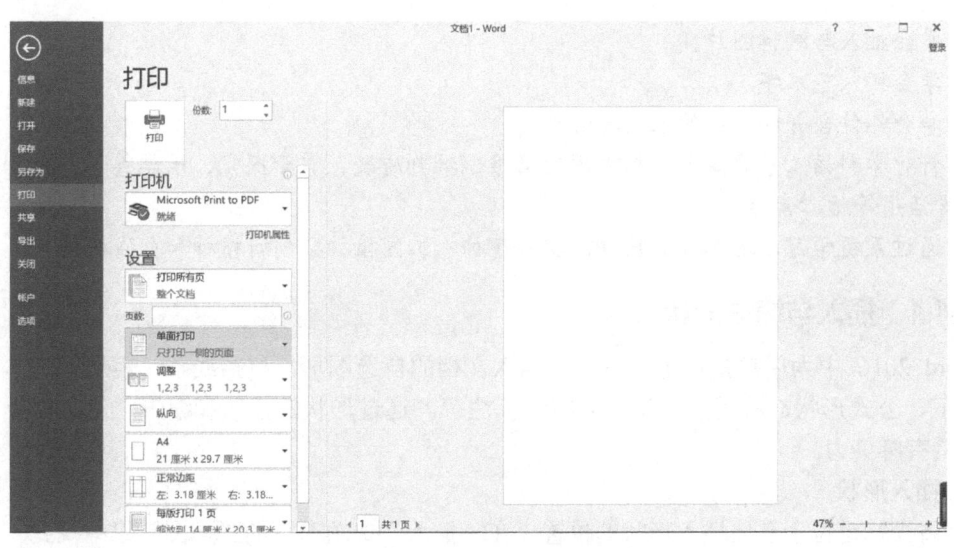

图 3-72 "打印"命令

在打印文档时,文档的背景色或者背景水印图形在默认情况下是不打印的。如果需要打印出背景色或者背景图形,可以选择"文件"选项卡"选项"命令,打开"Word 选项"对话框,切换到"显示"选项,在"打印选项"栏中选中"打印背景色和图像"复选框,单击"确定"按钮,就可以打印出背景,如图 3-73 所示。

图 3-73 "Word 选项"对话框

3.4 高级操作

【学习目标】

1. 学会插入与编辑形状。

2. 学会插入与编辑图片。
3. 学会插入艺术字。
4. 学会邮件合并和公式的录入与运算。
5. 针对学科核心素养要求，形成理性思维、批判质疑、勇于探究、乐学善学、勤于反思、技术活学活用等核心素养。
6. 通过系统学习，培养专业精神、职业精神、工匠精神、创新精神和自强精神。

3.4.1 插入与编辑形状

Word 2016 中为用户提供了大量可供插入文档的自选图形，包括线条、矩形、基本形状、箭头总汇、公式形状、流程图、星与旗帜、标注等。通过形状的插入和编辑，使文档更加生动活泼、具有感染力。

1. 插入形状

1）将光标定位于需要插入形状的位置，在"插入"选项卡下的"插图"组中找到"形状"按钮，单击"形状"按钮就会弹出"形状"列表框，如图 3-74 所示。

在选择其中一种形状后，鼠标会变成十字形状，当在文档中按住鼠标左键进行拖动后，就会出现刚才所选择的形状，释放鼠标后形状完成。此时该形状周围会出现八个控制点以及一个调整角度的旋转标，通过这些控制点可以调整形状的大小以及角度，以适应文档的需求。

2）如果用户觉得插入到文档中的形状不符合编辑的实际内容，可以使用"更改形状"功能直接转换形状样式。"绘图工具"→"格式"选项卡中，在"插入形状"组中单击"编辑形状"按钮，在展开的下拉列表中指向"更改形状"选项，选择需要更换的形状即可，如图 3-75 所示。

图 3-74 "形状"下拉列表　　　　　图 3-75 更改形状

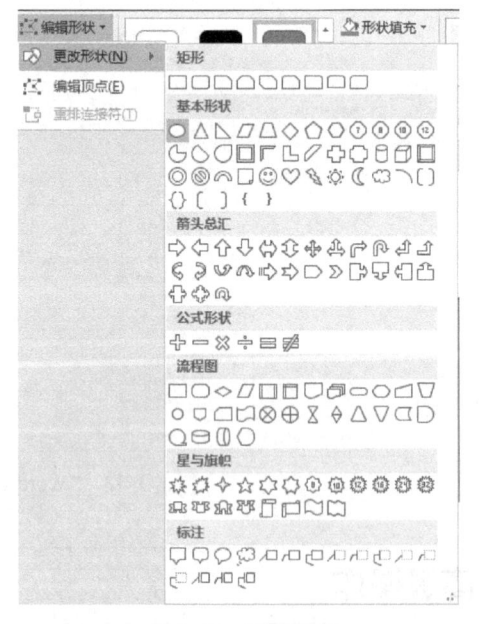

2. 编辑形状

对于插入的自选图形，用户可以根据实际需求进行编辑，如编辑形状顶点、对齐形状、设置形状样式、调整形状的大小和位置、设置形状的文字环绕方式、组合形状、为形状添加文字等。

（1）编辑形状顶点

编辑形状顶点是指通过更改图形的环绕点来改变图形形状。用户可以通过该功能制作出更多的形状，满足不同的需求。选择文档中的图形，在"绘图工具"→"格式"选项卡中，单击"编辑形状"按钮，在展开的下拉列表中单击"编辑顶点"按钮，如图 3-76 所示，此时会在形状中出现黑色实心编辑点，将鼠标指向顶点，按住鼠标左键，拖动编辑点可以改变整个形状。按照同样的方法，改变图形中的其他编辑点，更改图形的形状，单击文档中的任意位置，会在文档中显示更改图形后的效果。

（2）对齐形状

对齐形状是指将多个图形的边缘对齐，也可以将这些图形居中对齐或在页面中均匀地分散对齐。选择需要设置对齐方式的图形，在"绘图工具"→"格式"选项卡中，单击"对齐"按钮，在展开的下拉列表中选择对齐方式即可，如图 3-77 所示。

图 3-76 "编辑顶点"按钮　　　　图 3-77 "对齐"按钮

（3）设置形状样式

在文档中插入形状后，为达到更加美观的效果，还可以为其设置格式，如形状样式、形状填充、形状轮廓、形状效果等。选中要编辑的形状，可自动打开"绘图工具"中的"格式"选项卡，如图 3-78 所示。

图 3-78 "格式"选项卡中的形状样式

当需要对形状的总体外观样式进行修改的时候，可以找到"绘图工具"的"格式"选项卡里面的"形状样式"组，单击其中的"其他"按钮，就可以对形状的总体外观样式进行修改，如图 3-79 所示。

在"绘图工具"的"格式"选项卡下的"形状样式"组中单击"形状填充"按钮，在弹出的下拉列表中可以为形状选择填充颜色，形状填充效果主要有纯色填充、渐变填充、图片或纹理填充、图案填充等；在"绘图工具"的"格式"选项卡下的"形状样式"组中单击"形状轮廓"按钮，在弹出的列表框中可以更改形状边框的颜色、线条样式、线条粗细等；在"绘图工具"的"格式"选项卡下的"形状样式"组中单击"形状效果"按钮，在弹出的列表框中可以选择一种形状的形状效果。当需要为形状设置阴影效果时，单击"形状效果"的下拉三角按钮可以打开列表框，选择需要的阴影效果，如图3-80所示。

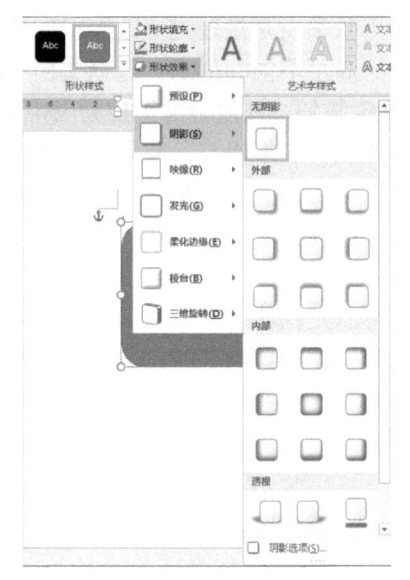

图3-79 "形状样式"列表框　　　　图3-80 选择阴影效果

同样，也可以设置形状的映像、发光、柔化边缘、棱台、三维旋转等效果。也可以在"绘图工具"中的"格式"选项卡下，单击"形状样式"右下角的小三角按钮，弹出"设置形状格式"对话框，设置形状的填充和线条等参数，如图3-81所示。

（4）调整形状大小和位置

通常，在默认情况下插入的形状大小和位置并不符合文档的实际需求，需要调整。

调整形状大小的方法如下。

方法1：选中插入的形状，此时形状四周出现8个控制点，将光标移动到这些控制点时光标会变成双向箭头形状，这时按住鼠标拖动形状控制点，即可任意调整形状大小。

图3-81 "设置形状格式"窗口

方法2：选中插入的形状，并切换至"图片工具"中的"格式"选项卡下，在"大小"组的"高度"和"宽度"文本框中精确设置形状的大小。

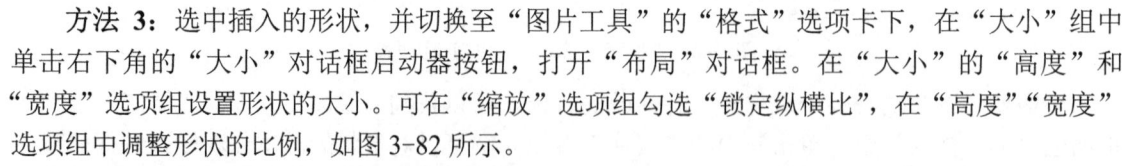

方法3：选中插入的形状，并切换至"图片工具"的"格式"选项卡下，在"大小"组中单击右下角的"大小"对话框启动器按钮，打开"布局"对话框。在"大小"的"高度"和"宽度"选项组设置形状的大小。可在"缩放"选项组勾选"锁定纵横比"，在"高度""宽度"选项组中调整形状的比例，如图3-82所示。

调整形状位置的步骤如下。选中形状并将指针移至形状上，待光标变成十字箭头形状时，按住鼠标进行拖动，移动形状到合适的位置，释放鼠标即可移动形状。移动形状的同时按住〈Ctrl〉键，即可实现形状的复制操作。

（5）设置形状的文字环绕方式

默认情况下，插入的形状是嵌入到文档中的，可设置形状的文字环绕方式，使其与文档显示更加协调。要设置图片的环绕方式，可以在"排列"组中单击"环绕文字"按钮，从弹出的下拉列表中选择一种文字和形状的排列方式。

图 3-82 精确设置形状大小

（6）组合形状

如果要对多个图形设置相同的格式，那么可以将这些形状组合在一起，以便作为单个对象处理。按住〈Ctrl〉键不放，依次选择需要组合的所有图形，在"绘图工具"中的"格式"选项卡中单击"组合"→"组合"，此时所选的形状被合并为一个图形，选择整个图形，按住鼠标左键不放，向下拖动至需要的位置，释放鼠标后即可完成整个图形的移动。

（7）为形状添加文字

自选图形除了有变化无穷的形状外，还提供了添加文字功能，以增加图形所要传达的信息。除此之外，还能对形状内的文字设置艺术效果，进而增加整个图形的美观度。

【温馨提示】

在文档中插入形状后，可以根据需要在形状中添加文字，以说明必要的提示信息。但某些图形是无法添加文字的，如线条和括号。

选择需要输入文字的形状，直接输入需要的文本内容，或单击鼠标右键，在弹出的列表中单击"添加文字"即可，如图 3-83 所示。根据需求，用户还可以对添加的文字进行外观样式的设计，选择需要设置文字格式的图形，切换至"绘图工具"→"格式"选项卡，单击"艺术字样式"按钮，在展开的列表中选择样式，如果觉得选择的艺术字样式还需要添加一些效果，可以单击"文本效果"按钮，在展开的下拉列表中选择需要的样式，如图 3-84 所示。

图 3-83 在形状中添加文字　　　　图 3-84 设置形状中的文字格式

3.4.2 插入与编辑图片

要使制作出的文档更加生动、美观、吸引人，可以增加一些图片信息。

1. 插入图片

Word 2016 既可以从本机中插入图片，还可以从各种联机来源中查找和插入图片。

当需要使用的图片保存在计算机中的某个文件夹时，可以使用插入图片功能，将选择的图片插入到文档的指定位置。图片文件的格式可以是 Windows 的标准 BMP 格式，也可以是 JPG 压缩格式。

1）在"插入"选项卡里的"插图"组中单击"图片"按钮，如图 3-85 所示。

图 3-85 插入图片选项

2）在打开的"插入图片"对话框中选择需要插入图片的文件夹位置，找到相应图片后单击"插入"按钮，将图片插入到文档的相应位置，如图 3-86 所示。默认情况下，被插入的图片会直接嵌入到文档中，并成为文档的一部分。

图 3-86 "插入图片"对话框

【温馨提示】

如果要链接图形文件，而不是插入图片，可在"插入图片"对话框中选择要链接的图形文件，然后单击"插入"按钮，在弹出的菜单中执行"链接到文件"命令即可。使用链接方式插入的图片在文档中不能编辑。

2. 编辑图片

在文档中插入图片后，为使其达到更加适合文档的目的和效果，还可以对其进行相应的编辑，比如调整图片的颜色、调整图片的大小和位置、截取图片的部分内容、设置图片的文字环绕方式、旋转图片的角度、调整图片的亮度对比度等。选中要编辑的图片，可以打开"图片工具"中的"格式"选项卡进行相应操作，如图 3-87 所示。

（1）调整图片位置和大小

通常在默认情况下插入的图片的大小和位置不能满足文档的实际需求，需要调整。

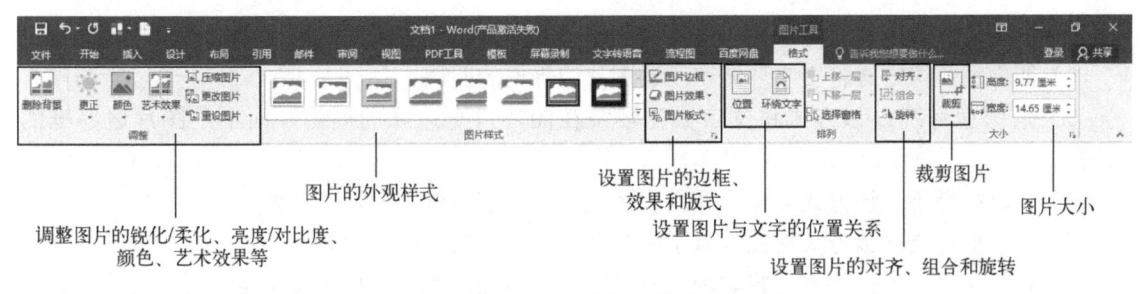

图 3-87 "图片工具"中的"格式"选项卡

1)调整图片大小有三种方法。

方法 1：可以选中需要调整大小的图片，这时图片四周出现 8 个控制点，将光标移动到这些控制点的时候，光标将变成双向箭头形状，这时按住鼠标拖动图片控制点就可以任意调整图片的大小。

方法 2：可以选中该图片，找到"图片工具"中的"格式"选项卡，在"大小"组的"高度"和"宽度"文本框中输入数据值，精确设置图片的大小。

方法 3：选中该图片，找到"图片工具"中的"格式"选项卡，在"大小"组中单击右下角的大小对话框启动器按钮，打开"布局"对话框，如图 3-88 所示。在"缩放"选项组的"高度"和"宽度"微调框中均可输入缩放比例，并勾选"锁定纵横比"和"相对图片原始大小"复选框，就可以实现图片的等比例缩放操作。

2)调整图片位置可以通过选中图片并将指针移至图片上方，待光标变成十字箭头形状时，按住鼠标进行拖动，这时光标变为移动形状，移动图片到合适的位置，之后释放鼠标即可，这样就达到了调整图片位置的目的。移动图片的同时按住〈Ctrl〉键，可实现复制图片的操作。

(2) 设置图片的文字环绕方式

默认情况下插入的图片是嵌入到文档中的，可以根据需要调整图片和文字的环绕方式使文档更加美观协调。设置图片的环绕方式可以在"图片工具"中的"格式"选项卡的"排列"组中单击"环绕文字"按钮，从弹出的下拉列表中选择一种文字和图片的排列方式。在 Word 2016 中共提供了 7 种图片环绕方式，如图 3-89 所示。

图 3-88 在"布局"对话框中调整图片大小 　　　　图 3-89 设置图片的环绕方式

1）嵌入型：该方式将图片置于文档中文本行的插入点位置，并且与文字位于相同的层上。

2）四周型：该方式将文字环绕在所选图片边界框的四周。

3）紧密型环绕：该方式将文字紧密环绕在图片自身边缘的周围，而不是图片边界框的周围。

4）穿越型环绕：该方式类似于四周型环绕，但文字可进入图片空白处。

5）上下型环绕：该方式将图片置于两行文字中间，图片的两侧无字。

6）衬于文字下方：该方式将取消文本环绕，并将图片置于文档中文本层之后，对象在其单独的图层上浮动。

7）浮于文字上方：该方式将取消文本环绕，并将图片置于文档中文本层上方，对象在其单独的图层上浮动。

（3）设置图片样式

插入选择好的图片后，为使图片更加符合整个文档的风格，可以使用"图片工具"中的"格式"选项卡对图片的亮度/对比度等参数进行设置，还可以设置图片样式，如阴影、映像、发光等。

设置图片的亮度/对比度的方法是在"图片工具"的"格式"选项卡的"调整"组中单击"更正"按钮，在下拉列表的"亮度/对比度"中选择合适的亮度和对比度，如图3-90所示。

当插入的图片颜色不符合文档风格需要更改的时候，可以调整图片的颜色饱和度、色调或重新着色。在"图片工具"的"格式"选项卡下的"调整"组中单击"颜色"按钮，在弹出的库中选择所需要的颜色即可，如图3-91所示。

图3-90　设置图片的亮度/对比度　　　　图3-91　调整图片的颜色

在Word 2016中新增了28种动态的图片外观样式，可以快速为图片选择样式进行美化。选中图片后，在"图片工具"的"格式"选项卡下的"图片样式"组中单击样式区域右下角的"其他"按钮，在弹出的库中选择所需要的样式，如图3-92所示。

在"图片工具"的"格式"选项卡下的"图片样式"组中单击"图片边框"按钮,可以在弹出的下拉列表中选择图片边框的线型、颜色和粗细;单击"图片效果"按钮可以在弹出的下拉列表中为图片选择相应的效果,如柔化边缘、棱台、三维旋转、发光等;单击"图片版式"按钮可以把图片转换为 SmartArt 图形,如图 3-93 所示。

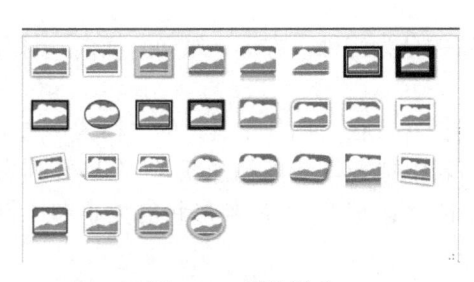

图 3-92 图片样式

图 3-93 将图片转换为 SmartArt 图形

(4)旋转图片

当文档中需要插入的图片以一定角度呈现的时候,就需要旋转图片,可以通过三种方式旋转图片,第一种是通过图片的旋转控制点自由旋转图片,第二种是选择固定的旋转角度,第三种是按角度值旋转图片。

1)自由旋转图片:如果不能精确确定文档中的图片旋转角度,那么可以使用旋转手柄旋转图片。选中图片,图片的上方有一个旋转手柄,将光标移动到旋转手柄上,当光标呈旋转箭头形状的时候,按住鼠标顺时针或逆时针方向旋转图片即可。

2)固定角度旋转图片:Word 2016 预设了 4 种图片旋转效果,即向右旋转 90°、向左旋转 90°、垂直翻转、水平翻转。选中需要旋转的图片,在"图片工具"中的"格式"选项卡的"排列"组中单击"旋转"按钮,可以在打开的下拉列表中选择"向右旋转 90 度"或"向左旋转 90°""垂直翻转""水平翻转"效果,如图 3-94 所示。

3)按角度值旋转图片:还可以通过制定具体的数值来旋转图片,这样可以更精确地将旋转图片到指定角度。首先选中需要旋转的图片,在"图片工具"的"格式"选项卡下的"排列"组中单击"旋转"按钮,在打开的下拉列表中执行"其他旋转选项"命令。在打开的"布局"对话框中切换到"大小"选项卡,在"旋转"区域调整"旋转"微调按钮中的数值,单击"确定"按钮即可按指定角度值旋转图片。

(5)裁剪图片

裁剪操作通过删除垂直或水平边缘来减小图片的

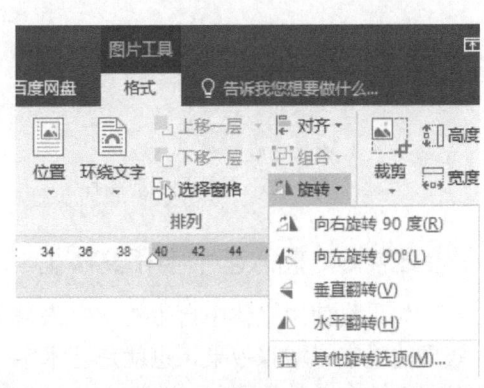

图 3-94 设置图片旋转

大小，裁剪通常用于隐藏或修剪部分图片，以便进行强调或删除不需要的部分。在 Word 2016 文档中，用户可以按比例裁剪图片，也可以将图片裁剪为不同的形状，方法如下。

方法 1：通过"裁剪"工具进行图片裁剪。选择需要裁剪的图片，在"图片工具"的"格式"选项卡下的"大小"组中单击"裁剪"按钮，这时图片边缘出现了裁剪控制点，将指针移至控制点位置处并按住鼠标进行拖动，拖到合适的位置后释放鼠标即可完成图片的裁剪。

【温馨提示】

要裁剪某一侧，则将该侧的中心裁剪控制点向图片里面拖动。

要同时均匀地裁剪两侧，可在按住〈Ctrl〉键的同时将任一侧的中心裁剪控制点向图片里面拖动。

要同时均匀地裁剪四边，可在按住〈Ctrl〉键的同时将一个角部裁剪控制点向图片里面拖动。

方法 2：按比例裁剪图片。按比例裁剪图片内置的分为三种：方形、纵向、横向，每种有不同的比例供用户选择，如图 3-95 所示。

方法 3：通过裁剪来适用形状。选择需要裁剪的图片，在"图片工具"的"格式"选项卡的"大小"组中单击"裁剪"下拉按钮，在下拉列表中选择"裁剪为形状"，在展开列表中选择需要的形状即可。单击"裁剪"按钮下列表中的"调整"，可调整形状的大小和比例，如图 3-96 所示。

图 3-95　按比例裁剪图片　　　　　图 3-96　"裁剪为形状"列表

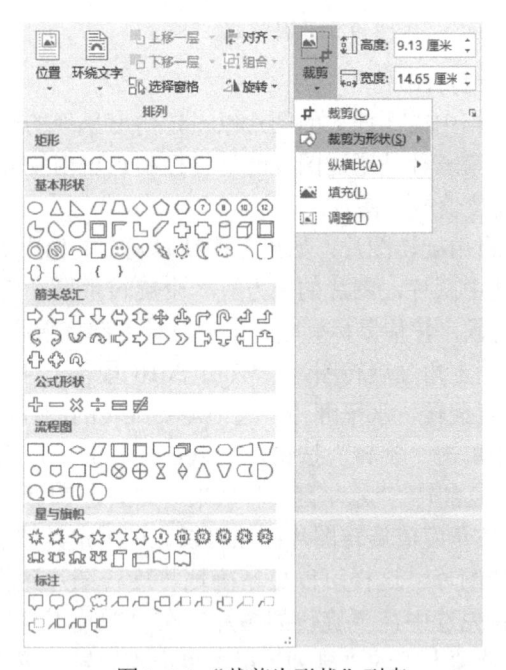

3.4.3　插入艺术字和文本框

如果只使用字体中自带的文字来编辑文档标题等内容会略显枯燥，因此可以使用具有特殊效果的文字来增强效果，也就是艺术字。艺术字和图片一样，是作为对象插入到文档中的。可以在文档中插入艺术字、设置艺术字格式，从而使文档更加美观生动，符合日常审美。

1．插入艺术字

使用 Word 进行图文混排时为增强文档表达效果，通常使用艺术字来进行标题的强调。

将光标定位在需要插入艺术字的位置，找到"插入"选项卡下的"文本"组，单击"艺术字"按钮，在弹出的库中选择所需要的艺术字样式，如图 3-97 所示。

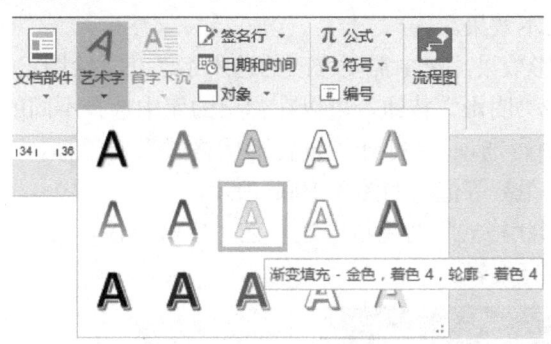

图 3-97　选择艺术字样式

选择需要的一种艺术字样式后，文档中会显示"请在此放置您的文字"的字样，输入所需要的艺术字内容，如"爱我中华"。输入完毕，单击艺术字文本框以外的任意位置，再拖动文本框至需要的位置，即可完成插入艺术字的操作，如图 3-98 所示。

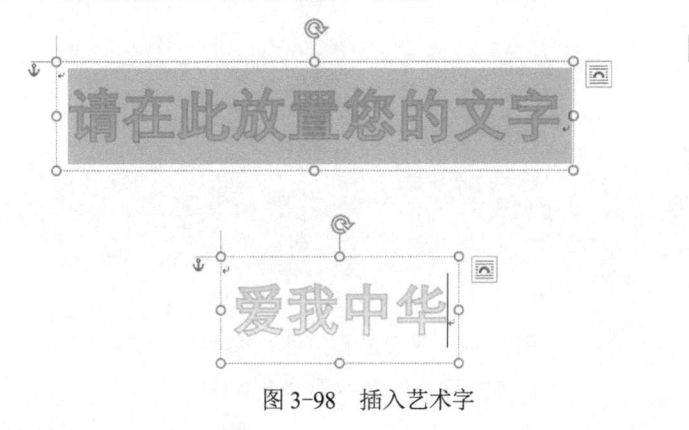

图 3-98　插入艺术字

2．设置艺术字格式

创建好艺术字后，还可以像设置图片一样设置艺术字的格式，以达到满意的效果，如编辑艺术文字、更改艺术字样式、设置艺术字的阴影、发光等效果以及调整艺术字大小和位置等。选择艺术字就会出现"绘图工具"，在"格式"选项卡下，就可以对艺术字进行相应的设置，如图 3-99 所示。

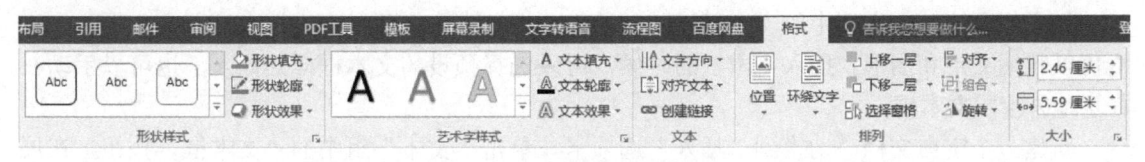

图 3-99　设置艺术字格式

1）更改艺术字样式。在"绘图工具"的"格式"选项卡下的"艺术字样式"组中单击右下角的"其他"按钮，在弹出的库中可以选择需要的样式。

2）自定义艺术字样式。在"绘图工具"的"格式"选项卡下的"艺术字样式"组中单击

"文本填充"按钮，在弹出的下拉列表中可以为艺术字选择填充颜色，文本填充效果主要有颜色、渐变等；在"绘图工具"的"格式"选项卡下的"艺术字样式"组中单击"文本轮廓"按钮，在弹出的下拉列表中可以更改艺术字边框的颜色、线条样式、线条粗细等；在"绘图工具"的"格式"选项卡下的"艺术字样式"组中单击"文本效果"按钮，在弹出的下拉列表中可以选择一种艺术字的文本效果。

3）设置艺术字的阴影效果。选中需要修改的艺术字，在"绘图工具"的"格式"选项卡下的"文本效果"组中单击"阴影"按钮，可以在弹出的库中选择不同的阴影效果，如图 3-100a 所示；单击最下面的"阴影选项"，打开"设置形状格式"对话框，可设置阴影的颜色、透明度、大小、模糊、角度、距离等值，如图 3-100b 所示。

同样，可在"设置形状格式"对话框中选择艺术字的映像、发光、柔化边缘、三维格式、三维旋转等效果并对其进行编辑。

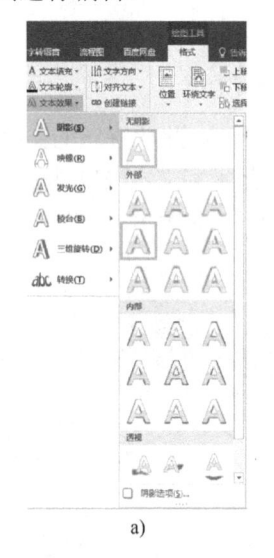

图 3-100 设置艺术字的阴影效果
a）选择阴影效果 b）设置阴影各个参数

4）更改形状样式。可设置艺术字外轮廓形状的填充效果、线条效果、形状效果，如图 3-101 所示。

5）设置艺术字版式：选中需要设置的艺术字，在"绘图工具"的"格式"选项卡下的"排列"组中单击"环绕文字"按钮，为艺术字选择版式，更改其周围的文字环绕方式。

3. 插入文本框

如果想要让输入文档中的文字可以随时移动或调节大小，可以在文档中插入文本框，文本框可以容纳文字和图形。插入文本框的时候，可以选择预设的文本框样式插入，也可以手动在任意地方绘制文本框。

新建一个空白文档，切换到"插入"选项卡，单击"文本"组中的"文本框"按钮，在展开的样式库中选择内置样式，如"奥斯汀引言"，如图 3-102 所示，此时在文档的最上方插入了一个样式为"奥斯汀引言"的文本框，文本框自动被选中，直接在文本框中输入文本，此时文本框的大小自动和内容相匹配。

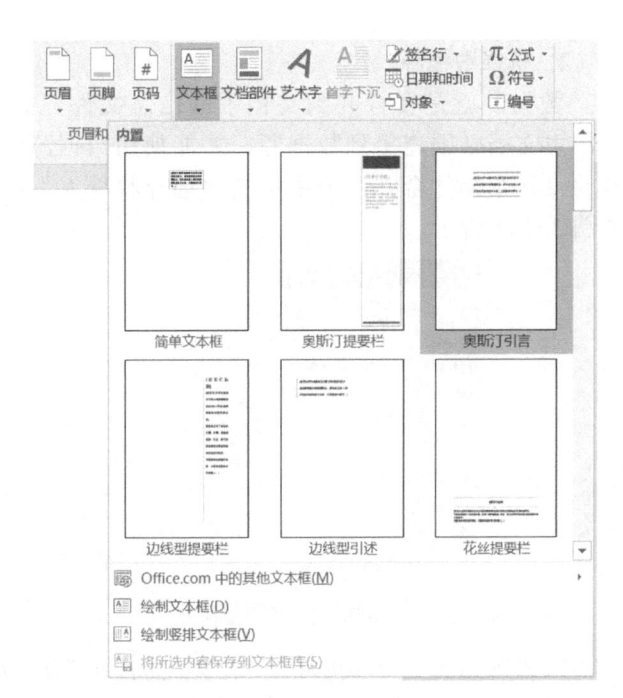

图 3-101　呈现形状样式效果　　　　　　图 3-102　插入文本框

若用户不需要含有样式的文本框，可以手动绘制出自己需要的文本框，在"文本"组中，单击"文本框"按钮，在展开的下拉列表中单击"绘制文本框"或"绘制竖排文本框"选项，即可在文档的任意地方绘制出一个横排或竖排的文本框。在横排文本框中输入文字时，文字的排列方向是从左到右的；在竖排文本框中输入文字时，文字的排版方向是从上到下的。

可以为文本框中的字体设置"艺术字样式"，还可以为绘制的文本框设置"形状样式"。若要将文档中的多个文本框对象变成一个对象，方便对文本框进行格式设置，只需要按住〈Ctrl〉键不放，依次选中多个文本框，并右击鼠标，在弹出的快捷菜单中单击"组合"按钮即可。

3.4.4　邮件合并

邮件合并是 Word 的一项高级功能，也是在日常办公或者生活中经常会使用到的一项功能，是办公自动化人员应该掌握的基本技术之一。当需要编辑多封邮件或者信函，并且这些邮件或者信函只有个别个人信息有所不同，大部分内容都是同一个模板的时候，使用邮件合并功能可以快速实现文档制作，从而提高办公效率。邮件合并是指将作为邮件发送的文档与由收件人信息组成的数据源合并在一起，分别形成对应的系列文档，作为完整的邮件。其操作的主要步骤包括创建主文档、选择数据源、编辑主文档、邮件合并等。邮件合并操作在 Word 中有两种方法，一种是通过功能区的按钮完成，另一种是通过邮件合并向导完成。

1．创建主文档

合并的邮件由两部分组成，一部分是合并过程中保持不变的主文档，另一部分是包含多种信息的数据源。因此，进行邮件合并时，首先应该创建主文档。在"邮件"选项卡的"开始邮件合并"组中单击"开始邮件合并"按钮，在打开的下拉菜单中选择文档类型，如信函、电子邮件、信封、标签和目录等，如图 3-103 所示。通过这个操作就可以创建一个主文档了。

选择"信函"或者"电子邮件"可以制作一组内容类似的邮件正文，选择"信封"或者"标签"可以制作带地址的信封或者标签。

2. 选择数据源

数据源就是要合并到文档中的信息文件，如果要在邮件合并中使用名称和地址列表等，主文档必须连接到数据源，才能使用数据源中的信息。操作步骤为：在"邮件"选项卡的"开始邮件合并"组中单击"选择收件人"按钮，在打开的下拉列表中选择数据源，如图 3-104 所示。

图 3-103 "开始邮件合并"选项　　　　图 3-104 "选择收件人"选项

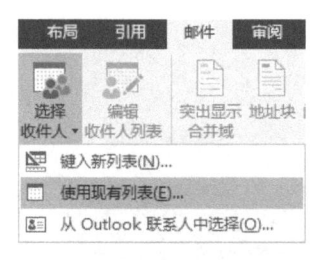

1）如果选择"键入新列表"选项，将打开"新建地址列表"对话框，在其中可以新建条目、删除条目、查找条目，以及对条目进行筛选和排序，如图 3-105 所示。

2）如果选择"使用现有列表"选项，在打开的"选取数据源"对话框中选择收件人通信录列表文件。打开"选择表格"对话框，从中选定以哪个工作表中的数据作为数据源，然后单击"确定"按钮，如图 3-106 所示。

图 3-105 "新建地址列表"对话框　　　　图 3-106 "选择表格"对话框

3）如果选择"从 Outlook 联系人中选择"选项，则打开 Outlook 中的通信录，从中选择收件人地址。

3. 编辑主文档

1）编辑收件人列表，在"邮件"选项卡的"开始邮件合并"组中单击"编辑收件人列表"按钮。

2）在打开的"邮件合并收件人"对话框中，通过复选框可以选择添加或删除合并的收件人，也可以对列表中的收件人信息进行排序或筛选等操作。

3）创建完数据源后就可以编辑主文档了，在编辑主文档的过程中，需要插入各种域，只有在插入域后，Word 文档才成为真正的主文档。在"邮件"选项卡的"编写和插入域"组中，在文档编辑区可以根据每个收信人的不同内容添加相应的域。

4）单击"地址块"按钮，打开"插入地址块"对话框，可以在其中设置地址块的格式和内容，如收件人姓名、学号、楼牌号、通信地址等。地址块插入文档后，实际应用时会根据收件人的不同而显示不同的内容。

5）单击"问候语"按钮，打开"插入问候语"对话框，在其中可以设置文档中要使用的问候语，也可以自定义称呼、姓名格式等。

6）插入合并域的方法有两种。第一种是在文档中将光标定位在需要插入某一域的位置处，单击"插入合并域"按钮，打开"插入合并域"对话框，在该对话框中选择要插入到信函中的项目，单击"插入"按钮即可完成信函与项目的合并。然后按照这个方法依次插入其他各个域，这些项目的具体内容将根据收件人的不同而改变。第二种插入合并域的方法就是定位好光标位置后，单击"插入合并域"按钮下方的下拉三角按钮，在打开的下拉列表中也可以依次选择插入各个域。

4. 邮件合并

（1）利用功能区按钮完成邮件合并操作

1）完成信函与数据源的合并后，在"邮件"选项卡的"预览结果"组中单击"预览结果"按钮，文档编辑区中将显示信函正文，其中，收件人信息使用的是收件人列表中第一个收件人的信息。若希望看到其他收件人的信函，可以单击"上一记录""下一记录""首记录"和"尾记录"按钮。

2）通过预览功能核对邮件内容无误后，在"邮件"选项卡下的"完成"组中单击"完成并合并"按钮，在打开的下拉列表中，根据需要选择将邮件合并到单个文档、打印文档或是发送电子邮件等。

3）选择"编辑单个文档"选项，打开"合并到新文档"对话框，选中"全部"单选按钮，即可将所有收件人的邮件合并到一篇新文档中；选中"当前记录"单选按钮，即可将当前收件人的邮件形成一篇新文档；选中"从-到"单选按钮，即可将选择区域内收件人的邮件形成一篇新文档。

4）选择"打印文档"选项，打开"合并到打印机"对话框。选中"全部"单选按钮，即可打印所有收件人的邮件；选中"当前记录"单选按钮，即可打印当前收件人的邮件；选中"从-到"单选按钮，即可打印选择区域内的所有收件人的邮件。

5）选择"发送电子邮件"选项，打开"合并到电子邮件"对话框。"收件人"列表中的选项是与数据源列表保持一致的；在"主题行"文本框中可以输入邮件的主题内容；在"邮件格式"下拉列表框中可以选择以"附件""纯文本"或 HTML 格式发送邮件；在"发送记录"选项组，可以设置是发送全部记录、当前记录，还是发送指定区域内的记录。

6）如果将完成邮件合并的主文档恢复为常规文档，只需要在"邮件"选项卡的"开始邮件合并"组中单击"开始邮件合并"按钮，在打开的下拉列表中选择"普通 Word 文档"命令即可。

（2）利用邮件合并向导完成邮件合并操作

1）在"邮件"选项卡的"开始邮件合并"组中单击"开始邮件合并"按钮，在打开的下拉菜单中选择"邮件合并分步向导"选项，即可打开"邮件合并"任务窗格。

2）在"邮件合并"任务窗格中，首先要选择需要的文档类型。选择"信函"或"电子邮件"可以制作一组内容类似的邮件正文，选择"信封"或"标签"可以制作带地址的信封或标签。

3）单击"下一步：正在启动文档"按钮，在打开的任务窗格中选中"使用当前文档"单选按钮可以在当前活动窗口中创建并编辑信函；选中"从模板开始"单选按钮可以选择信函模板；选中"从现有文档开始"单选按钮则可以从弹出的对话框中选择已有的文档作为主文档。

4）在"选择开始文档"任务窗格中，单击"下一步：选取收件人"按钮，即可显示"选择收件人"任务窗格，可以从中选择现有列表或 Outlook 联系人作为收件人列表，也可以键入新列表。

5）正确选择数据源后，单击"下一步：撰写信函"按钮，即可显示"预览信函"任务窗格。此时，在文档编辑区中将显示信函正文，其中，收件人信息使用的是收件人列表中第一个收件人的信息，若希望看到其他收件人的信息，可以单击"收件人"选项旁边的上一个或下一个按钮进行预览。

6）最后，单击"下一步：完成合并"按钮，显示"完成合并"任务窗格，在此区域可以实现两个功能：合并到打印机和合并到新文档，可以根据需要进行选择。

3.4.5 录入公式

Word 还提供了丰富的数学公式便于编辑数学中经常会用到的公式，如一元二次方程求根公式 $x=\dfrac{-b\pm\sqrt{b^2-4ac}}{2a}$、二项式展开 $(x+a)^n=\sum_{k=0}^{n}\binom{n}{k}x^k a^{n-k}$、勾股定理 $a^2+b^2=c^2$、圆的面积 $A=\pi r^2$ 等。

还可以根据需要插入新的公式。首先在需要插入数学公式的位置定位光标，之后单击"插入"选项卡的"符号"组中的"公式"按钮，弹出下拉列表，如图 3-107 所示。

之后单击"插入新公式"按钮，会在光标位置出现"在此处键入公式"文本框，就可以按照需要进行公式的录入。需要的公式可以在"公式工具"的"设计"选项卡中找到，如图 3-108 所示。

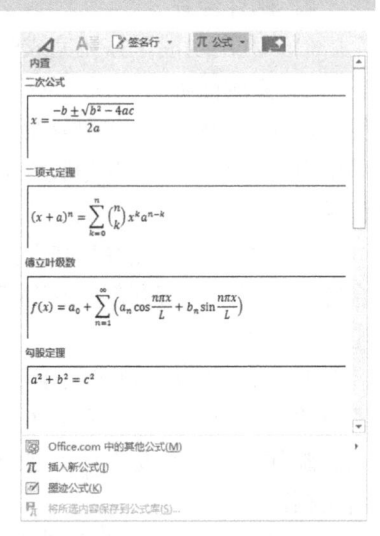

图 3-107 "公式"按钮

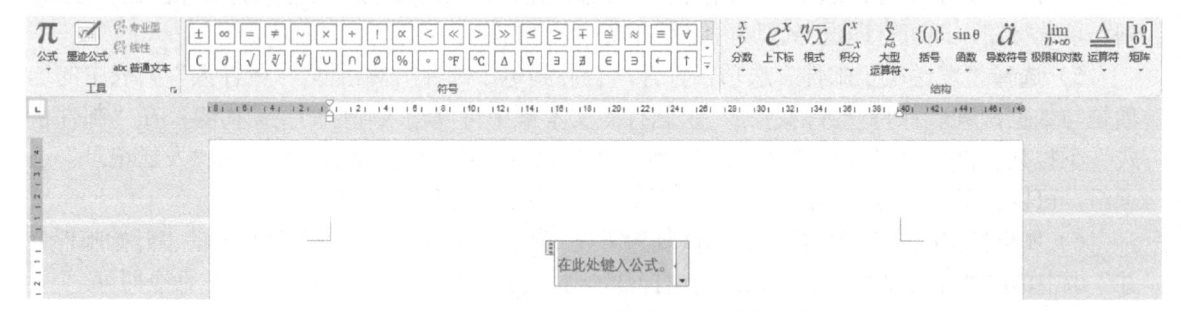

图 3-108 "公式工具"的"设计"选项卡

其中，有"工具""符号""结构"三个组别，在"工具"组中包括公式、墨迹公式、专业型、线性及普通文本选项；在"符号"组中包括基础数学、希腊字母、字母类符号、运算符、箭头、求反关系运算符、手写体、几何图形的设置；在"结构"组中包括分数、上下标、根式、积分、大型运算符、括号、函数、导数符号、极限和对数、运算符、矩阵的设置。这样便可以在其中找到需要的数学公式来完成数学公式的录入。

3.5 表格处理

【学习目标】

1. 学会创建表格。
2. 学会编辑表格。
3. 学会设置表格中的文本格式。
4. 学会美化表格。
5. 针对学科核心素养要求，形成理性思维、批判质疑、勇于探究、乐学善学、勤于反思、技术活学活用等核心素养。
6. 通过系统学习，培养专业精神、职业精神、工匠精神、创新精神和自强精神。

3.5.1 创建表格

表格是由若干行和列的单元格组成的整体，单元格是指其中的任意一格。创建表格的方法有很多种，可以通过快速模板插入表格、通过"插入表格"对话框快速插入表格、手动绘制表格、快速插入表格等。

1. 通过快速模板插入表格

利用快速模板区域的网格框可以直接在文档中插入表格，但最多只能插入 8 行 10 列的表格。操作过程如下：将光标定位在需要插入表格的位置，在"插入"选项卡的"表格"组中单击"表格"按钮。在弹出的下拉列表区域，拖动鼠标确定要创建表格的行数和列数，然后就完成了快速模板插入表格的操作，如要创建 5 行 5 列的表格，如图 3-109 所示。

2. 通过"插入表格"对话框快速插入表格

使用"插入表格"对话框创建表格时，可以在建立表格的同时精确设置表格的大小。在"插入"选项卡的"表格"组中单击"表格"按钮，在弹出的下拉列表中执行"插入表格"命令，即可打开"插入表格"对话框。在"表格尺寸"区域可以指定表格的行数和列数，在"'自动调整'操作"区域，可以选择表格自动调整的方式。在"'自动调整'操作"中，选择"固定列宽"选项，在输入内容时，表格的列宽将固定不变；选择"根据内容调整表格"选项，在输入内容时将根据输入内容的多少自动调整表格的大小；选择"根据窗口调整表格"按钮时，将根据窗口的大小自动调整表格的大小，如图 3-110 所示。

图 3-109 快速模板插入 5 行 5 列的表格

3. 手动绘制表格

如果需要创建行高、列宽不等的不规则表格，可以通过绘制表格的功能来完成。操作过程如下：在"插入"选项卡的"表格"组中单击"表格"按钮，在弹出的下拉列表中选择"绘制表格"命令。此时鼠标指针变为笔的形状，在文档中按住鼠标左键进行拖动，当达到所需大小时释放鼠标即可生成表格的外部边框。继续在边框内部单击并进行拖动，即可绘制水平和垂直的内部边框。若所绘制线条错误，可选择"擦除"选项。

4．快速插入表格

Word 2016 提供了许多样式的表格，可以直接插入指定样式的表格，并输入数据。操作过程如下：在"插入"选项卡下"表格"组中单击"表格"按钮，在弹出的下拉列表中执行"快速表格"命令，即可在打开的列表中选择需要的内置表格样式，如图3-111所示。

图3-110　"插入表格"对话框　　　　图3-111　快速插入表格

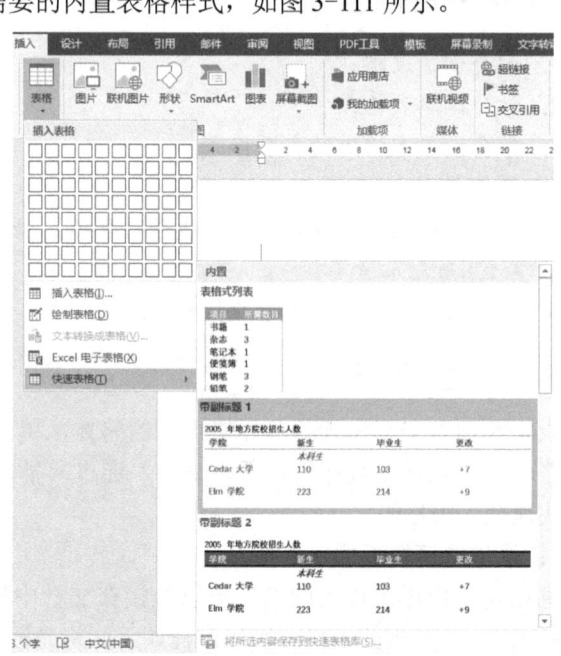

3.5.2　编辑表格

1．单元格的基本操作

表格的基本组成就是单元格，在表格中可以很方便地对单元格进行选中、插入、删除、合并或拆分等操作。

（1）选中单元格

当需要对表格中的一个或多个单元格进行操作时，需要先将其选中。选中单元格的方法可分为3种：选中单个单元格、选中多个连续的单元格和选中多个不连续的单元格。

1）选中单个单元格：在表格中，移动光标到所要选中的单元格左边的选择区域，当光标变为　形状时，单击即可选中该单元格。

2）选中多个连续的单元格：在需要选中的第一个单元格内按住鼠标左键不放，拖动至最后一个单元格处。

3）选中多个不连续的单元格：选中第一个单元格后，按住〈Ctrl〉键不放，再继续选择其他单元格即可。

（2）在单元格中输入文本

表格中的单元格内可以输入文本，也可以对单元格的内容进行剪切和粘贴等操作。单击需要输入文本的单元格，可看到光标在该单元格闪烁，此时输入文本即可。按〈Tab〉键可以使光标跳至所在单元格右侧的单元格中；按上、下、左、右方向键，光标可以在各单元格中进行切换。

(3) 插入与删除单元格

1) 插入单元格：在需要插入单元格的位置单击鼠标右键，在弹出的下拉列表中选择"插入"→"插入单元格"命令，弹出"插入单元格"对话框，直接在其中选择活动单元格的布局，单击"确定"按钮即可。

2) 删除单元格：选择需要删除的单元格，单击鼠标右键，在弹出的下拉列表中选择"删除单元格"命令，弹出"删除单元格"对话框，直接在其中选择删除单元格后活动单元格的布局，单击"确定"按钮即可。或者选中需要删除的单元格，打开"表格工具"的"布局"选项卡，在"行和列"组中单击"删除"按钮，在打开的列表中选择"删除单元格"命令，也可打开"删除单元格"对话框，进行删除单元格操作。

(4) 合并与拆分单元格

合并单元格是指将两个或者两个以上的单元格合并成一个单元格，拆分单元格是指将一个或多个相邻的单元格，重新拆分为指定的列数。

1) 合并单元格：选择需要合并的单元格，打开"表格工具"的"布局"选项卡，在"合并"组中单击"合并单元格"按钮。或者单击选中的单元格，在弹出的快捷菜单中执行"合并单元格"命令。这样所选择的多个单元格即可合并为一个单元格。

2) 拆分单元格：选择需要拆分的单元格，打开"表格工具"的"布局"选项卡，在"合并"组中单击"拆分单元格"按钮，或单击选中的单元格，在弹出的快捷菜单中执行"拆分单元格"命令。此时弹出"拆分单元格"对话框，在"列数"和"行数"框中分别输入拆分后的行数和列数即可。

2. 表格中对行与列的设置

(1) 选中表格中的行或列

对表格进行设置前，首先要选中表格中的编辑对象，然后才能对表格进行操作。除了可以选择单元格外，还可以选中一行或多行、一列或多列、整个表格等。

1) 选中整行：将光标移动到需要选择的行的左侧框线附近，当指针变为➚形状时，单击即可选中该行。

2) 选中整列：将光标移动至需要选择的列的上侧边框线附近，当指针变为↓形状时，单击即可选中此列。

【温馨提示】

选择一行或者一列单元格后，按住〈Ctrl〉键继续进行选择操作，可以同时选择不连续的多行或多列单元格。

3) 选中整个表格：移动光标到表格内的任意位置，表格的左上角会出现表格控制点，当光标指向该控制点时，指针会变成十字箭头形状。此时单击即可快速选中整个表格。

(2) 插入与删除行或列

当需要在表格中插入一行或者一列数据的时候，就需要先在表格中插入一空白行或空白列。当不需要某行或某列时要进行删除操作。

1) 插入行或列：第一种方法是在表格中选中与需要插入行的位置相邻的行，选中的行数与要插入的行数相同。打开"表格工具"中的"布局"选项卡，在"行和列"组中单击"在上方插入"或"在下方插入"按钮即可。当插入列时，单击"在左侧插入"或"在右侧插入"按钮即可，如图3-112所示。

插入行或列的第二种方法是，在需要插入行或列的位置单击鼠标右键，在弹出的快捷菜单中选择"插入"选项。当插入行时，在打开的下拉列表中选择"在上方插入行"或"在下方插入行"命令即可。当插入列时，在打开的下拉列表中选择"在左侧插入列"或"在右侧插入列"命令即可，如图3-113所示。

图3-112 "布局"选项卡中插入行或列　　　　图3-113 鼠标右键插入行或列

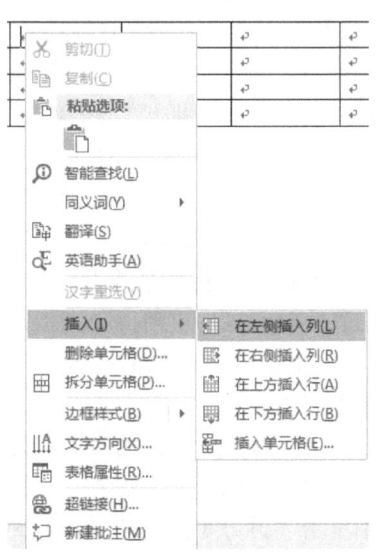

2）复制行或列：第一种方法是选中需要复制的行或列，在"开始"选项卡下的"剪贴板"组中，单击"复制"按钮或使用〈Ctrl+C〉组合键，将光标移动到目标位置行或列的第一个单元格处，单击"粘贴"按钮或使用〈Ctrl+V〉组合键，即可将所选行复制为目标行的上一行，或将所选列复制为目标列的前一列。

第二种方法是选中需要复制的行或列，单击鼠标右键，在弹出的快捷菜单中选择"复制"命令，然后将光标移动到目标行或列的每一个单元格中，再次单击鼠标右键，在弹出的快捷菜单中选择"粘贴行"或"粘贴列"命令，即可将所选行复制为目标行的上一行，或将所选列复制为目标列的前一列。当选中需要复制的行或列时，按住〈Ctrl〉键的同时拖动所选内容，拖至目标位置后释放鼠标，即可完成复制行或列的操作。

3）移动行或列：移动行或列是指将选中的行或列移动到其他位置，在移动文本的同时，会删除原来位置上的原始行或列。第一种方法是选中需要移动的行或列，在"开始"选项卡下的"剪贴板"组中，单击"剪切"按钮，或者使用〈Ctrl+X〉组合键，将光标移动到目标位置行或列的第一个单元格处，单击"粘贴"按钮或者使用〈Ctrl+V〉组合键，即可完成移动。

第二种方法是选中需要复制的行或列，单击鼠标右键，在弹出的快捷菜单中选择"剪切"命令，然后将光标移动至目标行或列的每一个单元格中，再次单击鼠标右键，在弹出的快捷菜单中选择"粘贴行"或"粘贴列"命令，即可将所选行移动至目标行的上一行，或将所选列移动至目标列的前一列。当选中需要移动的行或列时，按住鼠标不放，当光标变为可拖动形状时拖动所选内容至目标位置后，释放鼠标即可。

4）删除行或列：选中需要删除的行或列，或将光标放置在该行或列的任意单元格中，打开

"表格工具"的"布局"选项卡，在"行和列"组中单击"删除"按钮，在弹出的菜单中执行"删除行"或"删除列"命令即可，如图 3-114 所示。

也可以在选择需要删除的行或列后，单击鼠标右键，在弹出的列表中选择"删除单元格"，在弹出的"删除单元格"对话框中选择相应命令，如图 3-115 所示。

图 3-114 "布局"选项卡中的删除行或列

图 3-115 "删除单元格"对话框

（3）调整行高和列宽

根据表格内容的不同，表格的尺寸和外观要求也有所不同，可以根据表格的内容来调整表格的行高和列宽。

1）自动调整：选中需要调整的单元格，打开"表格工具"的"布局"选项卡，在"单元格大小"组中单击"自动调整"按钮，就可以在弹出的下拉列表中选择是根据内容还是根据窗口自动调整表格，也可以直接指定固定的列宽，如图 3-116 所示。选中整个表格，单击鼠标右键，在弹出的快捷菜单中选择"自动调整"命令，也可以打开"自动调整"下拉列表。

2）精确调整：可以在"表格属性"对话框中通过输入数值的方式精确调整行高和列宽。将光标定位在需要设置的行中，打开"表格工具"的"布局"选项卡，在"单元格大小"组中单击右下角的对话框按钮，弹出"表格属性"对话框，在"行"选项卡下"指定高度"后的数值框中输入精确的数值。单击"上一行"或"下一行"按钮，即可将光标定位在"上一行"或"下一行"处，进行相同的设置即可，如图 3-117 所示。在选中部分单元格或整个表格时，单击鼠标右键，在弹出的快捷菜单中选择"表格属性"命令，也可打开"表格属性"对话框。

图 3-116 单击"自动调整"

图 3-117 "表格属性"对话框

在弹出的"表格属性"对话框的"列"选项卡下，可以在"指定宽度"后的数值框中输入精确的数值。

打开"表格工具"的"布局"选项卡，在"单元格大小"组中"高度"和"宽度"后也可以输入精确的数值,从而对所选单元格区域或者整个表格的行高与列宽进行精确设置,如图 3-118 所示。

3)拖动鼠标进行调整:调整行高时,先将光标指向需要调整的行的下边框,当光标指针变为上下箭头中间两条横线形状时拖动鼠标至所需位置即可;调整列宽时,先将光标指向表格中所要调整列的竖边框,当光标指针变为左右箭头中间两竖形状时拖动边框至所需要的位置即可。在拖动鼠标时,如果同时按住〈Shift〉键,则边框左边一列的宽度发生变化,右边各列也发生均匀的变化,而整个表格的总体宽度不变。

4)快速平均分布:选择多行或多列单元格,在"表格工具"的"布局"选项卡下的"单元格大小"组中,单击"分布行"按钮或者"分布列"按钮,可以快速将所选择的多行或者多列进行平均分布,如图 3-119 所示;或者选择需要设置的行或列,单击鼠标右键,在弹出的快捷菜单中选择"平均分布各行"或"平均分布各列",如图 3-120 所示。

图 3-118 设置单元格的高度和宽度

图 3-119 分布行或分布列

图 3-120 选择"平均分布各行"或"平均分布各列"

3. 表格中文本格式的设置

设置表格中文本格式主要包括设置字体格式和文本对齐方式。其中,文本字体格式的设置方法与设置正文文本的操作基本相同。

默认情况下,单元格中输入的文本内容为底端左对齐,可以根据需要调整文本的对齐方式。选择需要设置文本对齐方式的单元格区域或整个表格,打开"表格工具"的"布局"选项卡,在"对齐方式"组中单击相应的按钮即可设置文本对齐方式。

表格中文本对齐的方式如下。

1)靠上两端对齐:文字靠单元格左上角对齐。

2)靠上居中对齐:文字居中,并靠单元格顶部对齐。

3)靠上右对齐:文字靠单元格右上角对齐。

4)中部两端对齐:文字垂直居中,并靠单元格左侧对齐。

5)水平居中:文字在单元格内水平和垂直都居中。

6)中部右对齐:文字垂直居中,并靠单元格右侧对齐。

7)靠下两端对齐:文字靠单元格左下角对齐。

8）靠下居中对齐：文字居中，并靠单元格底部对齐。

9）靠下右对齐：文字靠单元格右下角对齐。

4．设置表格的对齐方式及文字环绕方式

选择要进行设置的表格，在"表格工具"的"布局"选项卡下的"表"组中单击"属性"按钮，即可打开"表格属性"对话框。在"表格"选项卡的"对齐方式"区域可以设置表格在文档中的对齐方式，有左对齐、居中和右对齐等；在"文字环绕"区域中，选择"环绕"选项，则可以设置文字环绕表格，如图3-121所示。

5．设置表格边框和底纹

在Word 2016中插入表格后，边框线默认设置为0.5磅单实线，为满足不同的需要，可以为表格设置边框和底纹样式。

图3-121 "表格属性"→"表格"

（1）添加或删除边框

选择需要添加边框的单元格，打开"表格工具"的"设计"选项卡，在"边框"组中单击"边框"下拉按钮，在弹出的下拉列表中选择边框样式。或打开"边框和底纹"对话框，在"边框"选项卡下可以设置边框线条的颜色、样式、粗细等。

在"边框"选项卡下左侧的"设置"区域内可以选择边框的效果，如方框、虚框等；在"样式"区域可以选择边框的线型，如单实线、双实线、虚线等；在"颜色"区域可以设置边框的颜色；在"宽度"区域可以设置边框线的粗细，如1磅、2磅等；在"预览"区域通过使用相应的按钮，可以对指定位置的边框应用样式预览其效果，主要设置项目包括上、下、左、右边框，以及内部横网格线、竖网格线、斜线边框等；在"应用于"区域可以选择边框应用的范围，如表格、单元格等。

若要删除表格的边框，选择需要设置边框的表格区域或整个表格，打开"表格工具"的"设计"选项卡，在"边框"组中单击"边框"按钮，在弹出的下拉列表中执行"无边框"命令即可。

（2）添加或删除底纹

选择需要添加底纹的单元格，打开"表格工具"的"设计"选项卡，在"表格样式"组中单击"底纹"按钮，在弹出的下拉列表中可以选择一种底纹颜色。也可以在"边框和底纹"对话框的"底纹"选项卡中设置填充底纹的颜色、填充图案的样式及颜色、应用范围等。

若要删除表格的底纹，只需要选择已设置底纹的表格区域或整个表格，打开"表格工具"的"设计"选项卡，在"表格样式"组中单击"底纹"按钮，在弹出的下拉列表中选择"无颜色"即可。

6．套用表格样式

Word 2016内置了大量的表格样式，可以根据需要自动套用表格样式。创建表格后，可以使用"表格样式"来设置整个表格的格式。将指针停留在每个预先设置好格式的表格样式上，可以预览表格的外观。

首先要选中整个表格，打开"表格工具"的"设计"选项卡，然后在"表格样式"组中单击"其他"按钮，在弹出的库中单击所需要的表格样式，即可为表格应用该样式，如图3-122所示。

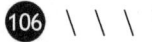

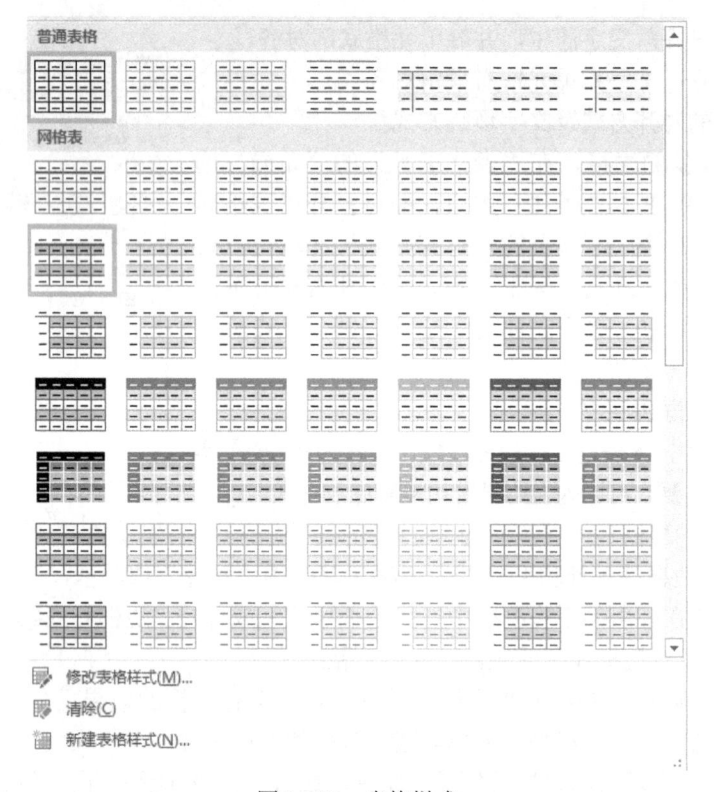

图 3-122　表格样式

如果在下拉菜单中选择"新建表格样式"命令，即可打开"根据格式设置创建新样式"对话框。在该对话框中可以自定义表格的样式，如在"属性"选项区域可以设置名称、样式类型和样式基准，在"格式"选项区域可以设置表格文本的字体、字号、颜色等格式，如图 3-123 所示。

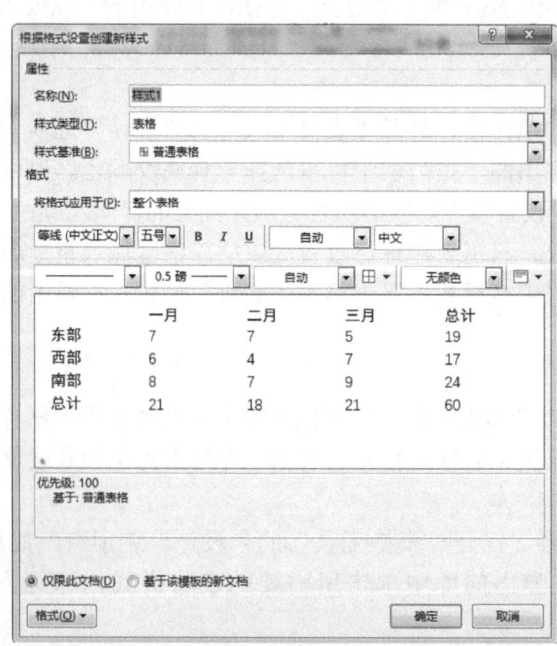

图 3-123　"根据格式设置创建新样式"对话框

【知识加油站】

(1) 斜框线的添加方法

在实际工作中，用户可能经常会遇到需要在表格中添加斜框线的情况。Word 提供了多种添加斜框线的方法，其中，比较传统的方法是直接通过自选图形（直线）绘制出一条斜框线，而最简单的方法则是将光标定位到需要添加斜框线的单元格上，选择"表格工具"→"设计"选项卡，单击"边框"组中的"边框"按钮，最后在展开的列表中单击"斜下框线"按钮即可，如图 3-124 所示。

图 3-124　选择"斜下框线"

(2) 边框取样器的使用技巧

边框取样器是 Word 2016 中的一个非常实用的功能，它可以帮助用户对文档中出现的各个边框格式进行复制和粘贴。打开需要复制、粘贴边框样式的文档后，在"表格工具"→"设计"选项卡中单击"边框"组的"边框样式"按钮，在展开的库中单击"边框取样器"按钮，此时只需在要复制边框格式的框线上单击即可轻松将该边框格式成功复制，接着只需在要粘贴应用该格式的边框上单击即可将该边框格式应用到表格中，如图 3-125 所示。

图 3-125　选择"边框取样器"

3.5.3　表格数据的排序、计算和转换

1．表格中的数据自动排序

Excel 中的升序和降序功能使用起来非常方便。而在 Word 中，用户同样可以实现对表格中数据进行升序排列。

选中表格中需要排序的数据所在列，单击"表格工具"的"布局"选项卡，在"数据"组中单击"排序"按钮，如图 3-126 所示。

图 3-126 "数据"组中的"排序"按钮

打开"排序"对话框,在这里可以设置主要关键字、次要关键字以及排版方法,如图 3-127 所示。单击"确定"按钮,即可将所选单元格按照排序规则进行排序,排序效果如图 3-128 所示。

图 3-127 "排序"对话框

图 3-128 排序效果

2. 对表格中的数据进行求和、求平均值运算

Word 中的表格也可以使用公式进行数据计算。如需要根据左侧的所有数据源进行求和计算,就会显示"=SUM(LEFT)"公式。用户也可以根据需要设置,如"右侧(RIGHT)""上面(ABOVE)""下面(BELOW)"。

将光标放置在需要进行求和运算的单元格中,单击"表格工具"的"布局"选项卡,在"数据"组中单击"公式"按钮,如图 3-129 所示。

图 3-129 "数据"组中的"公式"按钮

打开"公式"对话框,并在"公式"文本框中显示"=SUM(LEFT)",如图 3-130 所示。将光标放置在需要进行平均值运算的单元格中,在"编号格式"下拉列表中选择"0.00",表示保留两位小数,如果设定为"0.0",则表示数据保留一位小数。在"粘贴函数"下拉列表中选择"AVERAGE",则"AVERAGE"会出现在"公式"文本框中,公式变成"=AVERAGE(ABOVE)",如图 3-131 所示。单击"公式"对话框中的"确定"按钮后,就可以分别计算出学生的总分和平均分数。可以采用同样的操作方法,可对数据进行填充,得到所有学生的总分和平均分数。

3. 文本转换成表格

(1) 将文本转换成表格

若输入的文本都使用〈Tab〉键作为分隔符号,并进行了排列,那么就可以将文本转换为表

图 3-130　计算总分

图 3-131　计算平均分

格形式了。选中需要转换为表格并且已经排列整齐的文本内容，在"插入"选项卡的"表格"组中单击"表格"按钮，在弹出的下拉列表中执行"文本转换成表格"命令，如图 3-132 所示，弹出"将文字转换成表格"对话框，如图 3-133 所示，在此可以设置表格的尺寸，与"插入表格"对话框的设置方法是相同的。Word 会默认将一行中分隔的文本数目作为列数。图 3-134 所示为文本转换成表格后的效果。

图 3-132　执行"文本转换成表格"命令　　　　图 3-133　"将文字转换成表格"对话框

（2）将表格转换为指定分隔符的文本

如果需要用纯文本的方式记录表格内容，可以通过以下方式，将 Word 表格快速转换为整齐的文本资料。

日期	星期一	星期二	星期三	星期四	星期五
1~2节	数学	语文	数学	语文	英语
3~4节	科学	剪纸	书法	英语	体育
5~6节	班会	英语	体育	科学	语文

图 3-134　文本转换成表格后的效果

1）选取需要转换为文本的表格区域，打开"表格工具"的"布局"选项卡，在"数据"组中单击"转换为文本"按钮。

2）在打开的"表格转换成文本"对话框中，设置文字分隔的位置，单击"确定"按钮即可将表格转换为文本。

3.6　本章小结

通过本章的学习，读者应该学会使用 Word 输入文本和特殊符号，以及选取、移动、复制、查找和替换、校对、批注、修订文本的方法；学会设置字符格式、段落格式、页面格式、边框和底纹以及使用项目符号和编号的方法，会美化页面，会图文混排；学会在 Word 文档中插入和编辑表格、图像、图形、艺术字、文本框等方法。同时，养成严谨的专业精神、职业精神和工匠精神，学会利用所学知识进行知识与技能的拓展与创新。

【学习效果评价】

复述本章的主要学习内容	
对本章的学习情况进行准确评价	
本章没有理解的内容是哪些	
如何解决没有理解的内容	

注：学习情况评价包括少部分理解、约一半理解、大部分理解和全部理解 4 个层次。请根据自身的学习情况进行准确的评价。

3.7　上机实训

3.7.1　Word 2016 基本操作

1．实训学习目标

1）学会新建文档。

2）学会设置页面格式。

3）学会设置字符格式。

4）学会设置段落格式。

5）培养一丝不苟、精益求精的职业素养和工匠精神，培养审美能力。

2. 实训情境及实训内容

为便于机房的管理，同时让学生掌握机房实训室使用规则，做爱护公物、有责任心的青年，现需要拟一份机房实训室使用规则。

3. 实训要求

在实训过程中，要求培养学生独立分析问题和解决实际问题的能力，且保质、保量、按时完成操作。实训的具体要求如下

1）新建 Word 文档，录入文本。

2）设置页面格式。

3）设置字符格式。

4）设置段落格式。

5）开展小组合作探究学习，每 3 人一组，其中一人是小组长，负责组织学习过程以及学习成果汇报。

4. 实训步骤

（1）新建 Word 文档，录入文本

新建 Word 文档，录入以下文本，命名为"机房实训室使用规则"。

机房实训室使用规则

进入机房实训室必须穿戴鞋套，按规定位置入座，听从指导老师的安排指导；保持机房实训室里的安静、整洁，与上课无关的物品不得带入机房实训室；爱护机房实训室设备，严格按照规定程序操作，禁止使用与本课程无关的软件程序；注意安全，发生障碍或问题，请指导老师处理；使用完毕后应留有值日生对机房实训室进行清洁，指导老师检查后，方可离开；凡损坏机房设备，一律按赔偿办法赔偿，情节严重者除赔偿外需做出书面检查。

机房实训室联系电话：133********

（2）设置页面格式

页面设置保持默认，即页边距为"普通"、纸张方向为"纵向"、纸张大小为"A4"。

（3）设置字符格式

1）标题"机房实训室使用规则"设置字体为"宋体"、加粗，字号为"二号"，颜色为红色，居中对齐，如图 3-135 所示。

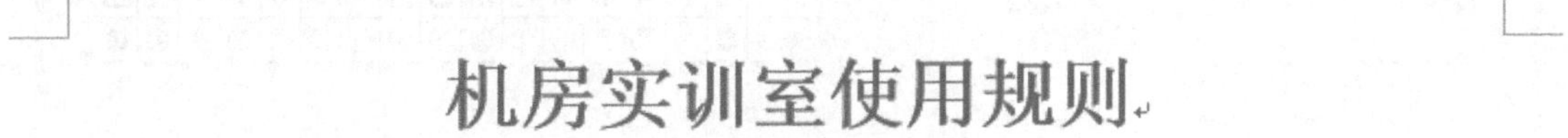

机房实训室使用规则

图 3-135　设置标题的字符格式

2）设置正文字体为"宋体"，字号为"三号"。

3）在录入文字分号处按〈Enter〉键，划分段落，设置段落行距为"单倍行距"。

（4）符号、特殊字符的插入

按照要求，在"机房实训室联系电话☎：13312345678"中需要插入符号☎。

1）先将插入点定位在要插入符号的位置，然后在"插入"选项卡下的"符号"组中单击"符号"下拉按钮，在弹出的下拉列表中执行"其他符号"命令，如图 3-136 所示。

2）打开"符号"对话框后，在"符号"选项卡下的"字体"列表中选择相应的字体，在符号列表框中选择需要插入的符号后，单击"确定"按钮即可，如图 3-137 所示。

图 3-136　单击"其他符号"命令

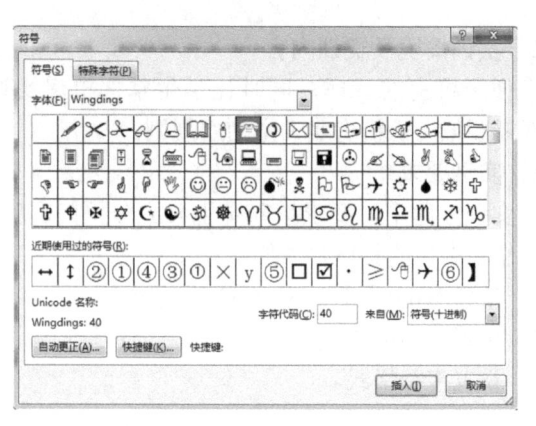

图 3-137　"符号"对话框

（5）设置下划线

为文本"机房实训室联系电话☎：13312345678"添加下划线。首先选中文本，之后单击"开始"选项卡下"字体"组中的下划线按钮 U 右面的下拉三角，找到选项"其他下划线"进行选择，打开"字体"对话框。在其中的"下划线线型"中选择样本要求的双波浪线即可，如图 3-138 所示。

（6）设置项目符号或编号

为正文文本部分添加项目符号。选中正文部分，在"开始"选项卡中的"段落"组中找到"项目符号"按钮 ≡ ，单击右面的下拉三角按钮，在项目符号库列表中选择"定义新项目符号"，打开"定义新项目符号"对话框，单击其中的"符号"选项，在里面找到所需要的项目符号 ⌘，如图 3-139 所示。

图 3-138　下划线线型选择

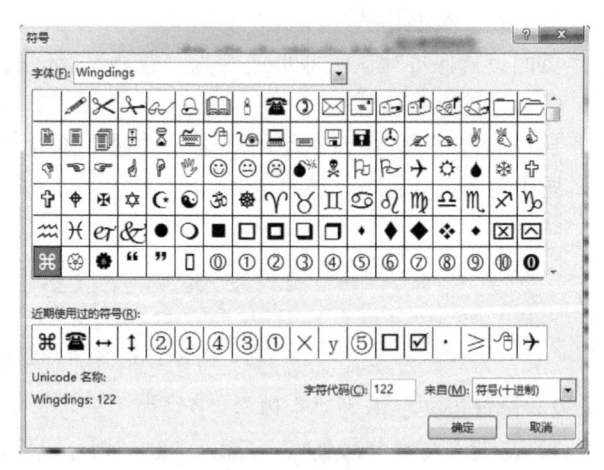

图 3-139　选择项目符号

（7）添加边框和底纹

选中需要添加边框的正文部分，在"开始"选项卡的"段落"组中找到框线按钮 ⊞ ，单击右侧的下拉三角按钮，在下拉菜单里选择"边框和底纹"选项，打开"边框和底纹"对话框。

在"边框"选项中的"设置"里选择"方框"，"样式"选项里选择相应的虚线，在"应用于"内选择段落，如图 3-140 所示。完成制作，效果如图 3-141 所示。

图 3-140　设置边框　　　　　　　　　图 3-141　最终效果

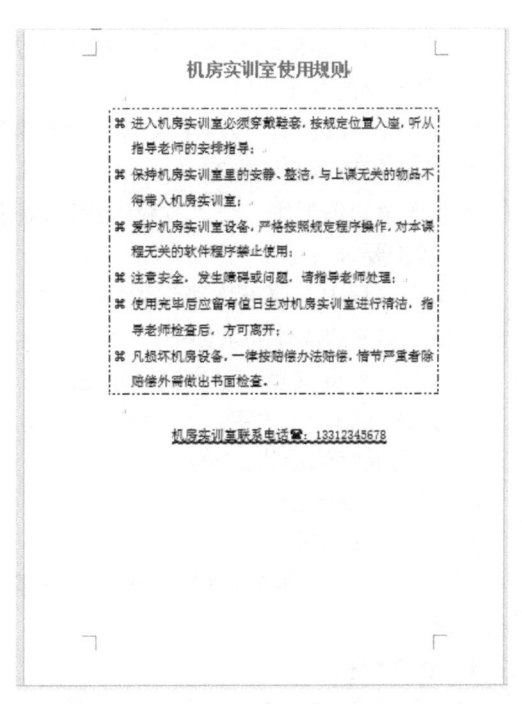

5. 实训考核评价

考核方式与内容	过程性考核（50 分）								终结性考核（50 分）		
	操作考核（10 分）			实操考核（20 分）			学习考核（20 分）			实训报告成果（50 分）		
实施过程	教师评价	小组评价	自评	教师评价	小组评价	自评	教师评价	小组评价	自评	教师评价	小组评价	自评
考核标准	出勤、安全、纪律、协作精神、工作（学习）态度、表达能力、沟通能力、完成作业、环保意识、创新意识，每项各为 1 分			工作任务计划制订（4 分）、工作任务完成情况（新建文档、页面格式、字符格式、段落格式，共 4 分）、操作过程（4 分）、工具使用（4 分）、工匠精神（4 分）			预习工作任务内容（4 分）、工作过程记录（4 分）、完成作业（4 分）、工作方法（4 分）、工作过程分析与总结（4 分）			回答问题准确（20 分）、操作规范、实验结果准确（30 分）		
各项得分											
评价标准	A 级（优秀）：得分＞85 分；B 级（良好）：得分为 71～85 分；C 级（合格）：得分为 60～70 分；D 级（不合格）：得分＜60 分										
评价等级	最终评价得分是：　　　　　分					最终评价等级是：					

6. 知识与技能拓展

新建 Word 文档，保存名称为"班级+姓名"，主题为"自我介绍"，内容包括你的姓名、班级、来自哪里、你的爱好是什么、家乡的特产有哪些、有哪些旅游景点。

3.7.2　Word 2016 图文混排（一）

1. 实训学习目标

1）学会插入艺术字的方法，并对艺术字进行编辑。

2）学会插入形状的方法，并对形状进行编辑。

3）学会插入图片的方法，并对图片进行编辑。

4）学会设置页面背景。

5）培养严谨认真、精益求精的职业素养和工匠精神，培养审美能力。

2．实训情境及实训内容

利用所学知识制作一个"爱我中华"歌词排版。

3．实训要求

在实训过程中，要求培养学生独立分析问题和解决实际问题的能力，且保质、保量、按时完成操作。实训的具体要求如下。

1）新建 Word 文档，录入文本信息。

2）插入并编辑艺术字。

3）插入并编辑形状。

4）插入并编辑图片。

5）设置页面背景。

6）开展小组合作探究学习，每 3 人一组，其中一人是小组长，负责组织学习过程以及学习成果汇报。

4．实训步骤

（1）新建 Word 文档，录入文本信息

1）新建一个 Word 文档，命名为"爱我中华"，单击"页面布局"中的"页面设置"组内的"页边距"下拉三角按钮中的"自定义边距"，设置页边距为上下分别为 1.5cm，左右分别为 2cm，如图 3-142 所示。

2）录入文本信息，保存到 Word 文档"爱我中华"中，并设置字体为华文行楷，字号为二号，如图 3-143 所示。

图 3-142 "页面设置"对话框

图 3-143 录入文字

（2）插入编辑艺术字

1）插入艺术字。找到"插入"选项卡中的"文本"组，单击"艺术字"按钮，在展开的列表中选择一种艺术字样式，如艺术字样式"渐变填充-金色"，如图3-144所示。

2）输入"爱我中华"，并设置其字体为华文新魏，字号为72，单击"确定"按钮，插入艺术字，如图3-145所示。

图3-144 选择艺术字样式 　　　　　图3-145 插入艺术字

3）单击"绘图工具"的"格式"选项卡下的"艺术字样式"组中的"文本填充"按钮，在展开的列表中选择艺术字的填充色为红色，渐变为线性向右，如图3-146所示。

4）单击"绘图工具"的"格式"选项卡，在"艺术字样式"组中单击"文本效果"，在出现的下拉列表中选择"棱台-三维选项"，在打开的"三维格式"窗口中设置顶部棱台为"圆"，深度大小为3磅，曲面图为金色，大小为1.5磅，材料为"特殊效果-柔边缘"，光源为"暖调-早晨"，如图3-147所示，最终效果如图3-148所示，之后调整艺术字位置。

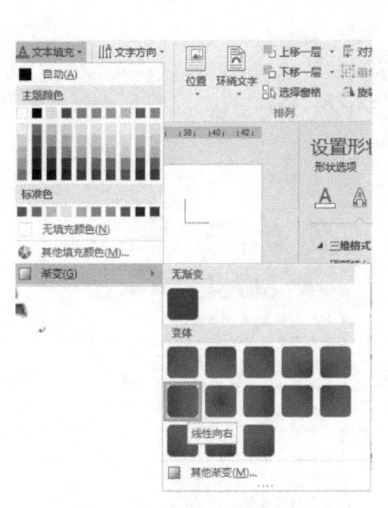

图3-146 艺术字填色 　　图3-147 设置"三维格式" 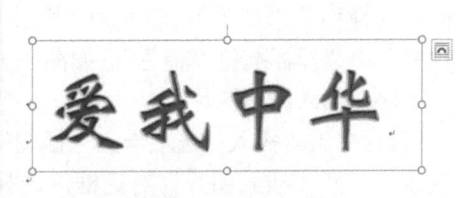　　图3-148 艺术字设置最终效果

【温馨提示】

如果对设置的艺术字"三维格式"不满意，可单击"三维格式"下的"重置"按钮，重新设置艺术字格式，直到满意为止。

（3）插入编辑形状

1）打开"插入"选项卡，单击"插图"组中的"形状"按钮，在展开的列表中选择"星与旗帜"中的"前凸带形"，如图3-149所示。

2）此时鼠标指针变为十字，将其移至文档艺术字下方，按住鼠标左键进行拖动，绘制类似模板的图形形状，如果第一次绘制的大小不合适，可以拖动控制点来调整其大小，如图3-150所示。

图3-149　插入形状"前凸带形"

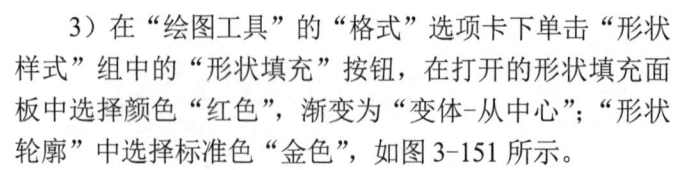

图3-150　绘制形状

3）在"绘图工具"的"格式"选项卡下单击"形状样式"组中的"形状填充"按钮，在打开的形状填充面板中选择颜色"红色"，渐变为"变体-从中心"；"形状轮廓"中选择标准色"金色"，如图3-151所示。

（4）插入编辑图片

1）单击"插入"选项卡上"插图"组中的"图片"按钮，打开"插入图片"对话框，选择本书配套素材，单击"插入"按钮，插入图片。

2）单击选中该图片，图片四周会出现8个控制点，按住鼠标左键拖动控制块，适当调整图片大小。

3）单击"图片工具"的"格式"选项卡上"排列"组中的"环绕文字"按钮，在打开的列表中单击"衬于文字下方"选项，设置图片的文字环绕方式。

4）将鼠标指针移至图片上，此时鼠标指针成十字箭头形状，按住鼠标左键并拖动，可移动图片位置。

（5）更改页面背景颜色

单击"设计"选项卡上"页面背景"组中的"页面颜色"按钮，选择适合的颜色。

图3-151　设置形状样式

5. 实训考核评价

考核方式与内容	过程性考核（50 分）									终结性考核（50 分）		
	操行考核（10 分）			实操考核（20 分）			学习考核（20 分）			实训报告成果（50 分）		
实施过程	教师评价	小组评价	自评	教师评价	小组评价	自评	教师评价	小组评价	自评	教师评价	小组评价	自评
考核标准	出勤、安全、纪律、协作精神、工作（学习）态度、表达能力、沟通能力、完成作业、环保意识、创新意识，每项各为 1 分			工作任务计划制订（4 分）、工作任务完成情况（插入编辑艺术字、插入编辑形状、插入编辑图片、设置页面背景，共 4 分）、操作过程（4 分）、工具使用（4 分）、工匠精神（4 分）			预习工作任务内容（4 分）、工作过程记录（4 分）、完成作业（4 分）、工作方法（4 分）、工作过程分析与总结（4 分）			回答问题准确（20 分）、操作规范、实验结果准确（30 分）		
各项得分													
评价标准	A 级（优秀）：得分>85 分；B 级（良好）：得分为 71~85 分；C 级（合格）：得分为 60~70 分；D 级（不合格）：得分<60 分											
评价等级	最终评价得分是：　　分						最终评价等级是：					

6. 知识与技能拓展

打开本书配套素材"再别康桥"，按照要求设置以下文本。样本如图 3-152 所示。

1) 设置字体：标题为黑体；正文为方正姚体。

2) 设置字号：标题为一号；正文为四号。

3) 设置文字效果：标题字体文字效果为"填充-白色，轮廓-着色 1，发光-着色 1"，设置轮廓为"水绿色，个性色 5，深度 50%"；设置字体下划线为双线型；设置正文字体颜色为"水绿色，个性 5，深度 50%"。

4) 设置对齐方式：标题为居中对齐，正文采用分栏方式分为两栏。

5) 设置页面背景色：橄榄色、个性色 3、淡色 60%。

6) 设置页面边框：设置边框为样本样式。

文本如下。

再别康桥

轻轻的我走了，正如我轻轻的来；我轻轻的招手，作别西天的云彩。那河畔的金柳，是夕阳中的新娘；波光里的艳影，在我的心头荡漾。软泥上的青荇，油油的在水底招摇；在康河的柔波里，我甘心做一条水草！那榆荫下的一潭，不是清泉，是天上虹；揉碎在浮藻间，沉淀着彩虹似的梦。寻梦？撑一支长篙，向青草更青处漫溯；满载一船星辉，在星辉斑斓里放歌。但我不能放歌，悄悄是别离的笙箫；夏虫也为我沉默，沉默是今晚的康桥！悄悄的我走了，正如我悄悄的来；我挥一挥衣袖，不带走一片云彩。

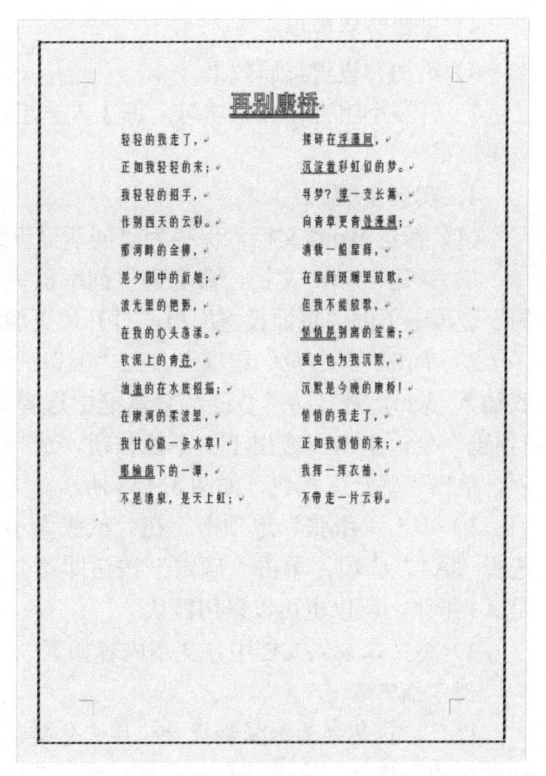

图 3-152 《再别康桥》最终效果

3.7.3　Word 2016 图文混排（二）

1. 实训学习目标

1）学会设置段落格式。
2）学会分栏。
3）学会添加页眉页脚。
4）培养严谨认真、一丝不苟、精益求精的职业素养和工匠精神。

2. 实训情境及实训内容

近日，信息部在一年级开展以"创幸福班级"为主题的教室布置活动，评比成绩已出，需要发通知告知大家。请利用所学知识制作此通知内容。

3. 实训要求

在实训过程中，要求培养学生独立分析问题和解决实际问题的能力，且保质、保量、按时完成操作。实训的具体要求如下。

1）新建 Word 文档，录入文字。
2）设置页面格式。
3）录入并设置艺术字效果。
4）设置段落格式。
5）设置分栏效果。
6）添加并设置页眉效果。
7）开展小组合作探究学习，每 3 人一组，其中一人是小组长，负责组织学习过程以及学习成果汇报。

4. 实训步骤

（1）新建 Word 文档，保存为"创幸福班级"并设置页面

1）新建 Word 文档，命名为"创幸福班级"。将光标定位在文档中的任意位置，选择"布局"选项卡下的"页面设置"组，打开"页面设置"对话框。

2）单击"页边距"选项卡，在"上""下"文本框中选择或输入 3cm，在"左""右"文本框中选择或输入 3cm，在"预览"处，单击"应用于"下拉按钮，选择"整篇文档"选项，单击"确定"按钮，如图 3-153 所示。

3）单击"纸张"选项卡。在"纸张大小"下拉列表中，选择"A4"选项，单击"确定"按钮即可。因为此处采用的是 A4 纸张，所以也可以采用默认。

4）将文本录入文档中，文本内容如下。

创幸福班级

近日，信息部为加强和提升校园文化建设，着力培养和调动学生的积极性、主动性和创造性，营造良好的班风和学风，在一年级班级内开展了以"创幸福班级"为主题的教室布置活动，并以班级为单位进行评比。

方案要求"布置教室要充分发挥学生的主体积极性，整体设计是发动广大同学提出设计方案，进行讨论、评比，选定最

图 3-153　页面设置

佳方案予以实施。"经过评委组老师的检查和评分，计算机 50 班、计算机 51 班、物流 34 班分获第一、二、三名，会计 32 班、运输 25 班、物流 33 班获得优秀奖。

(2) 设置艺术字

1) 选中文档的标题"创幸福班级"，单击"插入"选项卡下的"文本"组中的"艺术字"按钮，选择"填充-橙色 着色 2 轮廓-着色 2"。

2) 在"开始"选项卡的"字体"组中设置标题"创幸福班级"的字体为华文新魏，字号为初号。

3) 在"绘图工具-格式"选项卡中选择"艺术字样式"组中的"文本效果"，设置形状格式的"三维格式"为"底部棱台"中的"棱台-角度"，宽度高度均为 3 磅；深度为深红，大小为 300 磅；材料为亚光效果；光源为柔和；三维旋转预设为"前透视"，如图 3-154 所示。

4) 调整所插入艺术字的大小和位置，如图 3-155 所示。

图 3-154　"三维格式"设置　　　　　　　　图 3-155　艺术字效果

(3) 设置文字边框和首字下沉

1) 选中除标题外的所有文本，在"开始"选项卡中的"字体"组中设置"字体"为方正姚体，"字号"为三号。

2) 选中文档中第一段文字，单击"开始"选项卡下的"段落"组中的"边框"下拉三角按钮，单击"边框和底纹"选项，打开"边框和底纹"对话框。

3) 在"边框"中设置"样式"为"实线"，"宽度"为 1.5 磅，"应用于"选择"段落"，如图 3-156 所示。

4) 打开"底纹"选项卡，在"底纹"中选择"填充"为黄色，"应用于"选择段落，之后单击"确定"按钮，如图 3-157 所示。

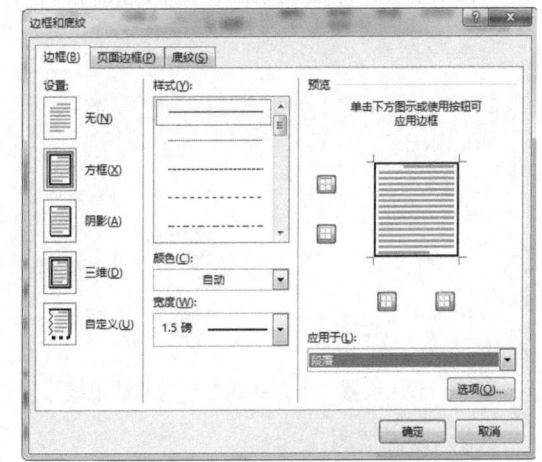

图 3-156　在"边框"中设置样式

5) 设置首字下沉，选中第一段文字，单击"插入"选项卡下的"文本"组中的"首字下沉"按钮下的下拉三角按钮，选择"首字下沉"，在"首字下沉"对话框中设置"字体"为方正姚体，"下沉行数"为 3 行，"距正文"为 0cm，单击"确定"按钮，如图 3-158 所示。

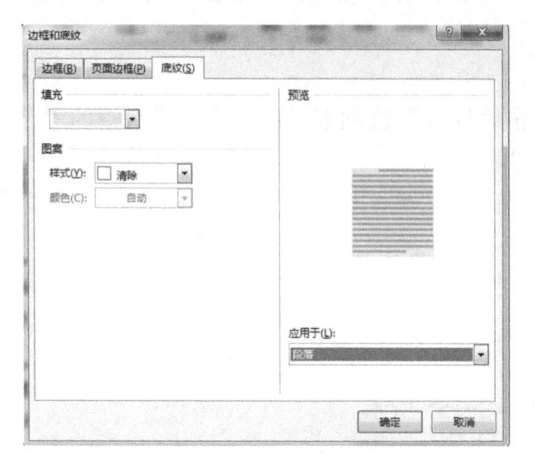

图 3-157 在"底纹"中设置填充颜色　　　　图 3-158 "首字下沉"对话框

(4) 设置第二段文字分栏和文字突出显示

1) 选中文档中第二段文字，单击"布局"选项卡下的"页面设置"组中的"分栏"下拉三角按钮，单击"偏左"选项，完成分栏。

2) 选中文本"计算机 50 班 、计算机 51 班、物流 34 班分获第一、二、三名，会计 32 班、运输 25 班、物流 33 班获得优秀奖。"，之后单击"开始"选项卡中的"字体"组中的"以不同颜色突出显示文本"按钮，设置颜色为黄色。

3) 选中文本"评委组老师"，在"开始"选项卡的"字体"组中单击右下角对话框按钮打开"字体"对话框，在"所有文字"下的"下划线线型"中选择双波浪线，如图 3-159 所示。

(5) 设置尾注

选中文档中文本"评委组老师"，在"引用"选项卡下的"脚注"组中的"插入尾注"选项，插入尾注"评委组老师：由信息部教研室六位老师组成。"，如图 3-160 所示。

图 3-159 设置"下划线线型"为双波浪线　　　　图 3-160 插入尾注

(6) 设置页眉

1) 将光标定位在文档中的任意位置，单击"插入"选项卡下的"页眉和页脚"组中的"页眉"按钮。

2) 选择"内置"中的"空白"选项进入页眉，在"页眉"处输入文字"创幸福班级"，在"开始"选项卡中设置字体为微软雅黑，字号为小五，如图 3-161 所示。最终效果如图 3-162 所示。

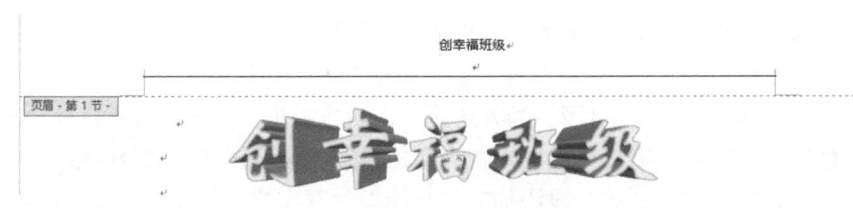

图 3-161　插入页眉

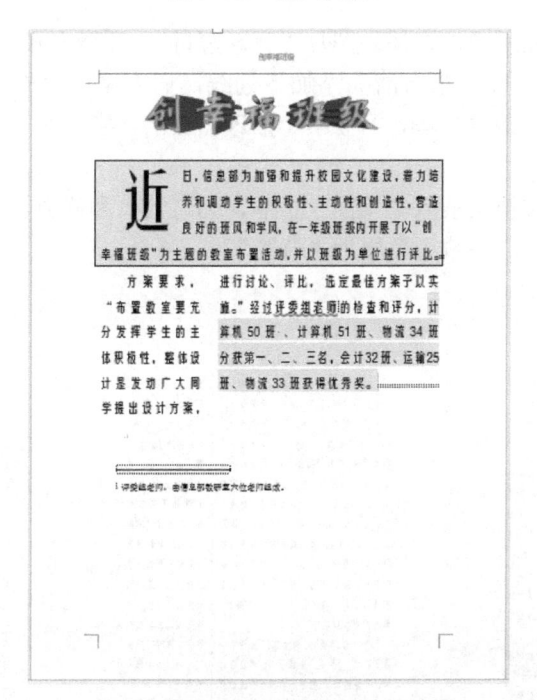

图 3-162　"创幸福班级"最终效果

5. 实训考核评价

考核方式与内容	过程性考核（50 分）									终结性考核（50 分）		
^	操行考核（10 分）			实操考核（20 分）			学习考核（20 分）			实训报告成果（50 分）		
实施过程	教师评价	小组评价	自评	教师评价	小组评价	自评	教师评价	小组评价	自评	教师评价	小组评价	自评
考核标准	出勤、安全、纪律、协作精神、工作（学习）态度、表达能力、沟通能力、完成作业、环保意识、创新意识，每项各为 1 分			工作任务计划制订（4 分）、工作任务完成情况（段落格式、分栏、页眉、页脚，共 4 分）、操作过程（4 分）、工具使用（4 分）、工匠精神（4 分）			预习工作任务内容（4 分）、工作过程记录（4 分）、完成作业（4 分）、工作方法（4 分）、工作过程分析与总结（4 分）			回答问题准确（20 分）、操作规范、实验结果准确（30 分）		
各项得分												
评价标准	A 级（优秀）：得分>85 分；B 级（良好）：得分为 71～85 分；C 级（合格）：得分为 60～70 分；D 级（不合格）：得分<60 分											
评价等级	最终评价得分是：　　　分						最终评价等级是：					

6. 知识与技能拓展

打开本书配套素材"背影"，按下列要求编排文档的版面，样本如图 3-163 所示。

1）设置页面：自定义页边距为上边距、下边距各为 2.5cm，左边距、右边距各为 3cm。

2)设置艺术字：标题"背影"设置为艺术字，选择艺术字样式为"渐变填充-水绿色，着色1，反射"；字体为华文行楷、初号；按样文适当调整艺术字的位置。

3)设置正文字体和字号："朱自清"为方正姚体，四号；正文字体为方正姚体，三号。

4)设置分栏格式：将正文第三、四段设置为两栏格式，预设偏右，加分隔线。

5)设置边框和底纹：为正文第二段添加方框，线型为双实线，颜色为深红色，填充浅黄色底纹。

6)插入图片：在样文所示位置插入图片"背影素材"，环绕方式为紧密型环绕。

7)插入尾注：为第二行"朱自清"添加下划线，插入尾注"朱自清（1898 年 11 月 22 日—1948 年 8 月 12 日），原名自华，号秋实，后改名自清，字佩弦。中国现代散文家、诗人、学者、民主战士。"

8)设置页眉页脚：按样文插入"平面"页眉，为奇数页和偶数页设置不同的页眉，奇数页页眉为"朱自清散文欣赏"，偶数页页眉为"背影"。

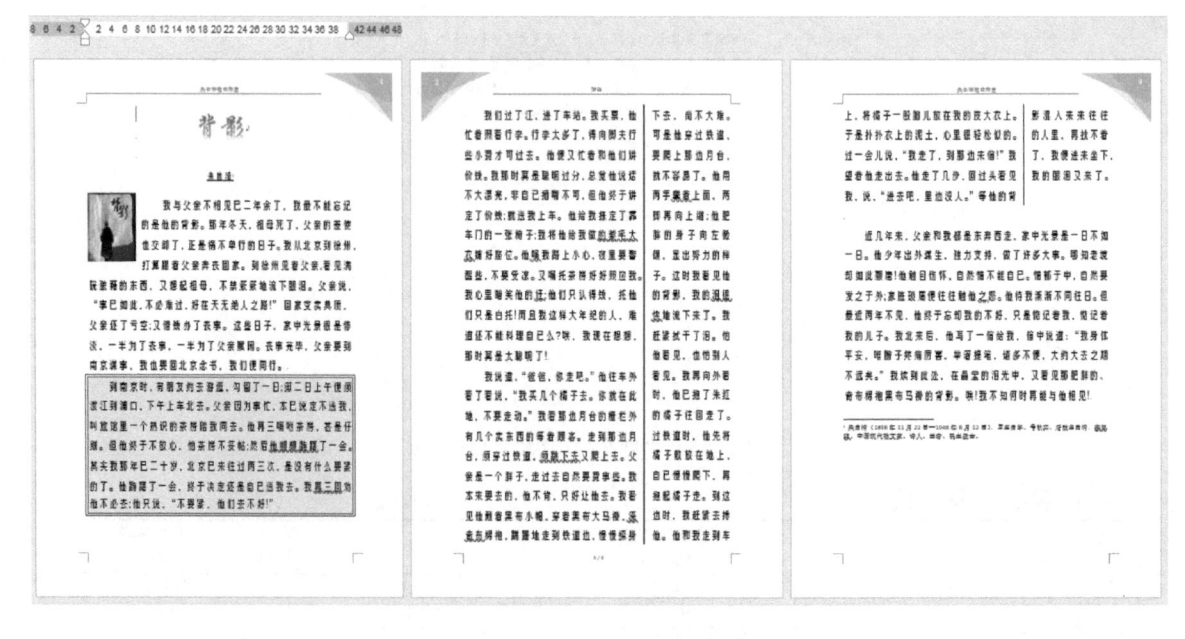

图 3-163　《背影》最终文档效果

3.7.4　Word 2016 邮件合并

1．实训学习目标

1)学会插入域。

2)学会邮件合并。

3)培养严谨认真、一丝不苟、精益求精的职业素养和工匠精神。

3-3
上机实训4

2．实训情境及实训内容

成绩单的下发是每个学期期末必做的事情，逐张录入是很麻烦的事情，请用 Word 文档中邮件合并功能的使用等操作，快速制作多份学生成绩通知单吧。

3．实训要求

在实训过程中，要求培养学生独立分析问题和解决实际问题的能力，且保质、保量、按时完成操作。实训的具体要求如下。

1）新建 Word 文档，录入文本。

2）创建数据源。

3）进行邮件合并。

4）开展小组合作探究学习，每 3 人一组，其中一人是小组长，负责组织学习过程以及学习成果汇报。

4．实训步骤

（1）新建 Word 文档，录入相应文本

1）新建 Word 文档，命名为"学生成绩通知单"。在"布局"选项卡的"页面设置"组中，单击"页边距"按钮下的下拉三角按钮，在弹出的下拉列表中选择"自定义边距"选项，弹出"页面设置"对话框，在其中设置上边距、下边距、左边距和右边距均为 2cm。

2）录入文本，文本内容如下。

同学您好：

您本次期末考试的成绩如下：

数学：

语文：

英语：

物理：

XXX 学校教务科

2022 年 7 月 30 日

按照如图 3-164 所示的格式进行分段排版。其中，"XXX 学校教务科"和"2022 年 7 月 30 日"设置对齐方式为右对齐，设置方法为：选中要设置的文本，单击"开始"选项卡的"段落"组中的"右对齐"按钮即可；或者选中文本后，按〈Ctrl+R〉组合键也可以实现文本右对齐设置。

图 3-164 录入文本内容并设置格式

3）选中所有文本，在"开始"选项卡中的"字体"组，设置"字体"为方正姚体，"字号"为三号。

4）插入标题艺术字。在"插入"选项卡的"文本"组中，选择"艺术字"，在下拉列表中的选择如图 3-165 所示。在"开始"选项卡中设置字体为方正姚体，字号为初号。

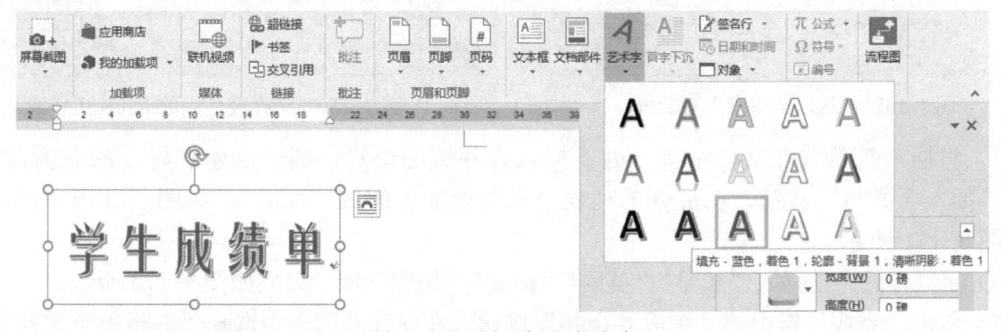

图 3-165 插入标题艺术字

（2）创建数据源

要批量制作学生成绩通知单，除了要有主文档外，还需要有学生的姓名、数学成绩、语文成绩、英语成绩和物理成绩等信息，即常见数据源。采用一个现成的 Excel 电子表格作为数据源，如图 3-166 所示。

（3）进行邮件合并

1）打开已经创建好的主文档"学生成绩通知单"，单击 Word 2016"邮件"选项卡上"开始邮件合并"组中的"开始邮件合并"按钮，在展开的列表中可看到"普通 Word 文档"选项高亮显示，表示当前编辑的主文档类型为普通 Word 文档，这里保持默认选择，如图 3-167 所示。

图 3-166　创建数据源　　　　　　　图 3-167　"普通 Word 文档"选项高亮显示

2）单击"开始邮件合并"组中的"选择收件人"按钮，在展开的列表中选择"使用现有列表"，打开"选取数据源"对话框，选中创建好的数据文件"学生期末成绩"，然后单击"打开"按钮，如图 3-168 所示。

3）在打开的对话框中选择要使用的 Excel 工作表，然后单击"确定"按钮，如图 3-169 所示。

图 3-168　"选取数据源"对话框　　　　图 3-169　选择要使用的 Excel 工作表

4）将插入符放置在文档中第一处要插入合并域的位置，即"同学您好"的左侧，然后单击"插入合并域"按钮，在展开的列表中选择要插入的域"姓名"，如图 3-170 所示。结果如图 3-171 所示。

5）用同样的方法插入"数学""英语""语文""物理"域，效果如图 3-172 所示。

6）单击"完成"组中的"完成并合并"按钮，在展开的列表中选择"编辑单个文档"，如图 3-173 所示。让系统将产生的邮件放置到一个新的文档中，默认名称为"信函 1"。在打开的

"合并到新文档"对话框中选择"全部"单选框,之后单击"确定"按钮。

7)Word 将根据设置自动合并文档并将全部记录存放到一个新文档中,合并完成的文档份数取决于数据表中记录的条数,效果如图 3-174 所示。最后将文档另存为 "学生成绩通知单(邮件合并)"。

图 3-170 插入合并域

图 3-171 插入合并域后的效果

图 3-172 插入"数学""语文""英语""物理"域

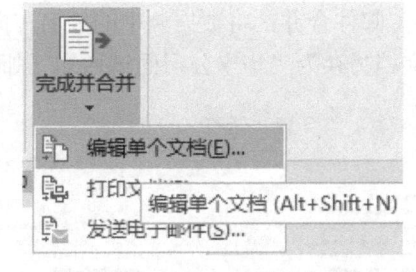

图 3-173 选择"编辑单个文档"

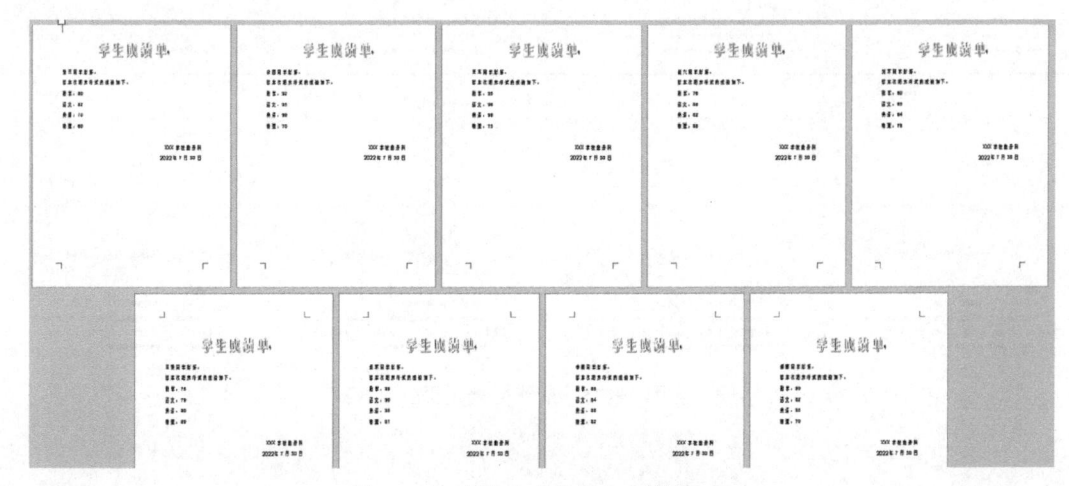

图 3-174 制作完成的学生成绩通知单

5. 实训考核评价

考核方式与内容	过程性考核（50 分）									终结性考核（50 分）		
	操行考核（10 分）			实操考核（20 分）			学习考核（20 分）			实训报告成果（50 分）		
实施过程	教师评价	小组评价	自评	教师评价	小组评价	自评	教师评价	小组评价	自评	教师评价	小组评价	自评
考核标准	出勤、安全、纪律、协作精神、工作（学习）态度、表达能力、沟通能力、完成作业、环保意识、创新意识，每项各为 1 分			工作任务计划制订（4 分）、工作任务完成情况（录入文本、创建数据源、邮件合并，共 4 分）、操作过程（4 分）、工具使用（4 分）、工匠精神（4 分）			预习工作任务内容（4 分）、工作过程记录（4 分）、完成作业（4 分）、工作方法（4 分）、工作过程分析与总结（4 分）			回答问题准确（20 分）、操作规范、实验结果准确（30 分）		
各项得分													
评价标准	A 级（优秀）：得分>85 分；B 级（良好）：得分为 71~85 分；C 级（合格）：得分为 60~70 分；D 级（不合格）：得分<60 分											
评价等级	最终评价得分是：　　　分						最终评价等级是：					

6. 知识与技能拓展

根据本书配套素材"华丰公司面试通知"和"面试人员"，按下列要求设置、编排文档并进行邮件合并。

1）设置标题：标题字体为仿宋，加粗，一号，颜色为红色，居中对齐。

2）设置正文：按样本要求排版，字体为仿宋，字号为四号；首行缩进 2 字符；"面试时间、面试地点、个人准备"加粗；末尾公司名称及日期设置为文本右对齐。

3）邮件合并：将数据源中的姓名、面试时间和面试地点在主文档中进行邮件合并，并将生成的文档另存为"华丰公司面试通知（邮件合并）"，如图 3-175 所示。

图 3-175　最终文档效果

3.7.5 Word 2016 表格操作

1. 实训学习目标

1）学会创建表格。
2）学会编辑表格。
3）学会设置表格中的文本格式。
4）学会美化表格。
5）培养严谨认真、一丝不苟、精益求精的职业素养和工匠精神。

2. 实训情境及实训内容

乔一同学今年大学毕业，在入职前需要准备一份简历。个人简历是求职者给招聘单位发的一份简要介绍，包括个人概况、教育背景、求职意向、工作经历等内容。个人简历对于能否获得面试机会至关重要，请利用所学知识帮乔一同学完成简历的制作。

3. 实训要求

在实训过程中，要求培养学生独立分析问题和解决实际问题的能力，且保质、保量、按时完成操作。实训的具体要求如下。

1）创建表格。
2）编辑表格。
3）在表格中输入文字并设置格式。
4）美化表格。
5）开展小组合作探究学习，每 3 人一组，其中一人是小组长，负责组织学习过程以及学习成果汇报。

4. 实训步骤

（1）创建表格

1）新建一个 Word 文档，并以"个人简历"为名进行保存。

2）单击"插入"选项卡上"表格"组中的"表格"按钮，在展开的列表中选择"插入表格"选项，弹出"插入表格"对话框，在"列数"和"行数"编辑框中输入列数为 6，行数为 18，单击"确定"按钮。

（2）编辑表格

1）选择表格第 1 行的全部单元格，打开"表格工具"→"布局"选项卡，单击"合并"组中的"合并单元格"按钮，将所选单元格合并。按同样方法，分别选择其他单元格进行合并，从而获得表格的基本框架，如图 3-176 所示。

2）设置行高。在第 1 行单元格中单击鼠标左键，然后在"单元格大小"组中的表格行"高度"编辑框中输入 1.3cm，按〈Enter〉键确认。用同样的方法，将光标移至第 2 行左侧，按住鼠标左键并向下拖动，选中除第 1 行之外的所有行，然后在"单元格大小"组中的表格行"高度"编辑框中输入 1，将这些行的高度全部设置为 1cm。

3）调整列宽。如图 3-177 所示，选择列分界线，拖住鼠标左键向左或向右调整所选单元格的列宽。

（3）在表格中输入文字并设置格式

在创建好表格框架后，就可以根据需要在表格中输入文字，输入内容后，还可以根据需要调整表格内容在单元格中的对齐方式，以及单元格内容的字体、字号等。

1）如图 3-178 所示，在各单元格中输入相关文字。

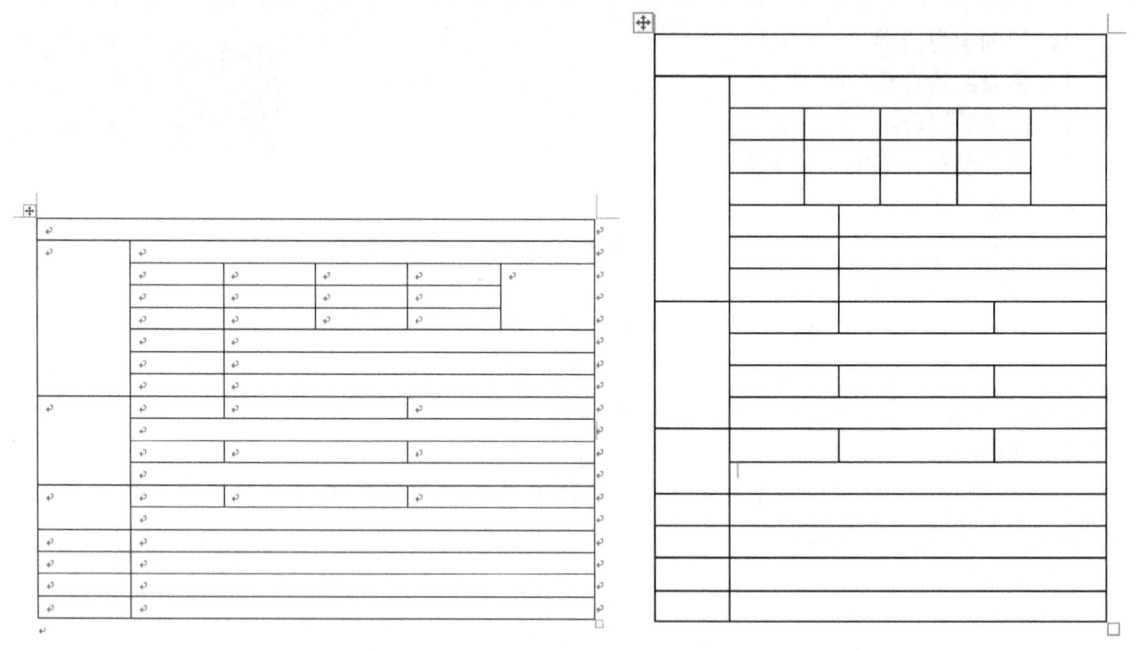

图 3-176　合并单元格

图 3-177　调整行高和列宽后的表格

个人简历				
个人概况	求职意向：图文编辑			
	姓名	乔一	出生日期	1990
	性别	女	户口所在地	山西省太原市
	民族	汉	专业和学历	计算机应用
	联系电话	111123455555		
	通信地址	太原市小店区日月校区 3-206P		
	电子邮箱	Qiaoyi.1320163.come		
工作经验	2013.8-2016.8	太原时代文化发展有限公司		太原
	编辑 参与编辑职业教育精品教材，主要参与者 参与策划编辑"十二五"规划教材，主要参与者			
	2016.9 至今	太原魔石文化传媒有限公司		太原
	图文编辑 全国中职计算机专业教材，图文编辑者全国中职电子商务专业教材，图文编辑者			
教育背景	2009.9-2013.7	山西大学		计算机应用
	学士 连续四年获得三好学生 参与开发教学管理信息系统，学生管理信息系统			
外语水平 e	六级			
计算机水平	计算机三级			
性格特点	阅读、思考、钻研			
业余爱好	绘画、书法			

图 3-178　在表格中输入文字

2）单击表格左上角的田符号选中整个表格，然后单击"表格工具"→"布局"选项卡"对齐方式"组中的"中部两端对齐"按钮，将各单元格中的文字垂直居中对齐、水平居左对齐；再选择需要居中对齐的单元格，如第 1 行、第 1 列等，单击"对齐方式"组中的"水平居中"，使其文字居中对齐。

3）分别选中相应的单元格，利用"开始"选项卡"字体"组中的"字体"和"字号"下拉列表框为所选单元格设置字体和字号。"个人简历"为宋体，三号；其余字体为宋体，五号，第 1 列文字加粗，如图 3-179 所示。

（4）美化表格

表格创建和编辑完成后，还可进一步对表格进行美化操作，如设置单元格或整个表格的边框和底纹等。

1）选中整个表格，分别单击"表格工具"→"设计"选项卡"边框"组中的"边框样式""笔画粗细""笔颜色"下拉列表框右侧的三角按钮，从弹出的下拉列表中选择边框样式为"细-粗窄间隔，3pt，着色 2"，笔画粗细为"3.0 磅"，笔颜色为"橙色"。

2）单击"边框"组"边框"按钮右侧的三角按钮，在展开的列表中选择"外侧框线"，为所选表格设置外边框。注意，如果所选的是单元格区域，则是为该单元格区域设置边框。

3）选中表格第 1 行（标题行），单击"表格工具"→"设计"选项卡上"表格样式"组中的"底纹"按钮右侧的三角按钮，在展开的列表中选择"橙色"，根据需要设置其他单元格底纹效果，个人简历表的最终效果如图 3-180 所示。

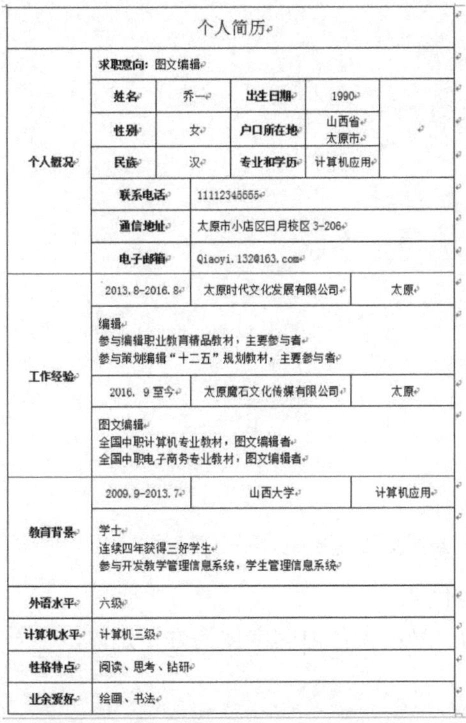

图 3-179　调整表格中文字的对齐方式和字体字号　　　图 3-180　个人简历表最终效果

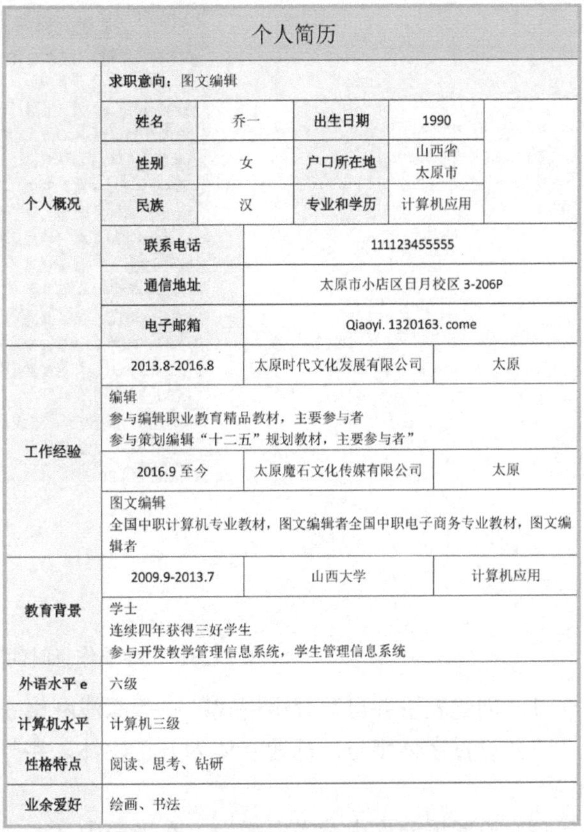

5. 实训考核评价

考核方式与内容	过程性考核（50分）									终结性考核（50分）		
	操行考核（10分）			实操考核（20分）			学习考核（20分）			实训报告成果（50分）		
实施过程	教师评价	小组评价	自评	教师评价	小组评价	自评	教师评价	小组评价	自评	教师评价	小组评价	自评
考核标准	出勤、安全、纪律、协作精神、工作（学习）态度、表达能力、沟通能力、完成作业、环保意识、创新意识，每项各为1分			工作任务计划制订（4分）、工作任务完成情况（创建表格、编辑表格、表格中文字格式的设置、美化表格，共4分）、操作过程（4分）、工具使用（4分）、工匠精神（4分）			预习工作任务内容（4分）、工作过程记录（4分）、完成作业（4分）、工作方法（4分）、工作过程分析与总结（4分）			回答问题准确（20分）、操作规范、实验结果准确（30分）		
各项得分													
评价标准	A级（优秀）：得分＞85分；B级（良好）：得分为71～85分；C级（合格）：得分为60～70分；D级（不合格）：得分＜60分											
评价等级	最终评价得分是：　　　　分						最终评价等级是：					

6. 知识与技能拓展

根据样图按要求制作"冬季作息时间表"，如图3-181所示。

图3-181 "冬季作息时间表"最终文档效果

1）创建表格并自动套用格式：中等深浅网格3-着色4。

2）设置字体字号：标题字体为方正姚体，字号为一号；主体内容字体为方正姚体，字号为20磅。

3）设置单元格内对齐方式为：水平居中。

4）调整表格大小以适应整体布局。

【温故知新——练习题】

一、选择题

1. Word 2016 默认的文件扩展名是（　　）。
   A．doc　　　　　　B．docx　　　　　　C．xls　　　　　　D．ppt
2. 在 Word 2016 中，要使文档的标题位于页面居中位置，应该选中标题后选择（　　）。
   A．两端对齐　　　　B．居中　　　　　　C．左对齐　　　　　D．右对齐
3. Word 2016 是（　　）公司开发的文字处理软件。
   A．微软　　　　　　B．联想　　　　　　C．苹果　　　　　　D．IBM
4. 在 Word 2016 编辑状态下，若要调整光标所在段落的行距，首先进行的操作是（　　）。
   A．打开"开始"选项卡　　　　　　B．打开"插入"选项卡
   C．打开"布局"选项卡　　　　　　D．打开"视图"选项卡
5. 在 Word 2016 文档编辑中，可以删除插入点前字符的按键是（　　）。
   A．〈Delete〉　　　　　　　　　　B．〈Ctrl+Delete〉
   C．〈Backspace〉　　　　　　　　D．〈Ctrl+Backspace〉
6. 在 Word 编辑状态下，要统计文档的字数，需要使用的选项卡是（　　）。
   A．"开始"选项卡　　　　　　　　B．"插入"选项卡
   C．"布局"选项卡　　　　　　　　D．"审阅"选项卡
7. 若 Windows 处于系统默认状态，在 Word 2016 编辑状态下，移动鼠标至文档行首空白处（文本选定区）连击左键三下，结果会选择文档的（　　）。
   A．一句话　　　　　B．一行　　　　　　C．一段　　　　　　D．全文
8. 在 Word 2016 文档编辑中，如果想在某一页面没有写满的情况下强行分页，可以插入（　　）。
   A．图片　　　　　　B．项目符号　　　　C．分页符　　　　　D．换行符
9. Word 2016 中的表格操作内，改变表格的行高与列宽可以用鼠标操作，方法是（　　）。
   A．当鼠标指针在表格线上变为双箭头形状时拖动鼠标
   B．双击表格线
   C．单击表格线
   D．单击"拆分单元格"按钮
10. 要设置行距小于标准的单倍行距，需要选择（　　）再输入磅值。
    A．两倍　　　　　　B．单倍　　　　　　C．固定值　　　　　D．最小值

二、填空题

1. Word 2016 中要删除文本可使用_____键和_____键。
2. 要撤销前面做的操作，可单击"快速访问工具栏"中的_____按钮；要撤销多步操作，可连续单击该按钮。
3. 复制命令的快捷键是_____；剪切命令的快捷键是_____；粘贴命令的快捷键

是_____。

4．在 Word 2016 中，段落标记是在文本输入时按下_____键形成的。

5．使图片按比例缩放应选用_____。

6．要查找文档中的某一词语，应选择_____选项卡下的_____组中的_____选项进行查找。

7．Word 2016 中格式刷的作用是_____。

8．Word 2016 的视图方式分为页面视图、_____、_____、大纲视图、草稿 5 种方式。

9．表格中的对齐方式分为靠上两端对齐、靠上居中对齐、靠上右对齐、中部两端对齐、_____、中部右对齐、靠下两端对齐、靠下居中对齐、靠下右对齐 9 种方式。

10．表格是由水平的行和垂直的列组成的，行与列交叉形成的方框称为_____。

三、简答题

1．简述查找和替换文本的方法。

2．如何设置段落文本的边框和底纹？

3．在 Word 中插入表格使用什么方法？

4．如何在文本中添加页眉、页脚？

第 4 章　电子制表软件 Excel 2016

4.1　Excel 2016 的基础知识

【学习目标】

1. 认知此章节的内容、性质、任务、基本要求及学习方法。
2. 通过学习，熟知 Excel 2016 的工作环境。
3. 学会启动、关闭 Excel 2016，对工作簿进行简单操作，并学会使用联机帮助。
4. 形成理性思维、批判质疑、勇于探究、乐学善学、勤于反思、信息意识、技术运用等核心素养。
5. 通过系统学习，培养专业精神、职业精神、工匠精神、创新精神和自强精神。

人类自古以来就有处理数据的需求，随着文明程度的发展和提高，需要处理的数据也越来越多，越来越复杂，处理速度等要求也随之提高，正确、快速处理数据的工具已成为必需品。当信息时代来临时，人们频繁地与数据打交道，Excel 也就应运而生了。它作为一种数据处理工具，拥有强大的计算、分析、传递和共享功能，可以将繁杂的数据转化为信息。Excel 软件是微软公司推出的 Microsoft Office 系列软件的组成部分，是一个简单易用的电子表格软件，可以进行数据的处理、统计分析和辅助决策操作，广泛应用于文秘办公、财务管理、市场营销、行政管理和协同办公等事务。

4.1.1　启动 Excel 2016

1. 启动 Excel 2016

启动 Excel 2016 有很多种方法。

1）在桌面上单击"开始"，找到"所有程序"，接下来单击"Microsoft Office"，找到里面的"Microsoft Excel 2016"命令并单击，启动 Excel 2016，进入 Excel 操作环境。

2）在桌面空白处单击鼠标右键，在弹出的快捷菜单中找到"新建"→"Microsoft Excel 工作表"，如图 4-1 所示。

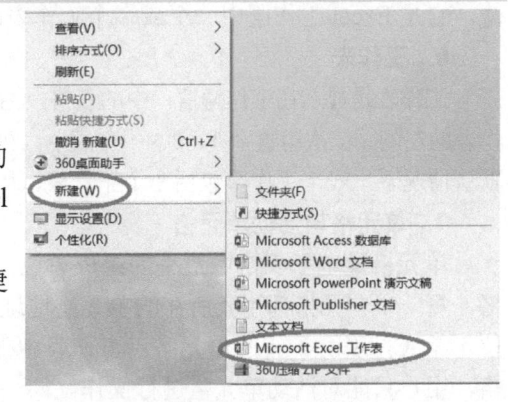

图 4-1　新建工作表

2．退出 Excel 2016

退出 Excel 2016 的方法有多种。单击"文件"菜单中的"关闭"命令，单击右上角的"关闭"按钮或按〈Alt+F4〉组合键，都可以退出 Excel 2016。

4.1.2　Excel 2016 窗口的组成

Excel 2016 的工作界面和 Word 2016 有很多相同的地方，但也有不同的地方，如图 4-2 所示。

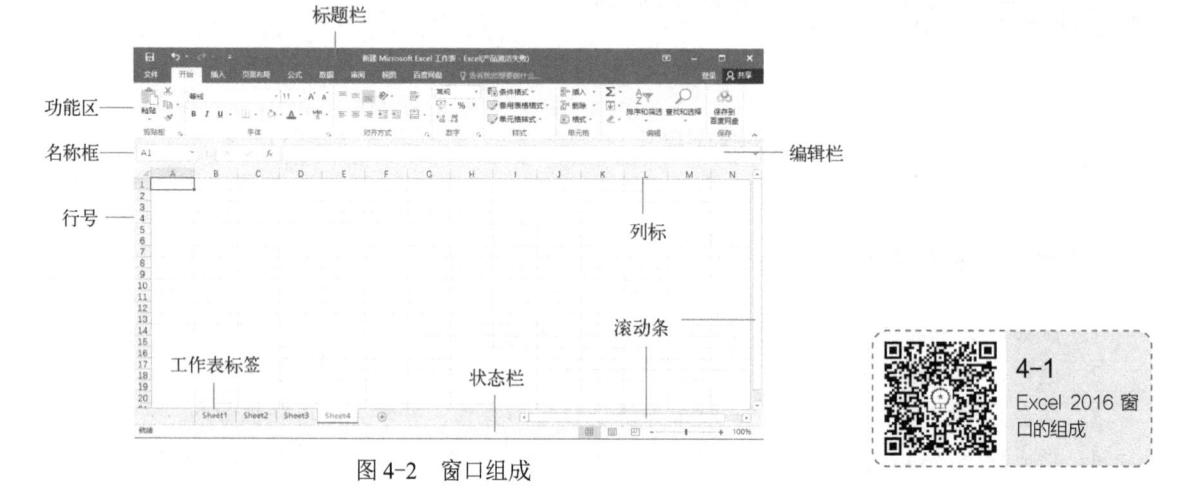

图 4-2　窗口组成

1．编辑栏

编辑栏主要用于显示、输入和修改活动单元格中的数据。在工作表的某个单元格中输入数据时，编辑栏会同步显示输入的内容。

2．名称框

名称框主要用于显示或指定当前选定的活动单元格的名称，由列标和行号组成。

3．工作表标签

工作表是通过工作表标签来标识的，单击不同的工作表标签可在各个工作表之间进行切换。

4．状态栏

状态栏位于窗口的底部，用于显示当前操作的一些信息。

5．工作簿

工作簿是指 Excel 环境中用来存储并处理工作数据的文件。也就是说，Excel 文档就是工作簿。它是 Excel 工作区中一个或多个工作表的集合，其扩展名为".xlsx"。

6．工作表

工作表是显示在工作簿窗口中的表格，由单元格、行号、列标及工作表标签组成。行号显示在工作表的左侧，依次用数字 1、2、……表示；列标显示在工作表上方，依次用字母 A、B、……表示。默认情况下，一个工作簿包括 3 个工作表，用户可根据实际需要添加或删除工作表。

7．单元格与活动单元格

单元格是电子表格中最小的组成单位。工作表编辑区中每一个长方形的小格就是一个单元格，每一个单元格都用其所在的单元格地址来标识，并显示在名称框中，例如，C3 单元格标识位于第 C 列第 3 行的单元格。工作表中被黑色边框包围的单元格称为当前单元格或活动单元格，用户只能对活动单元格进行操作。

4.1.3 工作簿的组成

Excel 2016 中用于存储数据的电子表格就是工作簿,启动 Excel 2016 后系统会自动生成一个工作簿。每一个工作簿可以包含许多不同的工作表,一个工作簿中最多可建立 255 个工作表。

4.1.4 工作簿的简单操作

1. 新建工作簿

通常情况下,启动 Excel 2016 时系统会自动新建一个名为"工作簿 1"的空白工作簿。若要再新建一个空白工作簿,按〈Ctrl+N〉组合键,或单击"文件"选项卡中的"新建"按钮,在窗口列表中单击"空白工作簿"即可,如图 4-3 所示。

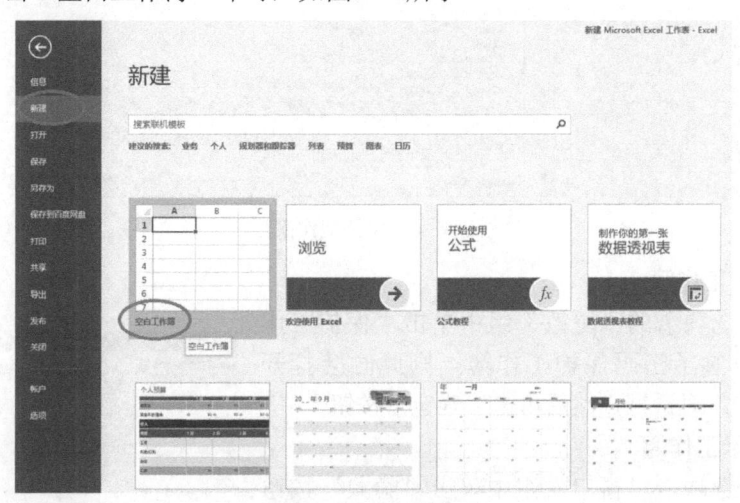

图 4-3 新建工作簿

2. 保存工作簿

对工作簿进行了编辑操作后,为防止数据丢失,应养成及时保存文件的习惯。要保存工作簿,可单击工作簿左上角 "快速访问工具栏"里面的"保存"按钮;或单击"文件"选项卡中的"保存"按钮,单击"这台电脑"按钮,在弹出的对话框中选择工作簿的保存位置,输入工作簿名称,然后单击"保存"按钮,如图 4-4 所示。

【温馨提示】

当再次对工作簿进行保存操作时,就不会打开"另存为"对话框,而是直接保存。若要将工作簿换名保存,可单击"文件"选项卡中的"另存为"按钮。

3. 打开工作簿

打开工作簿是将磁盘中的工作簿文件调入内存,并显示在 Excel 应用程序窗口中。通过单击"文件"选项卡中的"打开"按钮,或直接双击工作簿文件图标,可打开工作簿。

4. 关闭工作簿

单击工作簿窗口右上角的"X"关闭按钮,或单击"文件"选项卡中的"关闭"按钮,即可关闭工作簿。若工作簿尚未保存,此时会弹出一个提示对话框,用户可根据提示进行相应的操作。

5. 保护工作簿

保护工作簿可防止用户添加或删除工作表,或是显示隐藏的工作表,同时可防止用户更改已设置的工作簿窗口大小或位置。这些保护可以应用于整个工作簿。操作方法：在"审阅"选项卡的"更改"组中单击"保护工作簿"按钮，打开"保护结构和窗口"对话框，可根据需要选择"结构"或"窗口"复选框，然后在"密码"文本框中输入保护密码并单击"确定"按钮，再在打开的对话框中输入同样的密码并确定，即可对工作簿执行保护操作。

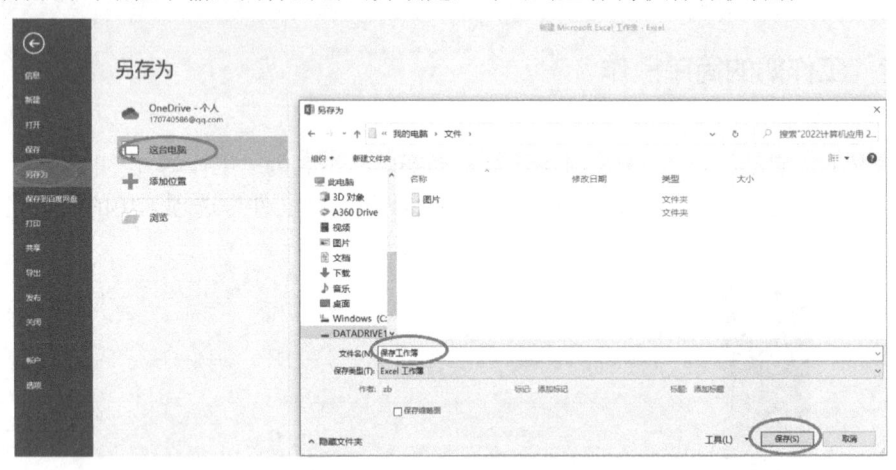

图 4-4　保存工作簿

6．撤销保护工作簿

在"审计"选项卡的"更改"组中单击"保护工作簿"按钮，若设置了密码保护工作簿，则此时会打开"撤销工作簿保护"对话框，然后单击"确定"按钮。

7．隐藏/显示工作簿

在"视图"选项卡"窗口"组中单击"隐藏"按钮隐藏工作簿；在"视图"选项卡"窗口"组中单击"取消隐藏"按钮取消隐藏工作簿。

4.1.5　联机帮助

Excel 的联机帮助系统可以帮助用户解决一些常见的问题。实际上，Excel 的联机帮助系统就是一本 Excel 使用手册，用户可以打开它进行系统的学习，也可以在遇到具体问题时获取相关的帮助主题。在"告诉我您想要做什么"中输入想要知道的操作即可，也可以打开"Excel 2016 帮助"对话框，如图 4-5 所示。

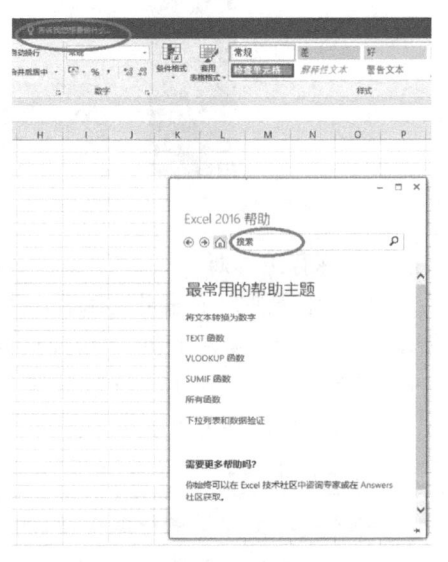

图 4-5　联机帮助

4.2　Excel 2016 的基本操作

【学习目标】

1．学会编辑工作表数据。

2. 学会编辑数据格式。
3. 学会插入、删除、重命名、移动或复制工作表。
4. 针对学科核心素养要求，形成理性思维、批判质疑、勇于探究、乐学善学、勤于反思、信息意识、技术运用等核心素养。
5. 通过系统学习，培养专业精神、职业精神、工匠精神、创新精神和自强精神。

Excel 2016 中的基本操作包括编辑工作表数据、编辑数据以及对工作表进行相关操作。

4.2.1 编辑工作表数据

1. 选取单元格

在 Excel 2016 中，要对某个单元格或单元格区域进行输入、编辑等操作时，首先要选取该单元格或单元格区域。

（1）选取一个单元格

方法一：用鼠标单击所要选取的单元格。

方法二：在名称框内输入要选取的单元格的名称，然后按〈Enter〉键。例如，要选择"A3"单元格，可在名称框内输入"A3"。

（2）选取一整行

用鼠标单击所要选取行的行号即可。

（3）选取一整列

用鼠标单击所要选取列的列标即可。

（4）选取整个工作表

用鼠标单击"全选"按钮，如图 4-6 所示。

（5）选取单元格区域

1）选取连续的单元格区域。

先选取单元格区域的第一个单元格，然后按住鼠标左键拖动到要选取区域的最后一个单元格再放开鼠标左键。

图 4-6 "全选"按钮

2）选取不连续的单元格区域。

先拖动鼠标选取一部分区域，再按下〈Ctrl〉键不放，拖动鼠标或逐一单击，选取其余的单元格区域即可。

2. 插入单元格、行或列

在"开始"选项卡的"单元格"组中单击"插入"下拉按钮，选择相应的命令即可，如图 4-7 所示。

值得注意的是：选择的单元格数量即为插入单元格的数量，例如，选择 6 个单元格，则会插入 6 个单元格。

3. 删除单元格

当工作表中的一些数据不再需要时，可以将其删除。删除操作是将选定的行、列和单元格删除掉，由其他的行、列和单元格来补充空位。操作方法如下。

在"开始"选项卡的"单元格"组中单击"删除"下拉按钮，选择相应的命令即可，如图 4-8 所示。

图 4-7　插入单元格、行或列　　　　　　　图 4-8　删除单元格、行或列

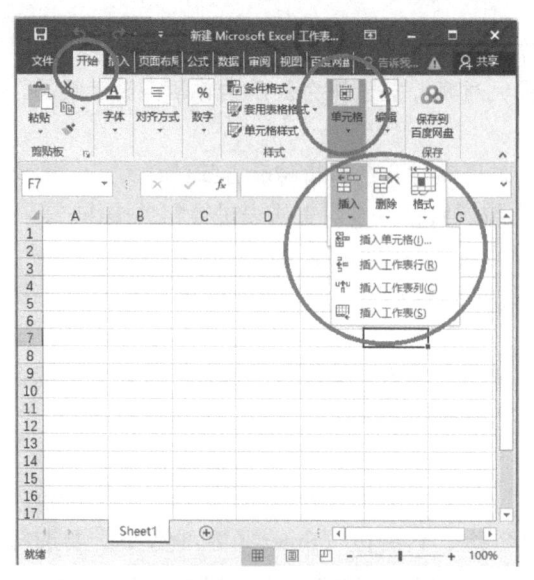

4．复制、移动

（1）复制

在 Excel 的输入或编辑中，如果需要输入和已有内容一样的内容，可以采用复制的方法来完成。

首先选取所要复制的内容，然后按〈Ctrl+C〉组合键，再将光标移到目标位置，按〈Ctrl+V〉组合键，即可将所需内容复制到指定位置。

（2）移动

首先选取所要移动的内容，然后按〈Ctrl+X〉组合键，再将光标移到目标位置，按〈Ctrl+V〉组合键，即可将所需内容移动到指定位置。

4.2.2　编辑数据

1．输入数据

在 Excel 单元格中可以输入各种类型的数据，如文字、数字、时间、日期和公式等，每种数据都有特定的格式和输入方法。

（1）输入文本数据

文本可以是字母、汉字、符号等，但文本数据不能参与算术运算。输入方法：先选定单元格，然后输入相应内容，输入完成后按〈Enter〉键即可。默认情况下，输入的文本数据在单元格中的对齐方式为左对齐，用户也可根据需要改变对齐方式。

【温馨提示】

如果想把数字作为文本输入，可先输入单引号"'"（半角符号），然后再输入数字。例如：想输入邮政编号 030009，可输入'030009。

（2）输入数值数字

输入方法：先选定单元格，然后输入相应内容，输入完成后按〈Enter〉键即可。

在默认情况下，输入的数值在单元格中的对齐方式为右对齐，用户也可根据需要改变对齐

方式。

1）输入分数：没有整数部分，则需要在分数值前先输入数字 0 和空格，再输入分数。例如，要输入分数"1/3"，则要输入"0（空格）1/3"。若分数有整数部分，需要先输入整数和空格，再输入分数部分，例如，要输入分数"$1\frac{1}{2}$"，则要输入"1（空格）1/2"。

2）输入负数：必须在数字前加一个负号"-"，或给数字加上一个圆括号。例如，若输入"(99)"，系统则将其当作"-99"。

3）如果输入数值的整数部分长度超过 11 位，则系统自动以科学计数法表示。例如，数值 123456789012 在编辑栏内显示为 12 位数，但在单元格内显示为 1.23E+11。

4）如果按科学计数法仍超过单元格的宽度，则单元格内显示为"####"。

（3）输入时间数据

输入时间的格式有多种，用户可根据需要进行选择。

例如：要输入"下午 2 点 10 分 30 秒"，则只要输入"14:10:30"或输入"2:10:30PM"即可，其中，PM 表示下午，AM 表示上午。

> 【温馨提示】
> 如果要输入当前的系统时间，可按〈Ctrl+Shift+;〉组合键。

（4）输入日期数据

日期数据的格式也有多种，用户也可根据需要进行选择。输入方法：用"/"或"-"来分隔年、月、日。例如，要输入"2022 年 8 月 26 日"，则可以输入"22/8/26"或"22-8-26"。

> 【温馨提示】
> 如果要输入当前的系统日期，可按 〈Ctrl+;〉组合键。

（5）自动输入数据

Excel 提供的自动填充功能不仅可以在不同的单元格中输入相同的数据，还可以在某些单元格中输入具有一定规律的数据。

1）在不同单元格中输入相同的数据。

如果要在不同单元格中输入相同的数据，可以先选取要输入相同数据的单元格区域，然后输入数据，输入完成后再按〈Ctrl+Enter〉组合键，即可在选定的连续或不连续的区域内输入相同数据。

2）在同一行或同一列中输入相同的数据。

具体操作方法为，选定一个单元格并在其中输入数据；用鼠标拖动填充柄经过需要填充数据的单元格，然后释放鼠标按键。例如，要在 B1~B5 单元格内都输入文字"表格"，操作方法如下：选定 B1 单元格，并输入"表格"；将鼠标指针移到 B1 单元格右下角的填充柄时，鼠标指针变成"+"形状，按下鼠标左键向下拖动到 B5 单元格后松开，即可完成。

2．序列填充

在选定的单元格中可以输入各种数据序列，如等差序列、等比序列、日期序列等。

先输入两个单元格的内容，用以创建序列的模式，再拖动填充柄。

例如，要输入步长为 2 的等差序列 1、3、5、7、……、11，操作方法如下。

1）选取一个单元格，输入初始值"1"。

2）在下一个单元格中输入"3"（因为步长为 2）。

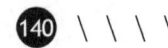

3)选取前面输入了数据的两个单元格。将鼠标指针指向填充柄,然后按住鼠标左键拖动。

4)在序列的最后一个单元格处松开鼠标左键即可。

对于这些有规律的数据,可以在起始单元格中输入初始数据,然后选定要从该单元格开始填充的单元格区域,在"开始"选项卡的"编辑"组中单击"填充"下拉按钮,选择"序列"命令,在打开的"序列"对话框中选择所需的选项,如图 4-9 所示。

3. 数据格式

Excel 中提供了多种数据格式,可根据需要进行选择,如货币样式、百分比样式等。

若想设置数据格式,可以在"开始"选项卡的"数字"组中单击"数据格式"下拉列表框进行选择。

图 4-9 "序列"对话框

若要为数据格式设置更多选项,可单击"开始"选项卡"数字"组右下角的对话框启动器按钮,打开"设置单元格格式"对话框的"数字"选项卡进行设置,如图 4-10 所示。

在"数字"选项卡的"分类"列表框中选择一种数字类型,其右侧就会出现相应的选项,将选项设置好后,单击"确定"按钮即可完成设置。图 4-11 所示为几种不同的数字类型。

图 4-10 "设置单元格格式"对话框

图 4-11 几种不同的数字类型

4.2.3 工作表的操作

1. 插入工作表

默认情况下,每个工作簿含有 3 个工作表。如需添加更多的工作表,可以根据需要插入新的工作表。插入工作表的具体方法如下。

在"开始"选项卡的"单元格"组中单击"插入"下拉按钮,选择"插入工作表"命令,即可在当前活动工作表的前面插入一个新的工作表;或单击工作表标签右侧的"插入工作表"按钮,即可在工作表末尾插入一个新的工作表,如图 4-12 所示。

4-2 工作表的操作

2. 删除工作表

删除工作表的具体方法如下:选定一个或多个工作表,然后右击选定的工作表标签,在弹出的快捷菜单中选择"删除"命令,就可以删除工作表,如图 4-13 所示。

删除工作表时一定要慎重,因为工作表一旦删除就不能恢复了。

3. 重命名工作表

在默认情况下,工作表都是以 Sheet1、Sheet2、……的方式进行命名的,为了使工作表看上去一目了然,方便管理,就需要将工作表重命名。

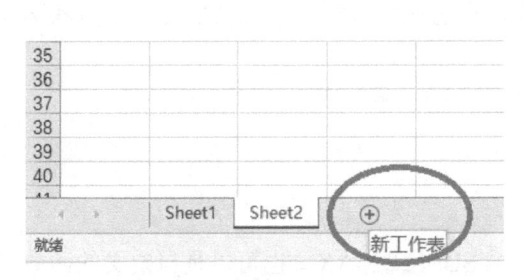

图 4-12　插入新工作表　　　　　　图 4-13　删除工作表

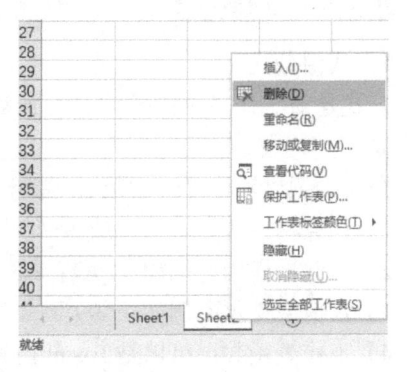

要重命名工作表,只需双击要重命名的工作表标签,然后输入新的工作表名称即可。

4. 移动或复制工作表

移动或复制工作表操作可以在同一个工作簿中进行,也可以在不同的工作簿之间进行。

(1)同一个工作簿中移动或复制工作表

在同一个工作簿中,直接拖动工作表标签至所需要的位置即可实现工作表的移动;若在拖动工作表标签的过程中按住〈Ctrl〉键,则可实现工作表的复制。

(2)不同工作簿间移动或复制工作表

1)打开要移动或复制的源工作簿和目标工作簿,单击要移动或复制的工作表标签,然后在"开始"选项卡的"单元格"组中单击"格式"下拉按钮,选择"移动或复制工作表"命令,打开"移动或复制工作表"对话框,如图 4-14 所示。

2)在"将选定工作表移至工作簿"下拉列表框中选择目标工作簿;在"下列选定工作表之前"列表框中选择要将工作表移动或复制到目标工作簿的位置;若要复制工作表,则选中"建立副本"复选框;最后单击"确定"按钮,就可实现不同工作簿间工作表的移动或复制。

图 4-14　移动或复制工作表

4.3　Excel 2016 公式和函数的使用

【学习目标】

1. 认知此章节的内容、性质、任务、基本要求及学习方法。
2. 通过学习,熟知 Excel 2016 中公式的使用。
3. 通过学习,熟知 Excel 2016 中函数的使用。

4. 针对学科核心素养要求，形成理性思维、批判质疑、勇于探究、乐学善学、勤于反思、信息意识、技术运用等核心素养。

5. 通过系统学习，培养专业精神、职业精神、工匠精神、创新精神和自强精神。

4.3.1 创建公式

1. 认识公式

公式是对工作表中的数据进行计算的表达式，表达式由数据、单元格地址、函数和运算符等组成。

公式必须以等号"="开头，等号后面可由如下5种元素组成。

1）运算符：例如，"+"或者"*"号。

2）单元格引用：例如，"A1：C3"。

3）数值或文本：例如，"99"或"计算机"。

4）工作表函数：可以是 Excel 内置的函数，如 SUM 或 MAX，也可以是自定义的函数。

5）括号：即"（"和"）"。它们用来控制公式中各表达式的优先级。

2. 运算符

在公式中使用的运算符包括算术运算符、比较运算符、文本运算符和引用运算符等。

（1）算术运算符

算术运算符有6个，用来进行算术运算，其运算结果仍然是数值，见表4-1。

表4-1 算术运算符及其含义

算术运算符	含 义	示例	运算结果
+	加 法	1+1	2
-	减 法	2-1	1
*	乘 法	1*2	2
/	除 法	1/2	0.5
%	百分比	10%	0.1
^	乘 方	2^3	8

算术运算符的优先级由高到低为：%、^、*和/、+和-，如果优先级相同，则按照从左向右的顺序进行计算。

（2）比较运算符

比较运算符有6个，用来比较数值大小，其运算结果是逻辑值 TRUE(真)或 FALSE(假)，见表4-2。

表4-2 比较运算符及其含义

比较运算符	含 义	示例	运算结果
=	等于	1=2	FALSE
>	大于	1>2	FALSE
<	小于	1<2	TRUE
>=	大于等于	1>=2	FALSE
<=	小于等于	1<=2	TRUE
<>	不等于	1<>2	TRUE

(3) 文本运算符

只有"&",用来连接字符串,其运算结果仍然是文本类型,见表 4-3。

表 4-3　文本运算符及其含义

文本运算符	含义	示例	运算结果
&	字符串连接	"中国"&"人民"	中国人民

(4) 引用运算符

有 3 个,作用是将单元格区域进行合并计算,见表 4-4。

表 4-4　引用运算符及其含义

引用运算符	含义	示例
:（冒号）	区域运算符,用于引用单元格区域	A2:D5
,（逗号）	联合运算符,用于引用多个单元格区域	A2:D5,E6:F10
（空格）	交叉运算符,用于引用两个单元格区域的交叉部分	A2:D5 B1:B6

(5) 运算符的优先级

四种运算符的优先级由高到低为:引用运算符、算术运算符、文本运算符、比较运算符,见表 4-5。

表 4-5　运算符的优先顺序

优先顺序	符号	说明
1	:（空格）,	引用运算符:冒号,空格,逗号
2	-	算术运算符:负号
3	%	算术运算符:百分比
4	^	算术运算符:乘方
5	*和/	算术运算符:乘和除
6	+和-	算术运算符:加和减
7	&	文本运算符:连接文本
8	=, <, >, <=, >=, <>	比较运算符:比较两个值

3. 输入公式

1) 选定要输入公式的单元格。

2) 先在单元格中输入"=",然后输入计算式(在编辑框中输入公式也可)。

3) 按〈Enter〉键确定(或单击编辑栏中的"输入"按钮)。

4.3.2　单元格的引用

单元格的引用分为相对地址引用、绝对地址引用和混合地址引用三种。

1. 相对地址引用(相对引用)

是单元格地址中仅含有单元格的列标与行号,如"A1""C3"。当把一个含有单元格地址的公式复制到一个新的位置时,公式中的单元格地址会随之改变。例如,在 E3 单元格中输入公式"=B3+C3+D3",将 E3 中的公式复制到 E4 单元格时,E4 中的公式就自动变为"=B4+C4+D4"。

2．绝对地址引用（相对引用）

是在单元格的列标与行号前各加一个"$"，如"$A$1""$C$3"。当把公式复制到新位置时，公式中的绝对地址保持不变。例如，在 E3 单元格中输入公式"=$B$3+$C$3+$D$3"，将 E3 中的公式复制到 E4 中时，E4 中的公式仍然是"=$B$3+$C$3+$D$3"。

3．混合地址引用（混合引用）

是在单元格的列标与行标中的一个前加一个"$"，如"$A1""C$3"，当把公式复制到新位置时，公式中的相对部分（不加"$"）改变，绝对部分（加"$"）不变。例如，在 E3 单元格中输入公式"=$B3+C$3"，将 E3 中的公式复制到 F4 中时，F4 中的公式变为"=$B4+D$3"。

4．单元格区域引用

（1）使用逗号

逗号可将两个单元格引用联合起来，常用于引用不相邻的单元格。例如，"A1，B3，E7"表示引用 A1、B3 和 E7 单元格。

（2）使用冒号

冒号表示一个单元格区域。例如，"A2：A5"表示 A2～A5 的所有单元格（A2，A3，A4，A5）。

（3）引用同一工作簿中不同工作表的单元格

格式如下：

<[工作表]>!<单元格地址>

例如：Sheet1!A1。

（4）引用不同工作簿工作表中的单元格

格式如下：

<[工作簿文件名]><工作表>!<单元格地址>

例如：[成绩表]Sheet1!A1。

4.3.3 函数

1．认识函数

函数是预先定义好的表达式，它必须包含在公式中，是可执行计算、分析等数据处理任务的特殊公式。

2．函数的组成

Excel 中的函数由函数名和用括号括起来的一系列参数构成，格式如下：

<函数名>(参数 1,参数 2, …)

1）函数名：代表了函数的功能和用途。

2）参数：可以是数字、文本、逻辑值（TRUE 或 FALSE）、数组、错误值（如#N/A）或单元格引用。指定的参数都必须为有效参数值。

3．输入函数

输入函数的方法有两种：一种是像输入公式一样直接输入，另一种是使用"插入函数"对话框的方法输入。前者可参照输入公式的方法进行操作，下面介绍后者的具体操作步骤。

1）选定要输入函数的单元格。

2）单击编辑栏上的"插入函数"按钮 f_x，打开"插入函数"对话框。

3）选取所需要的函数，然后单击"确定"按钮，弹出"函数参数"对话框。

4）在"函数参数"对话框中设置参数。可直接输入数值或单元格区域，也可单击文本框右侧的 按钮，用鼠标选定所需要的单元格区域。

5）设置好参数后，单击"确定"按钮即可完成操作。

4．常用函数及范例

在 Excel 中，函数按其功能可分为数学与三角函数、财务函数、统计函数、查找与引用函数、日期时间函数、逻辑函数等。在这里只介绍常用内置函数的用法。

（1）SUM 函数

格式：SUM(Number1,Number2,…)。

功能：计算单元格区域中所有数据的和。参数最多允许有 30 个。

举例：

1）SUM(1,2)，计算 1+2 的值，结果为 3。

2）SUM(A1,C2,E3)，计算 A1、C2 和 E3 单元格中数据的和。

3）SUM(A1:E3)，计算 A1 到 E3 单元格区域中数据的和。

（2）AVERAGE 函数

格式：AVERAGE(Number1,Number2,…)。

功能：统计参数的算术平均值。

举例：

1）AVERAGE (1,2)，计算 1 和 2 的平均值，结果为 1.5。

2）AVERAGE (A1,C2,E3)，计算 A1、C2 和 E3 单元格中数据的平均值。

3）AVERAGE (A1:E3)，计算 A1 到 E3 单元格区域中数据的平均值。

（3）COUNT 函数

格式：COUNT(Number1,Number2,…)。

功能：统计参数中数字项的个数。

举例：

1）COUNT (A1,C2,E3)，统计 A1、C2 和 E3 单元格中数字项的个数。

2）COUNT (A1:E3)，统计 A1 到 E3 单元格区域中数字项的个数。

（4）MAX 函数

格式：MAX (Number1,Number2,…)。

功能：找出参数中数值的最大值。

举例：

1）MAX (1,2)，找出 1 和 2 中的最大值，结果是 2。

2）MAX (A1,C2,E3)，找出 A1、C2 和 E3 单元格中的最大值。

3）MAX (A1:E3)，计算 A1 到 E3 单元格区域中的最大值。

（5）MIN 函数

格式：MIN (Number1,Number2,…)。

功能：找出参数中数值的最小值。

举例：

1）MIN (1,2)，找出 1 和 2 中的最小值，结果是 1。

2）MIN(A1,C2,E3)，找出 A1、C2 和 E3 单元格中的最小值。

3）MIN (A1:E3)，计算 A1 到 E3 单元格区域中的最小值。

(6) RANK 函数

格式：RANK(Number,Ref,Order)。

功能：返回某一数值在一列数值中相对于其他数值的排位。Number 代表需要排序的数值；Ref 代表排序数值所处的单元格区域；Order 代表排序方式参数（如果为"0"或者忽略，则按降序排名；如果为非"0"值，则按升序排名。）

(7) FREQUENCY 函数

格式：FREQUENCY(Data_array,Bins_array)。

功能：以一列数组返回某个区域中数据的频率分布。Data_array 表示用来计算频率的一组数据或单元格区域；Bins_array 表示为前面数组进行分隔的一列数值。

(8) MID 函数

格式：MID(text,start_num,num_chars)。

功能：从一个文本字符串的指定位置开始，截取指定数目的字符。

说明：text 代表一个文本字符串，start_num 表示指定的起始位置，num_chars 表示要截取的字符数目。

举例：A1="中华人民共和国"
　　　C1=MID(A1,3,2)
　　　则 C1="人民"

(9) LEFT 函数

格式：LEFT(text,num_chars)。

功能：从一个文本字符串的左侧开始截取指定数目的字符。

举例：A1="中华人民共和国"
　　　C1=LEFT(A1,2)
　　　则 C1="中华"

(10) RIGHT 函数

格式：RIGHT(text,num_chars)。

功能：从一个文本字符串的右侧开始截取指定数目的字符。

举例：A1="中华人民共和国"
　　　C1= RIGHT (A1,3)
　　　则 C1="共和国"

(11) IF 函数

格式：IF(Logical_test,value_if_true,value_if_false)。

功能：判断一个条件是否满足（第 1 个参数），如果满足，则返回一个值（第 2 个参数）；如果不满足，则返回另一个值（第 3 个参数）。

举例：IF(A1>3,1,2)，如果 A1 单元格中的数据大于 3，那么结果为 1，否则结果为 2。

(12) OR 函数

格式：OR(logical1,logical2,…)。

功能：返回逻辑值，仅当所有参数值均为逻辑"假（FALSE）"时返回逻辑"假（FALSE）"，否则都返回逻辑"真（TRUE）"。

说明：logical1,logical2,…表示待测试的条件值或表达式，参数最多允许有 30 个。

举例：C1 单元格输入公式"=OR(A1>=10,B1>=10)"，按〈Enter〉键。如果 C1 中返回

TRUE，说明 A1 和 B1 中的数值至少有一个大于或等于 10，如果返回 FALSE，说明 A1 和 B1 中的数值都小于 10。

(13) AND 函数

格式：AND(logical1,logical2,…)。

功能：返回逻辑值，如果所有参数值均为逻辑"真（TRUE）"，则返回逻辑"真（TRUE）"，否则返回逻辑"假（FALSE）"。

说明：logical1,logical2,…表示待测试的条件值或表达式，参数最多允许有 30 个。

举例：在 C1 单元格输入公式"=AND(A1>=10,B1>=10)"，按〈Enter〉键。如果 C1 中返回 TRUE，说明 A1 和 B1 中的数值均不小于 10，如果返回 FALSE，说明 A1 和 B1 中的数值至少有一个小于 10。

(14) DATE 函数

格式：DATE(year,month,day)。

功能：给出指定数值的日期。

说明：year 为指定的年份数值（小于 9999），month 为指定的月份数值（可以大于 12），day 为指定的天数。

举例：输入"=DATE(2017,4,25)"，按〈Enter〉键，则显示 2017-4-25。

4.4 Excel 2016 工作表格式化

【学习目标】

1. 认知此章节的内容、性质、任务、基本要求及学习方法。
2. 通过学习，熟知 Excel 2016 中列宽、行高、单元格格式的设置方法。
3. 通过学习，熟知 Excel 2016 中表格样式的套用方式。
4. 针对学科核心素养要求，形成理性思维、批判质疑、勇于探究、乐学善学、勤于反思、信息意识、技术运用等核心素养。
5. 通过系统学习，培养专业精神、职业精神、工匠精神、创新精神和自强精神。

4.4.1 设置工作表列宽和行高

系统默认的单元格大小有时并不能满足需要，这时用户可以调整行高和列宽。通常可用鼠标拖动方法和"格式"列表中的命令来调整行高和列宽。

1. 鼠标拖动方法

对精确度要求不高时，可使用鼠标拖动方法调整行高和列宽。

将鼠标移动到调整行高的行号的下边框，鼠标指针变成"✢"形状时，向下（或向上）拖动鼠标即可调整该行的行高。

鼠标移动到调整列宽的列标的右边框，鼠标指针变成"✚"形状时，向右（或向左）拖动鼠标即可调整该列的列宽。

2. 使用"格式"列表中的命令

要想精确地调整行高和列宽，可选中要调整行高的行或列宽的列，然后在"开始"选项卡的"单元格"组中单击"格式"按钮，在展开的列表中选择"行高"或"列宽"命令，打开相应对话框，如图4-15~4-17所示，输入行高或列宽值，最后单击"确定"按钮即可。

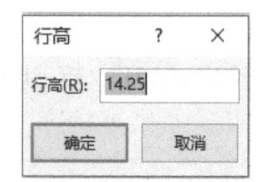

图4-15 "行高""列宽"命令　　图4-16 "行高"对话框　　图4-17 "列宽"对话框

在"开始"选项卡的"单元格"组中单击"格式"按钮，选择"自动调整行高"或"自动调整列宽"命令，可以将行高或列宽自动调整为比较合适的宽度或高度。

4.4.2 设置单元格格式

1. 对齐方式

数据在单元格中的对齐方式分为水平对齐方式和垂直对齐方式。默认情况下，在水平方向，文本左对齐、数值和日期右对齐、逻辑值为居中对齐；在垂直方向，所有数据都为居中对齐。

对于简单的对齐操作，可在选中单元格或单元格区域后直接单击"开始"选项卡"对齐方式"组中的相应按钮。

1) ≡按钮：设置水平方向左对齐。
2) ≡按钮：设置水平方向居中对齐。
3) ≡按钮：设置水平方向右对齐。
4) ≡按钮：设置垂直方向顶端对齐。
5) ≡按钮：设置垂直方向垂直居中。
6) ≡按钮：设置垂直方向底端对齐。

对于较复杂的对齐操作，则要利用"设置单元格格式"对话框的"对齐"选项卡来设置，如图4-18所示。

（1）水平对齐

"两端对齐"只有当单元格的内容是多行时才起作用，表示其多行文本两端对齐；"分散对齐"是将单元格中的内容以两端撑满方式与两边对齐；"填充"通常用于修饰报表，当选择该选项时，Excel 会自动将单元格中已有内容填满该单元格；"跨列居中"相当于合并多个单元格并居中，如图 4-19 所示。

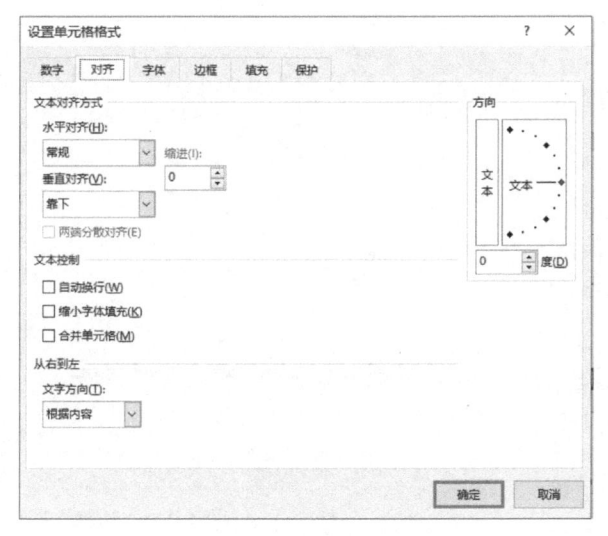

图 4-18 "对齐"选项卡

（2）垂直对齐

在"垂直对齐"下拉列表框中，选择一种所需的垂直对齐方式，如图 4-20 所示。

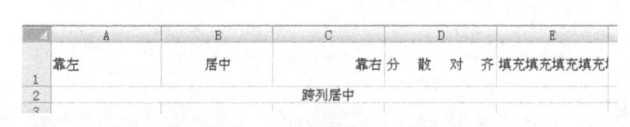

图 4-19 不同的水平对齐方式 　　　　图 4-20 不同的垂直对齐方式

（3）数据方向

在"方向"组中，可以设置数据水平旋转的角度。单元格会随数据旋转而改变行高。图 4-21 所示为不同的数据方向。

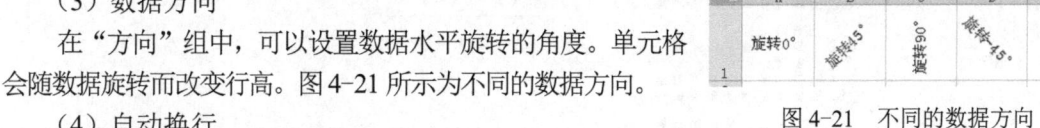

图 4-21 不同的数据方向

（4）自动换行

当数据长度超过单元格宽度时自动换一行。

（5）缩小字体填充

当数据长度超过单元格宽度时自动缩小字体，而不超过单元格的边界。

（6）合并单元格

合并选定的单元格。

2．设置边框

在 Excel 工作表中，行和列是用灰色网格线分隔的。这些网格线是打印不出来的，若要打印，就需要设置边框线。

首先选中单元格或单元格区域，然后在"开始" 选项卡的"字体"选项组中单击"边框"按钮右侧的下三角按钮，在列表中选择所需的边框样式即可，如图 4-22 所示。

此外，也可利用"设置单元格格式"对话框的"边框" 选项卡来进行设置，如图 4-23 所示。可以在"预置"选项组中设置边框样式；在"线条"选项组中的"样式"列表框中选择线条样式，在"颜色"下拉列表框中设置线条的颜色。设置完成后，单击"确定"按钮即可。

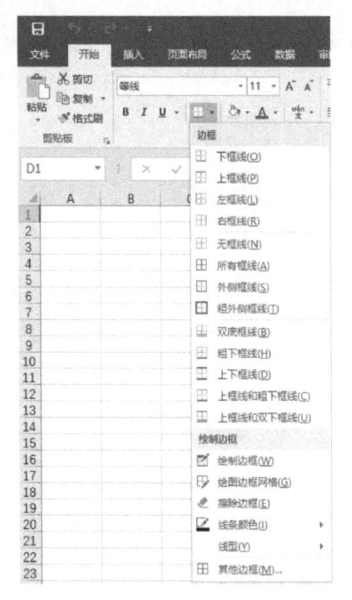

图 4-22 "边框"列表　　　　　　　　图 4-23 "边框"选项卡

3. 设置底纹

要设置单元格的底纹，单击"开始"选项卡 "字体"组中的"填充颜色"按钮，从中选择一种填充色即可。也可使用"设置单元格格式"对话框中的"填充"选项卡进行设置，如图 4-24 所示。

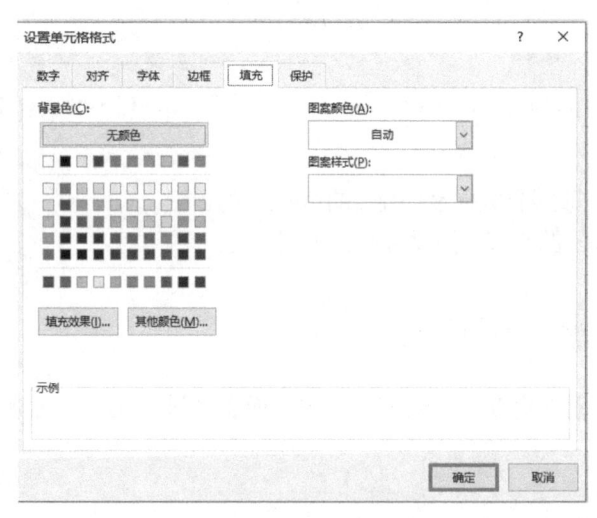

图 4-24 "填充"选项卡

4.4.3 自动套用表格格式

1. 套用表格格式

Excel 的套用表格格式功能可以根据预设的格式将制作的报表格式化，产生美观的表格，从而节省设置表格格式的时间，同时使表格符合数据库表单的要求。

选择要格式化的单元格区域，在"开始"选项卡的"样式"组中单击"套用表格格式"下拉按钮，在弹出的下拉列表中选择所需的格式，如图 4-25 所示，然后在打开的"套用表格格式"对话框中确定应用范围,单击"确定"按钮即可完成套用表格格式。

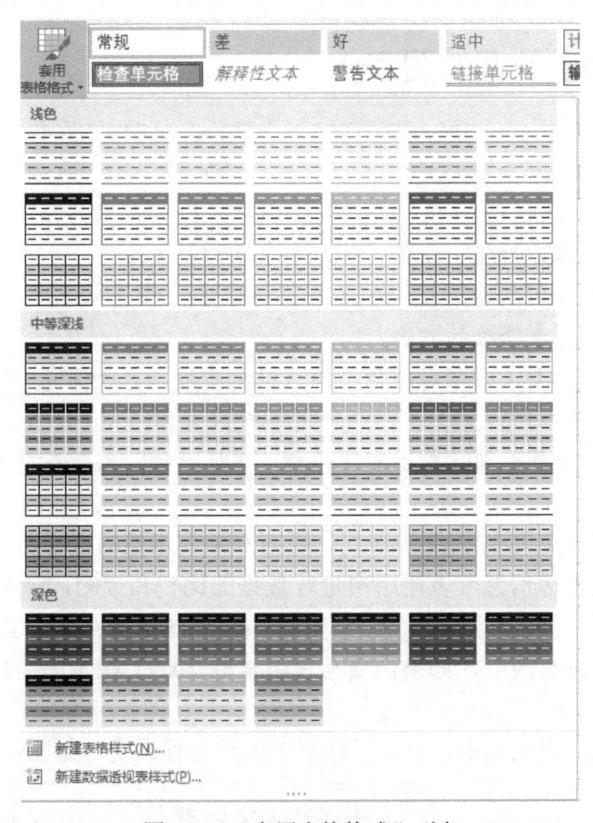

图 4-25 "套用表格格式"列表

2. 应用表样式

Excel 提供了一些预先设计好的常用表格,将其作为模板,方便用户使用。要使用模板,可单击"文件"按钮,在弹出的菜单中单击"新建"选项,在"已安装的模板"列表中选择相应的模板,如图 4-26 所示。

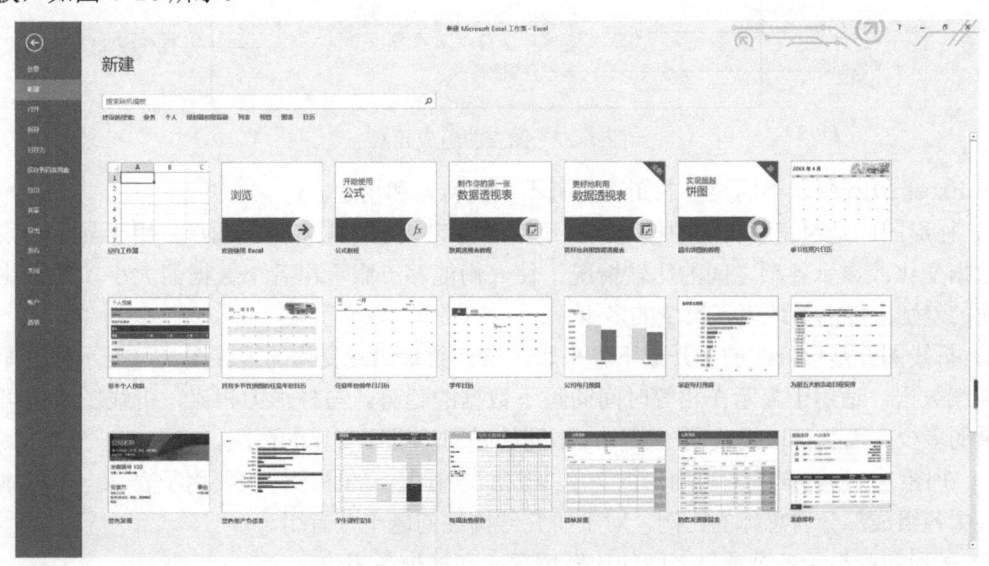

图 4-26 应用表样式

4.5 Excel 2016 数据的图表化

【学习目标】

1. 认知此章节的内容、性质、任务、基本要求及学习方法。
2. 通过学习，熟知如何创建图表。
3. 通过学习，熟知图表修改的方法。
4. 针对学科核心素养要求，形成理性思维、批判质疑、勇于探究、乐学善学、勤于反思、信息意识、技术运用等核心素养。
5. 通过系统学习，培养专业精神、职业精神、工匠精神、创新精神和自强精神。

Excel 2016 中的图表可以将数据图形化，更直观地显示数据，使数据对比和变化趋势一目了然，更准确、直观地表达信息，方便用户进行数据的比较和预测。Excel 2016 支持创建各种类型的图表，如柱形图、折线图、饼图、条形图、面积图、散点图、直方图、漏斗图、瀑布图、箱形图、旭日图、树状图等，如果需要与使用早期 Excel 版本的用户共享工作簿，则应避免使用新的图表类型。

首先需要认识图表的组成元素，下面以柱形图为例进行说明，如图 4-27 所示。

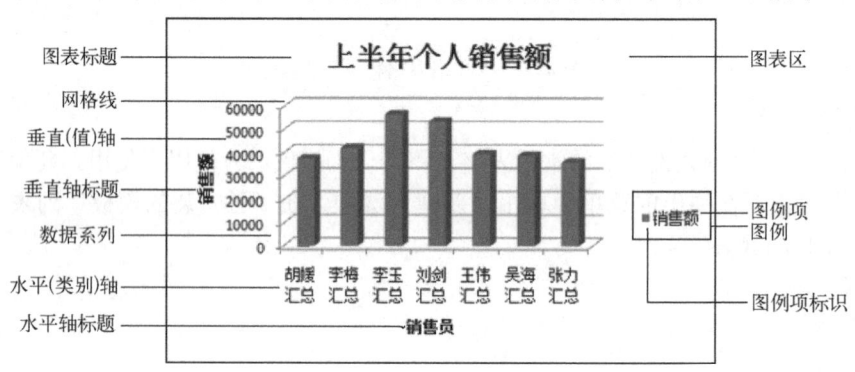

图 4-27　图表的组成元素

在 Excel 2016 中，不同类型的图表具有不同的特点和用途。

1）柱形图：是用宽度相同的柱形的高度或长短来表示数据多少的图形，用于显示一段时间内的数据变化或显示各项之间的比较情况，使人们能够一眼看出各个数据的大小，易于比较数据之间的差别，能清楚地表示数量的多少。

2）折线图：是以折线的上升或下降来表示统计数量增减变化的统计图。可显示随时间而变化的连续数据，适用于显示在相等时间间隔下数据的趋势。与柱形图相比，折线图不仅可以表示数量的多少，而且可以反映同一事物在不同的时间里发展变化的情况。

3）饼图：是用圆形及圆内扇形的角度来表示数值大小的图形。主要用于表示一个样本（或总体）中各组成部分占总体的比例，对于研究结构性问题十分有用。

4）条形图：显示各个项目之间的比较情况，和柱形图相仿。

5）面积图：强调数量随时间变化的程度，也可用于引起人们对总值趋势的注意。

6）散点图：是用二维坐标展示两个变量之间关系的一种图形。它用坐标横轴代表变量 x，纵轴代表变量 y，每组数据（x,y）在坐标系中用一个点表示，n 组数据在坐标系中形成的 n 个点称为散点，由坐标及其散点形成的二维数据图称为散点图。它适合用于表示表格中数值之间的关系，常用于统计与科学数据的显示，特别适合用于比较两个可能互相关联的变量。

7）圆环图：是由两个及两个以上大小不一的饼图叠在一起，挖去中间的部分所构成的图形。与饼图类似，但又有区别。圆环图中间有一个"空洞"，每一个样本用一个环来表示，样本中的每一部分数据用环中的一段表示。因此，圆环图可以显示多个样本各部分所占比例，从而有利于对构成进行比较研究。

8）气泡图：是一种特殊的散点图，可显示 3 个变量的关系。气泡图最适合用于较小的数据集。给散点图中的每个点添加一些信息，即可形成气泡图。例如，用气泡的大小表示第三个数据。数据集很稀疏时，使用气泡图最合适。如果图表包含的数据点太多，气泡将导致图表很难看懂。散点图与气泡图都能够显示两三个不同变量之间的关系。创建数据时要注意，散点可显示两个变量之间是否存在关系，而气泡图有一项独特功能，即能够提供第三维数据。

9）雷达图：是显示多个变量的常用图示方法。雷达图显示数值相对于中心点的变化情况，可以为每个数据显示标记。它在显示或对比各变量的数值总和时十分有用，假定各变量的取值具有相同的正负号，则总的绝对值与图形所围成的区域成正比。此外，利用雷达图也可以研究多个样本之间的相似程度。

下面通过处理和分析"一年级评优统计表"来创建和编辑图表。

4.5.1 创建图表

创建图表的过程如下。

1）选中需要创建图表的数据，在"插入"选项卡的"图表"组中可以选择所需要的图表类型，如图 4-28 所示。

图 4-28 "图表"组

2）或者单击"图表"组右下角按钮，打开"插入图表"对话框，切换到"所有图表"选项卡，如图 4-29 所示，在这里选择所需要的图表类型。

4.5.2 图表的修改

建立好图表后，可以对图表的属性进行修改。图表的属性包括图表标题、图表样式、数据标签、坐标轴格式、图例、趋势线等。

1. 修改图表标题

选中图表标题，就会打开"设置图表标题格式"对话框，如图 4-30 所示。可以对图表标题对齐方式等进行调节。

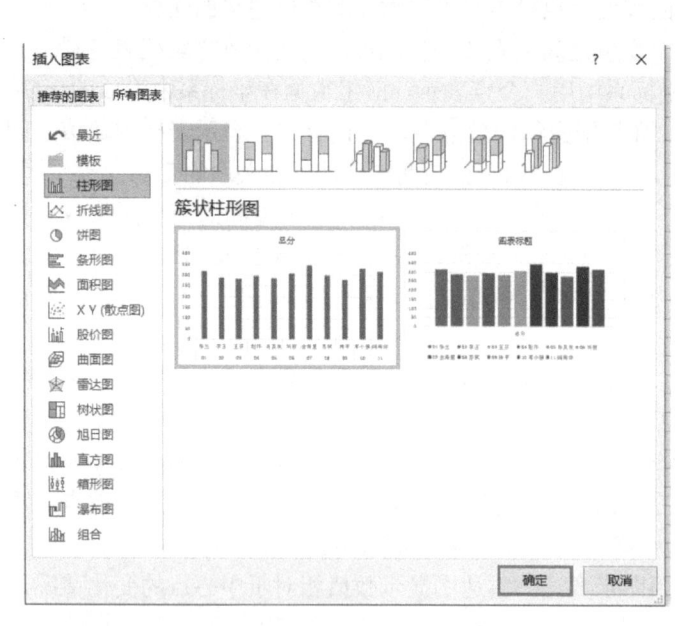

图 4-29 "插入图表"对话框　　　　　图 4-30 "设置图表标题格式"对话框

2．修改图表样式

选中图表，单击"图表工具"选项卡中的"设计"选项，找到"图表样式"组，即可选择合适的图表样式，如图 4-31 所示。

图 4-31 设置图表样式

3．修改数据标签

选中图表，单击"图表工具"选项卡中的"设计"选项，找到"图表布局"组，单击"添加图表元素"按钮，在弹出的下拉菜单中找到"数据标签"，即可修改数据标签格式，如图 4-32 所示。

4．修改坐标轴格式

选中图表，单击"图表工具"选项卡中的"设计"选项，找到"图表布局"组，单击"添加图表元素"按钮，在弹出的下拉菜单中找到"坐标轴"，即可修改坐标轴格式，如图 4-33 所示。

5．修改图例

选中图表，单击"图表工具"选项卡中的"设计"选项，找到"图表布局"组，单击"添加图表元素"按钮，在弹出的下拉菜单中找到"图例"，即可修改图例格式，如图 4-34 所示。

6．修改趋势线

选中图表，单击"图表工具"选项卡中的"设计"选项，找到"图表布局"组，单击"添加图表元素"按钮，在弹出的下拉菜单中找到"趋势线"，即可修改趋势线格式，如图 4-35 所示。

图 4-32 设置数据标签

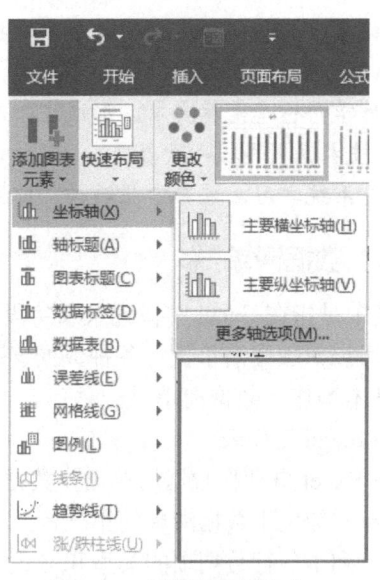

图 4-33 设置坐标轴格式

图 4-34 设置图例

图 4-35 设置趋势线

4.6　Excel 2016 的数据管理与分析

【学习目标】

1. 认知此章节的内容、性质、任务、基本要求及学习方法。

2. 通过学习，熟知如何创建和编辑数据清单。

3. 通过学习，熟知排序、筛选、分类汇总和数据透视功能的使用。

4. 针对学科核心素养要求，形成理性思维、批判质疑、勇于探究、乐学善学、勤于反思、信息意识、技术运用等核心素养。

5. 通过系统学习，培养专业精神、职业精神、工匠精神、创新精神和自强精神。

4.6.1 数据清单

数据清单是指在 Excel 中按记录和字段的结构特点组成的数据区域。

Excel 可以对数据清单执行各种数据管理和分析功能，包括查询、排序、筛选以及分类汇总等数据库基本操作。数据清单是一种包含一行列标题和多行数据，且同一列数据的类型和格式完全相同的 Excel 工作表。

为了使 Excel 自动将数据清单当作数据库，构建数据清单的要求主要如下。

1）列标志应位于数据清单的第一行，用以查找和组织数据、创建报告。

2）同一列中各行数据项的类型和格式应当完全相同。

3）避免在数据清单中间放置空白的行或列，但须将数据清单和其他数据隔开时，应在它们之间留出至少一个空白的行或列。

4）尽量在一张工作表上建立一个数据清单。

1．数据清单的大小和位置

在规定数据清单大小及定义数据清单位置时，应遵循以下规则。

1）应避免在一个工作表中建立多个数据清单，因为数据清单的某些处理功能（如筛选等）一次只能在同一个工作表的一个数据清单中使用。

2）在工作表的数据清单与其他数据间至少留出一个空白列或空白行，在执行排序、筛选或插入自动汇总等操作时，有利于 Excel 2016 检测和选定数据清单。

3）避免在数据清单中放置空白行列。

4）避免将关键数据放到数据清单的左右两侧，因为这些数据在筛选数据清单时可能被隐藏。

2．列标志

在工作表上创建数据清单、使用列标志时应注意以下事项。

1）在数据清单的第一行里创建列标志，Excel 2016 将使用这些列标志创建报告，并查找和组织数据。

2）列标志使用的字体、对齐方式、格式、图案、边框和大小样式应当与数据清单中其他数据的格式相区别。

3）如果将列标志和其他数据分开，应使用单元格边框（而不是空格和短画线）在标志行下插入一行直线。

3．行和列内容

在工作表中创建数据清单、输入行和列的内容时应该注意以下事项。

1）在设计数据清单时，应使同一列中的各行有相似的数据项。

2）在对数据清单进行管理时，一般把数据清单看成一个数据库。在 Excel 2016 中，数据清单的行相当于数据库中的记录，行标题相当于记录表，也可以从不同的角度去观察和分析数据。

4.6.2 数据清单的编辑

1. 显示"记录单"功能

在默认情况下，Excel 2016 不显示"记录单"功能，因此，可以将"记录单"功能添加到"快速启动工具栏"中，操作步骤如下。

1）单击"快速启动工具栏"右侧的下拉箭头，在弹出的"自定义快速访问工具栏"菜单中选择 "其他命令"，如图4-36所示。

2）打开"Excel 选项"对话框，单击左侧的"快速访问工具栏"，然后在右侧的"从下列位置选择命令"下拉列表框中选择"不在功能区中的命令"，如图4-37所示。

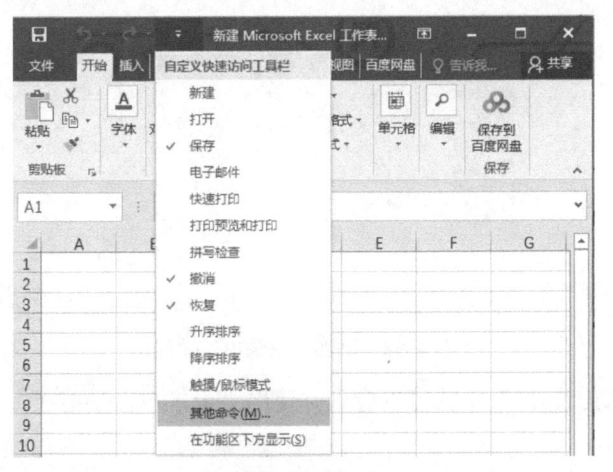

图 4-36　其他命令

图 4-37　不在功能区中的命令

3）在下面的列表框中选择"记录单"命令，单击"添加"按钮，最后单击"确定"按钮，如图 4-38 所示。

图 4-38 添加"记录单"功能

这样在"快速启动工具栏"中就可以看到并使用"记录单"功能了，如图 4-39 所示。

2．编辑数据清单

可以利用数据清单新建、删除记录，如图 4-40 所示。

图 4-39 "记录单"添加成功　　　　图 4-40 新建、删除记录

4.6.3 数据排序

排序是对工作表中的数据进行重新组织的一种方式。Excel 可以对整个工作表或选定区域中的数据按文本、数字以及日期和时间等进行升序或降序排序，如图 4-41 所示。

【温馨提示】

在 Excel 中，不同类型的数据具有不同的排序规则。

1）数字：按从小到大（或从大到小）的顺序进行排序。

2）日期：按从早到晚（或从晚到早）的顺序进行排序。

3）文本：升序排列时按特殊字符、数字（0~9）、小写英文字母（a~z）、大写英文字母（A~Z）、汉字（以拼音或笔画）的顺序排序，降序排列则相反。

4）逻辑值：升序时，FALSE 排在 TRUE 之前，降序则相反。

5）错误值：所有错误值（如#NUM!和#REF!）的优先级相同。

6）空白单元格：升序时总是放在最后，降序时总是放在最前。

图 4-41　排序和筛选

4.6.4　数据筛选

使用筛选可使数据表中仅显示那些满足条件的行，不符合条件的行将被隐藏。在 Excel 中可以使用两种方式筛选数据：自动筛选和高级筛选。

1）自动筛选：它有三种筛选类型，即按列表值、按格式和按条件。这三种筛选类型是互斥的，用户只能选择其中一种。

2）高级筛选：它用于通过复杂的条件来筛选单元格区域。使用时，首先在选定工作表的指定区域创建筛选条件，然后单击"数据"选项卡"排序和筛选"组中的"高级"按钮，打开"高级筛选"对话框，接下来分别选择要筛选的单元格区域、筛选条件区域和保存筛选结果的目标区域即可。

【温馨提示】

在 Excel 中，若选中"在原有区域显示筛选结果"单选按钮，则筛选结果将显示在原数据所在位置；若选中"将筛选结果复制到其他位置"单选按钮，则将把筛选结果显示到指定的位置上；若选中"选择不重复的记录"复选框，则重复记录只显示一条，否则重复的记录全部显示出来。

取消筛选：如果要取消对某一列进行的筛选，可单击该列列标签单元格右侧的三角按钮，在展开的列表中选中"全选"复选框，然后单击"确定"按钮。如果要取消对所有列进行的筛选，可单击"数据"选项卡"排序和筛选"组中的"清除"按钮。如果要删除数据表中的三角筛选按钮，可选择"数据"选项卡"排序和筛选"组中的"筛选"命令。

4.6.5　数据的分类汇总

在实际工作中经常要对一些数据进行分类汇总。在 Excel 中，分类汇总的方式有求和、平均值、最大值、最小值等多种。

要进行分类汇总的数据表第一列必须有列标签，在分类汇总之前必须先对数据进行排序，使得数据中拥有同一类关键字的记录集中在一起。

1．简单分类汇总

指以数据表中的某列作为分类字段进行汇总。

2．嵌套分类汇总

用以对多个分类字段进行汇总。

3．分级显示数据

对工作表中的数据执行分类汇总后，Excel 会自动按汇总时的分类分级显示数据。

（1）分级显示明细数据

在分级显示符号 1 2 3 4 中单击所需级别的数字，较低级别的明细数据会隐藏起来。

（2）隐藏与显示明细数据

单击工作表左侧的折叠按钮 - 可以隐藏对应汇总项的原始数据，此时该按钮变为 +，单击该按钮将显示原始数据。

（3）清除分级显示

不需要分级显示时，可以根据需要将部分或全部分级删除。要取消部分分级显示，可先选择要取消分级显示的行，然后在"数据"选项卡"分级显示" 组中单击"取消组合"按钮，在弹出的列表中选择"清除分级显示"命令。要取消全部分级显示，可单击分类汇总工作表中的任意单元格，然后选择"清除分级显示"命令。

4．取消分类汇总

要取消分类汇总，可打开"分类汇总"对话框，单击"全部删除"按钮。删除分类汇总的同时，Excel 会删除与分类汇总一起插入列表中的分级显示。

4.6.6　数据透视表

1．数据透视表

数据透视表是一种可以对大量数据快速建立交叉列表的交互式表格，它属于分类汇总，但分类方式可以灵活设置。用户可旋转其行和列以查看源数据的不同汇总结果，还可以通过显示不同的标签来筛选数据，或者显示所关注区域的明细数据。

同创建普通图表一样，要创建数据透视表，首先要有数据源（可以是现有的工作表数据或外部数据），然后在工作簿中指定放置数据透视表的位置，最后设置字段布局。

为确保数据可用于数据透视表，在创建数据源时需要做到如下几个方面。

1）删除所有空行或空列。

2）删除所有自动小计。

3）确保第一行包含列标签。

4）确保各列只包含一种类型的数据，而不能是文本与数字的混合。

2．数据透视图

为了快速、直观地了解情况，除了建立数据透视表外，还可以建立数据透视图。

要创建数据透视图，可在"插入"选项卡的"表格"组中单击"数据透视表"按钮，选择"数据透视图"命令。

"数据透视图"是"数据透视表"的图表式表达，两者之间相互关联（修改时同步联动），数据透视图是更直观、更灵活的信息表现形式。

创建数据透视图后，可以利用"数据透视图工具"选项卡中的各子选项卡对数据透视图进行编辑操作，如修改图表类型、添加图表和坐标轴标题等，具体方法和编辑普通图表相同。

4.7 页面设置和打印操作

【学习目标】

1. 认知此章节的内容、性质、任务、基本要求及学习方法。
2. 通过学习，熟知如何进行页面设置。
3. 通过学习，熟知打印操作过程。
4. 针对学科核心素养要求，形成理性思维、批判质疑、勇于探究、乐学善学、勤于反思、信息意识、技术运用等核心素养。
5. 通过系统学习，培养专业精神、职业精神、工匠精神、创新精神和自强精神。

4.7.1 页面设置

工作表的页面设置包括设置纸张大小、页边距、纸张方向、页眉和页脚，以及是否打印标题行等。

可以在"页面布局"选项卡的"页面设置"组中对"页边距""纸张方向""纸张大小"、"打印区域""分隔符"等进行设置，如图 4-42 所示。

也可以通过"页面设置"对话框对"页边距""方向""纸张大小"等进行设置，如图 4-43 所示。

图 4-42 "页面布局"选项卡　　　　图 4-43 "页面设置"对话框

4.7.2 打印操作

如果需要打印工作表，则可以单击"文件"选项卡，在弹出的菜单里选择"打印"选项，弹出打印设置及打印预览界面，如图 4-44 所示。

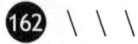

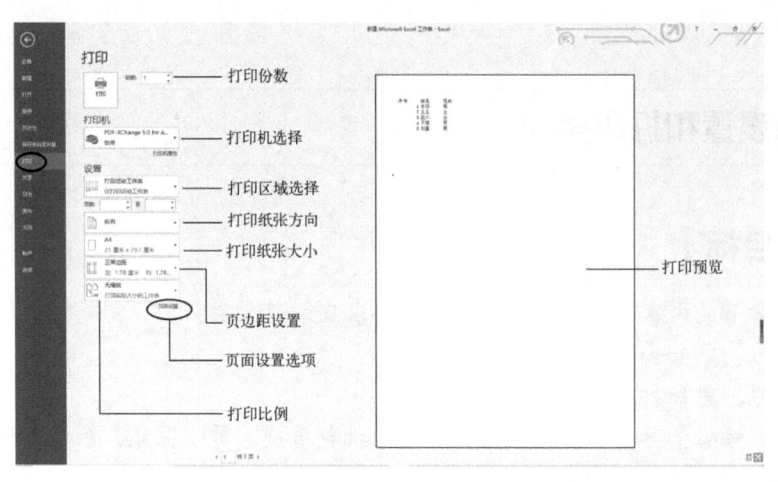

图 4-44　打印设置及打印预览界面

在该界面中可以设置的选项有打印份数、打印机选择、打印区域、纸张方向、纸张大小、页边距、缩放比例等。

1）打印区域可以选择打印活动工作表、打印整个工作簿、打印选定区域，如图 4-45 所示。打印区域也可以直接在以上选项下方输入打印从第几页到第几页。

2）打印纸张方向可以选择纵向或者横向。

3）纸张大小可以根据需要选择，如图 4-46 所示。

图 4-45　打印区域选择　　　　图 4-46　"打印纸张大小"下拉菜单

4）页边距设置可以调节打印的上、下、左、右边距。

5）打印比例可以调节打印内容在页面的显示比例，以便更加符合打印需求。

4.8 本章小结

通过本章的学习,应该重点掌握 Excel 中的新建工作簿、工作簿的相关操作、工作表操作、公式和函数的使用、图表的制作以及数据管理与分析,并学会打印工作表。同时,养成严谨的专业精神、职业精神和工匠精神,学会利用所学知识进行知识与技能的拓展与创新。

【学习效果评价】

复述本章的主要学习内容	
对本章的学习情况进行准确评价	
本章没有理解的内容是哪些	
如何解决没有理解的内容	

注:学习情况评价包括少部分理解、约一半理解、大部分理解和全部理解 4 个层次,请根据自身的学习情况进行准确的评价。

4.9 上机实训

4.9.1 Excel 2016 的基本操作

1. 实训学习目标

1)学会创建工作簿。
2)学会编辑工作表。
3)学会设置单元格格式。
4)学会美化工作表。
5)培养严谨认真、一丝不苟、精益求精的职业素养和工匠精神。

2. 实训情境及实训内容

为更好地开展班级活动,增强班级凝聚力,艾学习同学作为学习委员,需要制作一张关于班级同学生日的登记表,包括序号、姓名、性别和生日。请利用所学知识帮艾学习同学完成登记表的制作,工作表如图 4-47 所示。

3. 实训要求

在实训过程中,要求学生培养独立分析问题和解决实际问题的能力,且保质、保量、按时完成操作。实训的具体要求如下。

1)创建工作簿。
2)编辑工作表。
3)在工作表中按照内容设置单元格格式。

图 4-47 学生生日登记表

4）美化工作表。

5）开展小组合作探究学习，每 3 人一组，其中一人是小组长，负责组织学习过程以及学习成果汇报。

4．实训步骤

（1）创建工作簿

1）新建一个 Excel 工作簿，并以"学生信息"为名进行保存。在桌面空白处单击鼠标右键，在弹出的快捷菜单中选择"新建"，在"新建"后的菜单中选择"Microsoft Excel 工作表"。

2）单击鼠标左键选中新建的工作簿，单击鼠标右键，在弹出的快捷菜单中选择"重命名"，将工作簿重命名为"学生信息"。

3）双击打开"学生信息"工作簿，选中"Sheet1"，重命名为"学生生日登记"。

（2）编辑工作表

1）在工作表第一行 A1、B1、C1、D1 单元格中分别输入"序号""姓名""性别""生日"。

2）按照表格内容分别输入相关内容。

3）序号可以使用自动填充来完成。首先在 A2、A3、A4 单元格中输入 1、2、3，接下来选中这三个单元格，将光标定位到 A4 右下角，光标模式变为实心十字后按住鼠标左键向下拖动，如图 4-48 所示，选择"填充序列"，则序号自动填充完毕。

（3）在工作表中按照内容设置单元格格式

根据需要调整表格内容在单元格中的对齐方式，以及单元格内容的字体、字号等。

1）设置单元格格式。"姓名""性别"两列的单元格格式为文本，"生日"列的单元格格式为日期，可以调节日期的显示方式。选中"生日"列，单击鼠标右键，在弹出的快捷菜单中选择"设置单元格格式"，选择需要的日期类型，如 2012/3/14、2012 年 3 月 14 日、二〇一二年三月十四日等，如图 4-49 所示。

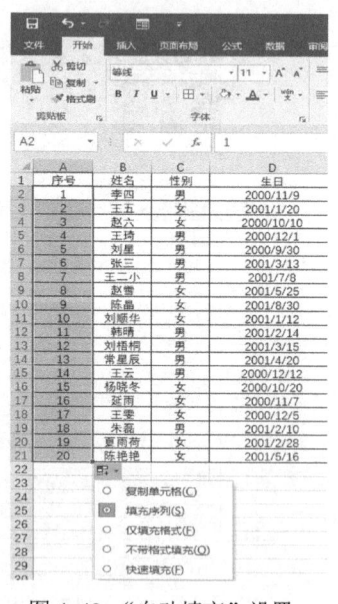

图 4-48 "自动填充"设置　　　　图 4-49 日期类型

2）选中 A2：D21 区域，在"开始"选项卡的"对齐方式"选项中设置对齐方式为居中对

齐。还可以选中要设置的内容，在"开始"选项卡中的"字体"选项中设置字体、字号。

3）选中 A2：D21 区域，通过"开始"选项卡"字体"选项中的"边框"按钮选择需要设置的边框线，这里选择"所有框线"。

（4）美化工作表

工作表创建和编辑完成后，还可进一步对工作表进行美化操作，如设置单元格或整个工作表的边框和底纹等。也可以选择"套用表格格式"来美化工作表。

选中 A2：D21 区域，在"开始"选项卡的"样式"选项中选择"套用表格样式"。单击右下角的下拉三角，选择 "表样式中等深浅 2"，如图 4-50 所示。

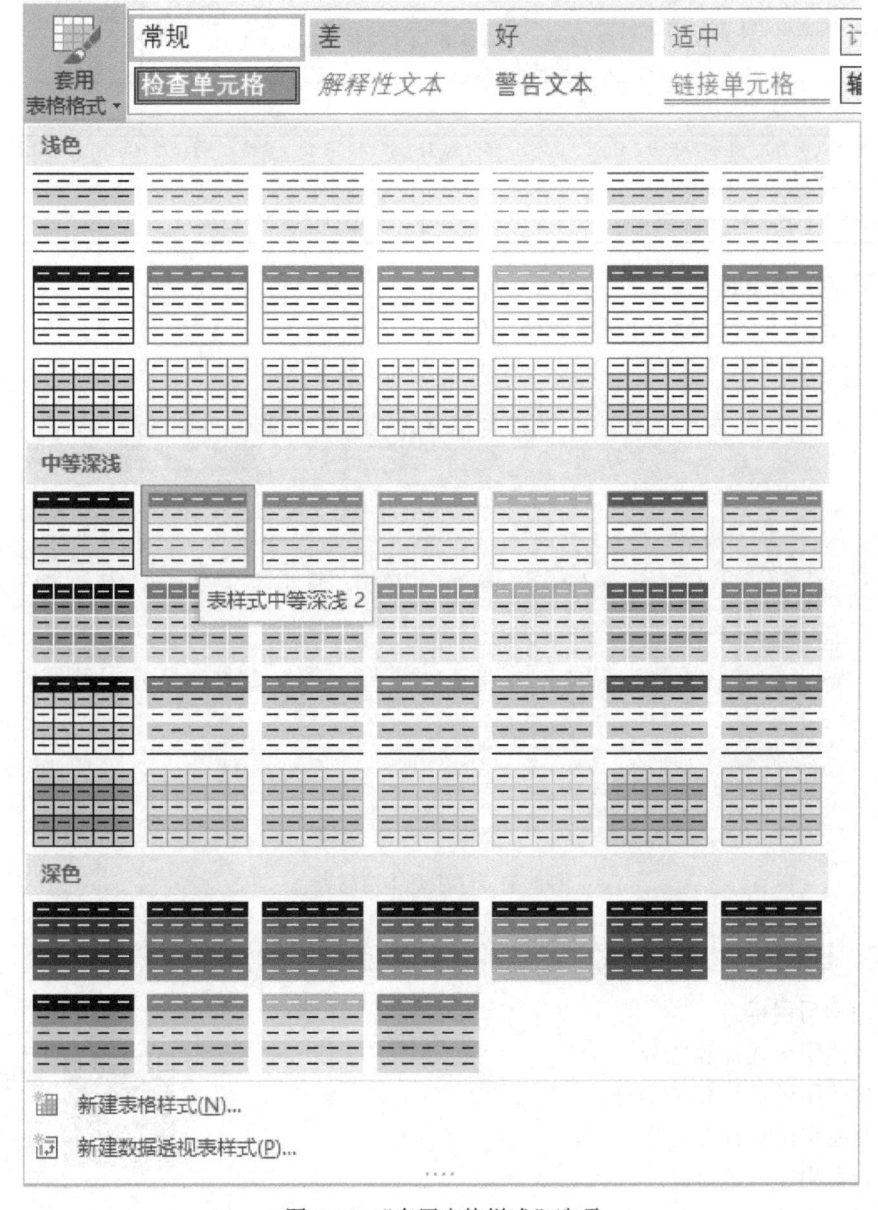

图 4-50 "套用表格样式"选项

"学生生日登记"工作表制作完成。

5. 实训考核评价

考核方式与内容	过程性考核（50 分）									终结性考核（50 分）		
	操行考核（10 分）			实操考核（20 分）			学习考核（20 分）			实训报告成果（50 分）		
实施过程	教师评价	小组评价	自评	教师评价	小组评价	自评	教师评价	小组评价	自评	教师评价	小组评价	自评
考核标准	出勤、安全、纪律、协作精神、工作（学习）态度、表达能力、沟通能力、完成作业、环保意识、创新意识，每项各为 1 分			工作任务计划制订（4 分）、工作任务完成情况（创建工作簿、编辑工作表、工作表格式设置、美化工作表，共 4 分）、操作过程（4 分）、工具使用（4 分）、工匠精神（4 分）			预习工作任务内容（4 分）、工作过程记录（4 分）、完成作业（4 分）、工作方法（4 分）、工作过程分析与总结（4 分）			回答问题准确（20 分）、操作规范、实验结果准确（30 分）		
各项得分												
评价标准	A 级（优秀）：得分＞85 分；B 级（良好）：得分为 71～85 分；C 级（合格）：得分为 60～70 分；D 级（不合格）：得分＜60 分											
评价等级	最终评价得分是：　　　　分						最终评价等级是：					

6. 知识与技能拓展

请制作学生基本信息表，并美化表格，如图 4-51 所示。

图 4-51　学生基本信息表

4.9.2　Excel 2016 公式、函数的使用及工作表的格式

1. 实训学习目标

1）学会使用公式计算总分。
2）学会使用函数计算平均分。
3）学会使用函数计算名次。
4）学会引用绝对地址。
5）培养严谨认真、一丝不苟、精益求精的职业素养和工匠精神。

2. 实训情境及实训内容

期末考试结束了，艾学习同学作为学习委员要制作期末成绩表，内容如图 4-52 所示。请你利用所学知识帮艾学习同学完成期末成绩表的制作，用公式或者函数的方式得到总分、平均分和名次。

	A	B	C	D	E	F	G	H	I
1	某学校成绩表								
2	班级		课程		学期		老师		
3	学号	姓名	语文	数学	英语	计算机	总分	平均分	名次
4	01	张兰	85	82	83	68	318	79.5	3
5	02	李玉	66	56	92	74	288	72	8
6	03	王芬	70	89	71	53	283	70.75	10
7	04	赵伟	85	55	86	70	296	74	7
8	05	肖友发	56	73	69	88	286	71.5	9
9	06	刘丽	82	59	84	84	309	77.25	5
10	07	金海星	94	86	90	75	345	86.25	1
11	08	苏轼	90	86	55	68	299	74.75	6
12	09	林平	93	55	50	81	279	69.75	11
13	10	邓小强	83	80	91	79	333	83.25	2
14	11	同海洋	87	89	59	82	317	79.25	4
15									

图 4-52　期末成绩表

3. 实训要求

在实训过程中，要求学生培养独立分析问题和解决实际问题的能力，且保质、保量、按时完成操作。实训的具体要求如下。

1）使用公式计算总分。

2）使用函数计算平均分。

3）使用函数计算名次。

4）学会引用绝对地址。

5）开展小组合作探究学习，每 3 人一组，其中一人是小组长，负责组织学习过程以及学习成果汇报。

4. 实训步骤

（1）使用公式计算每个学生的总分

1）输入学生成绩，如图 4-53 所示。

2）单击 G4 单元格，然后输入等号"="，如图 4-54 所示。

图 4-53　输入学生成绩　　　　图 4-54　在单元格中输入等号

3）输入要参与运算的单元格和运算符"C4+D4+E4+F4",如图 4-55 所示。也可以直接单击要参与运算的单元格，将其添加到公式中。

4）按〈Enter〉键或单击编辑栏中的"输入"按钮✓结束公式编辑，得到计算结果，即第一个学生的总分。

5）选中含有公式的单元格，将鼠标指针移动到该单元格右下角的填充柄处，此时鼠标指针变成实心的十字形，按住鼠标左键向下拖动，到目标位置后释放，从而将求和公式复制到同列的其他单元格中，计算出其他学生的总分，结果如图4-56所示。

图4-55　在单元格中输入操作数和运算符

图4-56　复制公式计算其他学生的总分

（2）使用函数计算每个学生的平均分

具体操作步骤如下。

1）单击H4单元格，然后在"开始"选项卡的"编辑"选项组中单击"自动求和"右侧的下三角按钮，在弹出的列表中单击"平均值"选项。

2）此时在所选单元格中会显示输入的函数，并自动选择了求平均值的单元格区域。拖动鼠标重新选择需要引用的C4:F4单元格区域，如图4-57所示。

3）按〈Enter〉键可求出C4:F4单元格区域数据的平均值，即第一个学生各科成绩的平均分，然后拖动H4单元格的填充柄到H14单元格，计算出其他学生的平均分，如图4-58所示。

图4-57　使用"自动求和"按钮列表中的"平均值"函数

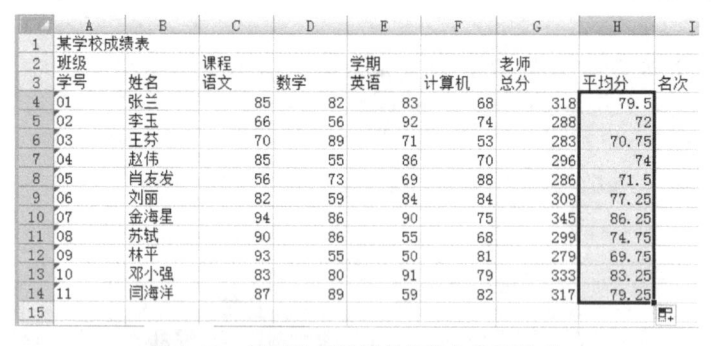

图4-58　复制公式计算其他学生的平均分

（3）运用函数计算每个学生的名次

除了前面介绍的两种方法外，也可以使用函数向导来输入函数。下面使用RANK函数来计算每个学生的名次。该函数的作用是返回一个数字在数字列表中的排位。具体操作步骤如下。

1）单击"名次"列中的I3单元格，在"开始"选项卡的"编辑"选项组中单击"自动求和"右侧的下三角按钮，在弹出的列表中单击"其他函数"选项，打开"插入函数"对话框，在"或选择类别"下拉列表框中选择"统计"，再在"选择函数"列表框中选择"RANK.EQ"函数，然后单击"确定"按钮，如图4-59所示。

2）打开"函数参数"对话框，单击"Number"文本框右侧的 按钮，如图 4-60 所示。

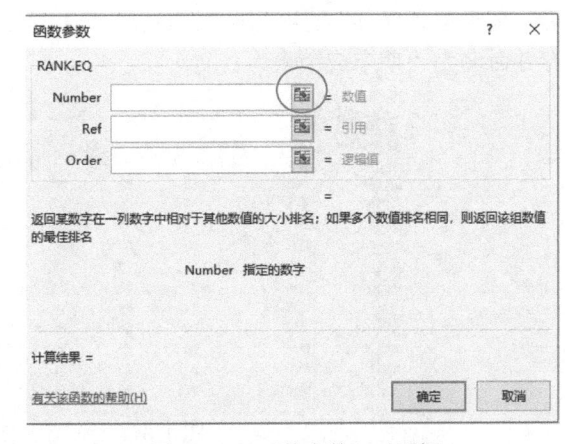

图 4-59 "插入函数"对话框　　　　图 4-60 "函数参数"对话框

3）在工作表中选择要进行排名次的单元格 G4，如图 4-61 所示，然后单击 按钮展开"函数参数"对话框。

图 4-61 选择要排名次的单元格

4）单击"函数参数"对话框 "Ref"文本框右侧的 按钮，然后在工作表中选择参与排名次的单元格区域，如图 4-62 所示，再单击 按钮展开"函数参数"对话框。

5）在引用的单元格区域行号和列标前均加上"$"符号（在行号和列标前加"$"符号，表示使用单元格绝对地址，这样可以保证后面复制排序公式时，公式内容不变，返回的排名准确），如图 4-63 所示。

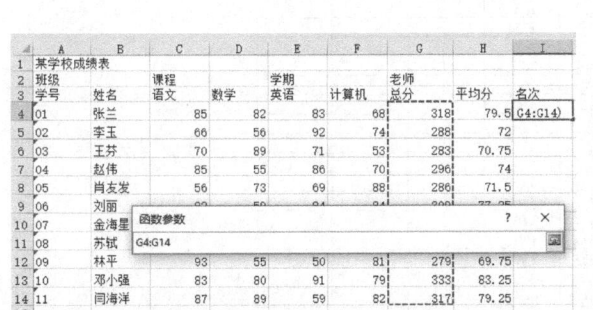

图 4-62 选择要排名次的单元格区域　　　　图 4-63 引用绝对地址

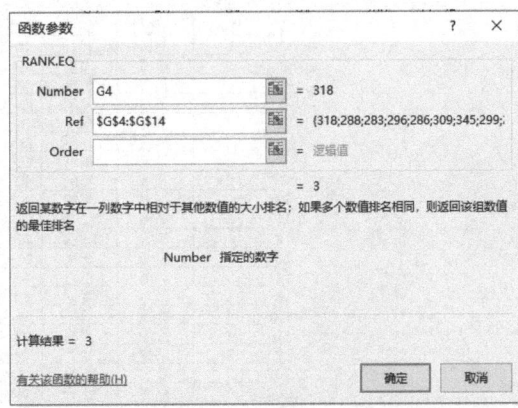

6）单击"确定"按钮，计算出第一个学生的排名，即单元格 G4 在 G4：G14 单元格区域中的排名。拖动单元格 I4 的填充柄到单元格 I14，计算出其他学生的名次，结果如图 4-64 所示。保存并命名为"期末成绩表"。

	A	B	C	D	E	F	G	H	I
1	某学校成绩表								
2	班级		课程		学期		老师		
3	学号	姓名	语文	数学	英语	计算机	总分	平均分	名次
4	01	张兰	85	82	83	68	318	79.5	3
5	02	李玉	66	56	92	74	288	72	8
6	03	王芬	70	89	71	53	283	70.75	10
7	04	赵伟	85	55	86	70	296	74	7
8	05	肖友发	56	73	69	88	286	71.5	9
9	06	刘丽	82	59	84	84	309	77.25	5
10	07	金海星	94	86	90	75	345	86.25	1
11	08	苏铱	90	86	55	68	299	74.75	6
12	09	林平	93	55	50	81	279	69.75	11
13	10	邓小强	83	80	91	79	333	83.25	2
14	11	周海洋	87	89	59	82	317	79.25	4

图 4-64 计算名次结果

5．实训考核评价

考核方式与内容	过程性考核（50 分）									终结性考核（50 分）		
	操行考核（10 分）			实操考核（20 分）			学习考核（20 分）			实训报告成果（50 分）		
实施过程	教师评价	小组评价	自评	教师评价	小组评价	自评	教师评价	小组评价	自评	教师评价	小组评价	自评
考核标准	出勤、安全、纪律、协作精神、工作（学习）态度、表达能力、沟通能力、完成作业、环保意识、创新意识，每项各为 1 分			工作任务计划制订（4 分）、工作任务完成情况（使用公式、使用函数、引用绝对地址，共 4 分）、操作过程（4 分）、工具使用（4 分）、工匠精神（4 分）			预习工作任务内容（4 分）、工作过程记录（4 分）、完成作业（4 分）、工作方法（4 分）、工作过程分析与总结（4 分）			回答问题准确（20 分）、操作规范、实验结果准确（30 分）		
各项得分													
评价标准	A 级（优秀）：得分>85 分；B 级（良好）：得分为 71~85 分；C 级（合格）：得分为 60~70 分；D 级（不合格）：得分<60 分											
评价等级	最终评价得分是： 分						最终评价等级是：					

6．知识与技能拓展

制作图 4-65 所示的电器销售表，用公式及函数法计算出销售额及销售名次。

	A	B	C	D	E	F	G	H
1	月份	销售员	品牌	型号	销售价格	销售数量	销售额	销售名次
2	1	胡媛	西门子	XM-231W	1345	8		
3	1	李梅	海尔	HE-234W	2345	5		
4	1	吴海	创维	CW-789A	2346	3		
5	1	张力	海尔	HE-123W	1244	3		
6	2	李梅	松下	PA-34A	2711	8		
7	2	李玉	西门子	SM-873W	3451	6		
8	2	王伟	海尔	HE-564W	3211	6		
9	2	吴海	美的	MI-34A	2600	6		
10	2	张力	美的	MI-38A	5100	1		
11	3	李梅	西门子	SM-616W	4290	2		
12	3	李玉	奥克斯	AUK-W38	2099	10		
13	3	王伟	志高	ZG-Z237	1511	9		
14	3	吴海	格力	GE-42P	3210	5		
15	3	张力	索尼	SN-44A	3860	7		
16	4	胡媛	海尔	HE-783W	2499	3		
17	4	王伟	美的	MI-81A	4322	3		
18	5	胡媛	松下	PA-35A	2399	6		
19	5	李玉	长虹	CH-678W	2459	6		
20	6	刘剑	西门子	SM-800W	6661	8		

图 4-65 电器销售表

4.9.3　Excel 2016 图表的创建及数据处理

1. 实训学习目标

1）学会插入图表。
2）学会编辑图表。
3）学会转换图表数据。
4）学会分析数据。
5）培养严谨认真、一丝不苟、精益求精的职业素养和工匠精神。

2. 实训情境及实训内容

为了反映每周各班纪律、卫生和礼仪评分情况，艾学习同学需要通过图表来分析各班评分情况，请利用所学知识帮艾学习同学完成图表的制作。

3. 实训要求

在实训过程中，要求学生培养独立分析问题和解决实际问题的能力，且保质、保量、按时完成操作。实训的具体要求如下。

1）建立柱形图。
2）转换图表数据。
3）建立折线图。
4）编辑图表。
5）开展小组合作探究学习，每 3 人一组，其中一人是小组长，负责组织学习过程以及学习成果汇报。

4. 实训步骤

（1）建立柱形图

1）双击"一年级评优统计表.xlsx"文件，打开工作簿，找到"第一周"工作表并打开。
2）选中 A2：D5 区域，如图 4-66 所示。
3）单击"插入"选项卡"图表"组中的"插入柱形图或条形图"按钮，选择"簇状柱形图"选项。
4）此时得到一个统计图，如图 4-67 所示。

图 4-66　选中 A2：D5 区域　　　　图 4-67　各项评优指标各班成绩比较图表

从图 4-67 中可以清楚地知道第一周"纪律""礼仪"分二班最高，"卫生"分一班最高。

图表的作用是将数据以直观的形态展现在人们面前，增强信息的可读性、可比较性，为人们解决问题、决策或预测发展提供帮助，因而它是数据分析过程中的有效手段。

现在得到了各班之间各项评优指标的比较情况，但是，对于同一组数据来说，它蕴含的信息是否只有这些？是否还可以挖掘出更多的含义？

（2）转换图表数据

1）选中图 4-67 所示的图表框，图表框周围将显示彩色框线。

2）单击"图表工具"→"设计"选项卡"数据"组中的"切换行列"按钮，则可将表头列的信息置于 X 轴形成轴标签，如图 4-68 所示。

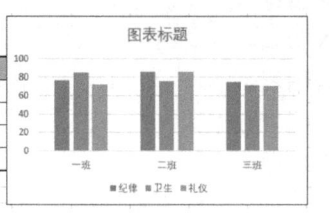

图 4-68　各班各项评优指标成绩比较图表

从图 4-67、图 4-68 所示的两个图表中可以看出，针对同一组数据、不同的统计任务，最终得到的图表所表达的信息有明显不同。由此可见，对于同一组数据，如果从不同角度、不同侧面、不同目标来审视和挖掘数据之间的关系，就会得到不同方面的结果。这就是利用图表加工信息的价值所在。

（3）建立折线图

在学习和工作中，各种表格、图表大量运用于报告或文档中。针对不同的任务需求设计的图表会不同，不同的图表表达的信息也不同。

接下来把最终的评优成绩也用图表呈现出来。将图 4-69 所示的表格数据用折线图进行表达，并分析图表，从中提取有价值的信息。

1）打开"三周总分表"，选定 A2：D5 区域。

2）单击"插入"选项卡"图表"组中的"插入折线图或面积图"按钮，选择"带数据标记的折线图"选项。

3）完成后得到一个统计图，如图 4-70 所示。

图 4-69　三周总分表

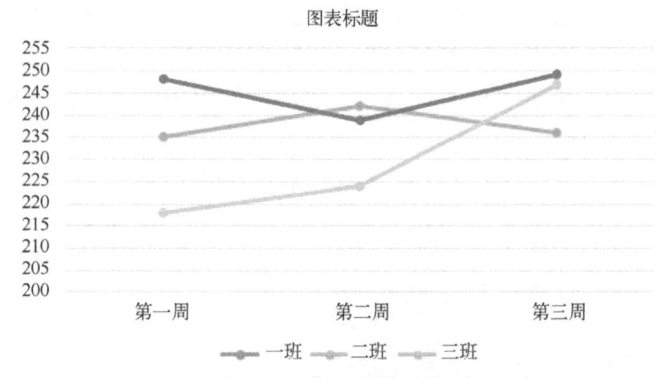

图 4-70　各班各周总成绩比较图

（4）编辑图表

1）修改图表标题。单击"图表标题"，把文字修改为"各班三周总分比较图"。

2）修改图表样式。选择"图表工具"→"设计"选项卡"图表样式"组中的"样式 X"，还可以单击"更改颜色"按钮，进行颜色更改。

3）添加数据标签，如图 4-71 所示。

4）修改图表区域格式。从"格式"选项卡中选择形状填充和形状轮廓，即可完成。效果如图 4-72 所示。

另外，在"设计"选项卡中有个"快速布局"按钮，大家也可以试试。

从图 4-72 中可以看出，二班总成绩最好，一班次之，三班进步迅速，发展势头很好。

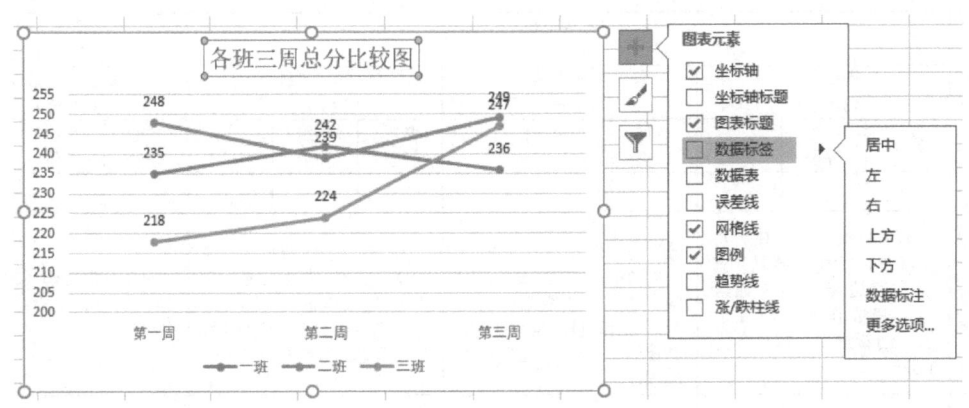

图 4-71　添加数据标签

接下来，大家参照以上方法，分别对纪律、卫生和礼仪三个方面的数据进行分析统计，看看各个单项上各班成绩的发展状况。参照 4.5 节的理论知识，比较各种统计表的特点和用途。

利用图表的形式来加工数据并展示结果，这种方式确实有很大优势。但要完成一份报告，不能只是单纯地使用图表，还应根据实际情况附上一些相关的文字说明，并进行修饰，从而丰富报告形式，以突出重点、方便阅读。

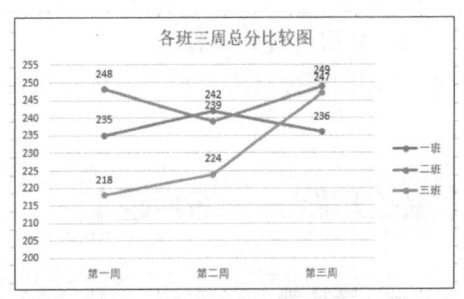

5）根据数据图表的处理结果，配上相关的文档，参照图 4-73 所示的形式，也可自己设计，做成简短的分析报告。可以选用 Word 文档来做，也可以直接在 Excel 中形成文档。

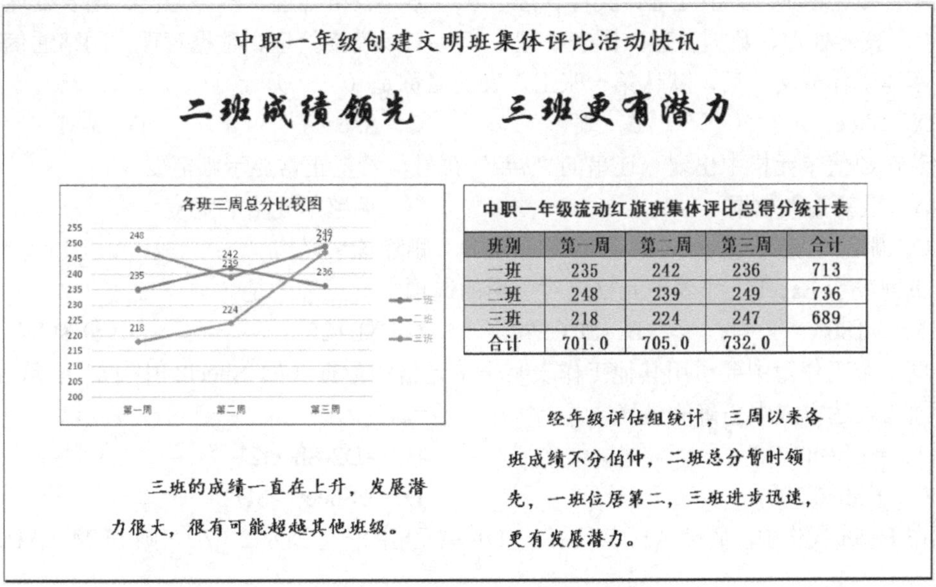

图 4-72　各班各周总成绩比较图

图 4-73　评优活动分析报告参考图

5. 实训考核评价

考核方式与内容	过程性考核（50分）									终结性考核（50分）		
	操行考核（10分）			实操考核（20分）			学习考核（20分）			实训报告成果（50分）		
实施过程	教师评价	小组评价	自评	教师评价	小组评价	自评	教师评价	小组评价	自评	教师评价	小组评价	自评
考核标准	出勤、安全、纪律、协作精神、工作（学习）态度、表达能力、沟通能力、完成作业、环保意识、创新意识，每项各为1分			工作任务计划制订（4分）、工作任务完成情况（建立图表、转换数据、编辑图表、分析数据，共4分）、操作过程（4分）、工具使用（4分）、工匠精神（4分）			预习工作任务内容（4分）、工作过程记录（4分）、完成作业（4分）、工作方法（4分）、工作过程分析与总结（4分）			回答问题准确（20分）、操作规范、实验结果准确（30分）		
各项得分												
评价标准	A级（优秀）：得分>85分；B级（良好）：得分为71~85分；C级（合格）：得分为60~70分；D级（不合格）：得分<60分											
评价等级	最终评价得分是：　　　　分						最终评价等级是：					

6. 知识与技能拓展

利用图表分析图4-65"电器销售表"中各个销售员的销售额情况。

【温故知新——练习题】

一、选择题

1. Excel的主要功能是（　　）。
   A．表格处理、文字处理、文件管理　　　B．表格处理、网络通信、图表处理
   C．表格处理、数据管理、图表处理　　　D．表格处理、数据管理、网络通信
2. 新建工作簿文件后，默认第一张工作表的名称是（　　）。
   A．Sheet　　　　B．表　　　　C．Sheet 1　　　　D．表 1
3. 若在数值单元格中出现一连串的"###"符号，希望正常显示则需要（　　）。
   A．重新输入数据　　　　　　　　B．调整单元格的宽度
   C．删除这些符号　　　　　　　　D．删除该单元格
4. 下列表示Excel工作表单元格绝对引用的选项中，正确的是（　　）。
   A．V186　　　　B．$CC$99　　　　C．$B125　　　　D．$E$F$7
5. 同一个工作簿中要引用其他工作表某个单元格的数据（如Sheet2中D2单元格中的数据），下面的表达方式中正确的是（　　）。
   A．=Sheet2!D2　　　　　　　　B．=D2(Sheet2)
   C．+Sheet2!D2　　　　　　　　D．$ Sheet2>$D2
6. 在Excel操作中，假设A1、B1、C1、D1单元格的值分别为2,3,7,3，则SUM（A1:C1）/D1的值为_____。
   A．15　　　　B．18　　　　C．3　　　　D．4
7. 下列关于函数和公式的说法，错误的是（　　）。

A．要输入公式，必须先输入"="号，然后输入操作数和运算符

B．函数必须包含在公式中

C．函数和公式是相互独立的，没有任何关系

D．公式中的操作数可以是常量、单元格引用和函数等

8．下面几个常用的函数中，功能描述错误的是（   ）。

A．SUM 用来求和　　　　　　　　B．AVERAGE 用来求平均值

C．MAX 用来求最小值　　　　　　D．MIN 用来求最小值

9．在 Excel 工作表中，单元格 A1、A2、B1、B2 的数据分别是 5，6，7，"x"，函数 SUM（A1:A2）的值是（   ）。

A．18　　　　　　B．4　　　　　　C．0　　　　　　D．11

10．在 Excel 工作表中，正确表示 IF 函数的表达式是（   ）。

A．IF("平均值">60,"及格","不及格")

B．IF(b2>60,"及格","不及格")

C．IF(e2>60、及格、不及格)

D．IF(c2>60,及格,不及格)

二、填空题

1．工作表中行与列相交形成的长方形区域称为_____，是用来存储数据和公式及进行运算的基本单位。

2．工作表由_____、列标、_____、工作表标签和滚动条等组成。其中，行由上至下用_____编号；列从左到右用_____编号。

3．工作簿是指在 Excel 中生成的文件，其扩展名为_____。每个工作簿可包含若干工作表，默认情况下包括 3 个工作表，分别以_____、_____、_____命名。

4．默认情况下，数值型数据沿单元格_____对齐。

5．文本型数据是指汉字、英文，或由汉字、英文、数字组成的字符串。默认情况下，文本型数据沿单元格_____对齐。

6．默认情况下，在单元格中输入数据时，字体为_____、字号为_____、颜色为_____。

7．排序是对工作表中的数据进行重新组织安排的一种方式。Excel 可以对整个工作表或选定的某个单元格区域中的数据按_____、数字以及_____进行升序或降序排序。

8．要对工作表中的数据进行自动筛选，可在"_____"选项卡中单击"_____"按钮，在各列的列标签处将显示筛选按钮。

9．Excel 的三要素是_____、_____、_____。

10．在 Excel 表格中，在对数据表进行分类汇总前，必须做的操作是_____。

三、简答题

1．Excel 中的图表类型有哪些？

2．Excel 中的绝对地址、相对地址以及混合地址如何使用？

第 5 章 演示文稿制作软件 PowerPoint 2016

5.1 PowerPoint 2016 概述

【学习目标】

1. 通过学习，熟知 PowerPoint 2016 的工作环境。
2. 针对学科核心素养要求，形成理性思维、批判质疑、勇于探究、乐学善学、勤于反思、信息意识、技术运用等核心素养。
3. 通过系统学习，培养专业精神、职业精神、工匠精神、创新精神和自强精神。

PowerPoint 是 Microsoft Office 系列办公软件中的一个重要组件。它是一款专业的演示文稿制作工具，可以制作各种用途的演示文稿，如课件、公司宣传、产品介绍等。还可以在演示文稿中设置各种引人入胜的视觉、听觉效果。

5.1.1 PowerPoint 2016 的主要特点

PowerPoint 2016 继承了其之前版本的优势，将功能进一步改进和优化，主要有以下特点。

1）新增彩色和黑色主题色：在原有白色和深灰色主题上新增了彩色和黑色两种主题色。可单击"文件"选项卡中的"账户"按钮，在"Office 主题"的下拉列表中更改主题色。

2）新增 Tell-Me 助手功能：功能区新增"告诉我您想要做什么"搜索框，可以快速获取想要使用的功能和执行的操作。如在搜索框输入"新建幻灯片"，会弹出与"新建幻灯片"有关的下拉列表，如图 5-1 所示。

3）新增幻灯片主题：在 PowerPoint 2013 版的基础上新增 10 多种主题。

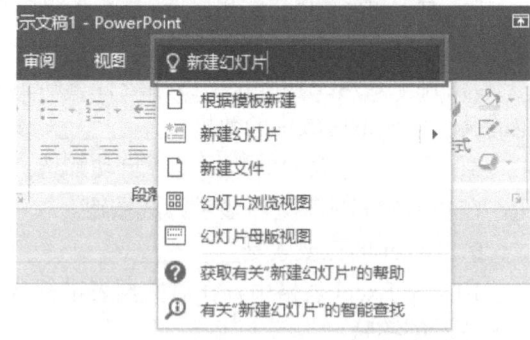

图 5-1 "告诉我您想要做什么"搜索框

4）新增屏幕录制功能："插入"选项卡"媒体"组新增了"录制屏幕"按钮，通过该功能可以录制计算机屏幕中的内容，还可将录制好的视频插入演示文稿中。

5）新增墨迹书写功能："审阅"选项卡新增了"墨迹"组，新增了"墨迹书写"功能，用于手动绘制图形和书写文字。

6）新增墨迹公式功能："插入"选项卡"符号"组"公式"下拉列表中，新增了"墨迹公式"按钮，用于手动书写公式。

5.1.2 PowerPoint 2016 的启动

启动 PowerPoint 2016 常用的方法有以下三种。

方法 1：单击"开始"按钮，在桌面左侧程序列表中单击"PowerPoint 2016"，可启动 PowerPoint 2016，如图 5-2 所示。

方法 2：单击"开始"按钮，如右侧磁贴区有 PowerPoint 2016 的磁贴图标，双击磁贴图标可启动 PowerPoint 2016，如图 5-3 所示。

图 5-2　通过程序列表启动　　　　图 5-3　通过磁贴图标启动

方法 3：如桌面上有 PowerPoint 2016 的快捷图标，双击快捷图标可启动 PowerPoint 2016。

5.1.3 PowerPoint 2016 的界面

启动 PowerPoint 2016 后，会弹出图 5-4 所示的启动对话框，根据需要选择新建空白演示文稿或根据模板新建演示文稿。如单击"空白演示文稿"，默认情况下，新建的演示文稿中会有一张包含标题占位符和副标题占位符的空白幻灯片，其工作界面的组成如图 5-5 所示。

1）标题栏：用于显示当前正在编辑的演示文稿名和一些窗口控制按钮。拖动标题栏可以改变窗口的位置，双击标题栏可将窗口最大化或还原。单击标题栏右侧的窗口控制按钮，可将窗口最小化、还原或最大化、关闭。

2）快速访问工具栏：用于快速执行一些操作。默认情况下，快速访问工具栏中包括 4 个按钮，分别是"保存"按钮、"撤销键入"按钮、"重复键入"按钮和"从头开始"按钮。

3）功能区：用选项卡的方式分类存放着编辑演示文稿所需的工具。单击功能区中的选项卡标签可切换到不同的选项卡，从而显示不同的工具。每一个选项卡中，工具又被分类放置在不同的组中，如图 5-6 所示。有些组的右下角有一个"对话框启动器"，单击可打开有关对话框。例如，单击"字体"组右下角的"对话框启动器"按钮，可打开"字体"对话框。

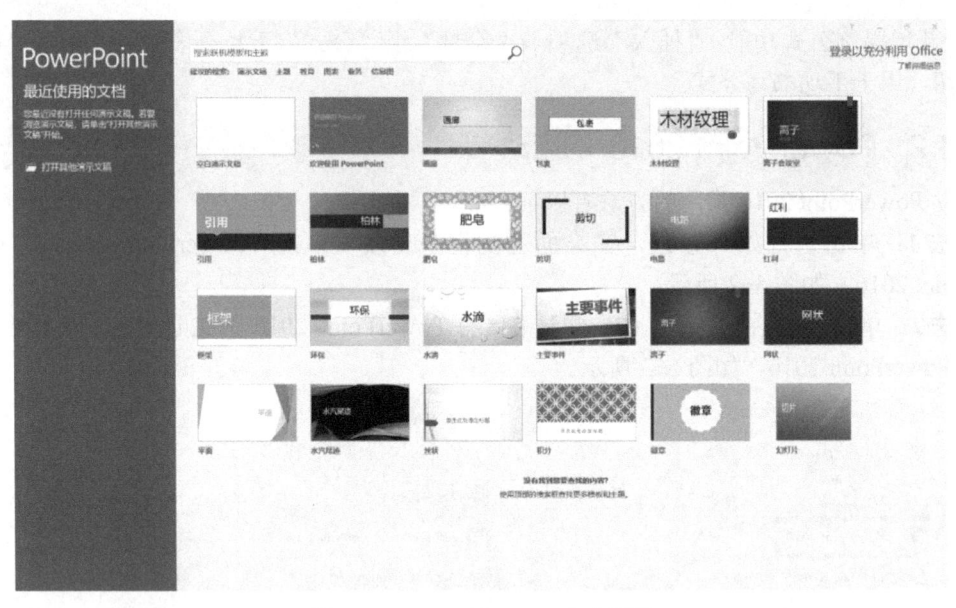

图 5-4　PowerPoint 2016 启动界面

图 5-5　PowerPoint 2016 工作界面

图 5-6　功能区

4）幻灯片窗格：用于快速查看和选择演示文稿中的幻灯片。幻灯片窗格中显示幻灯片的缩略图，单击幻灯片的缩略图，可选中该幻灯片，此时在右侧的幻灯片编辑区可编辑幻灯片内容。

5）幻灯片编辑区：用于编辑幻灯片，可以为当前幻灯片添加文本、图形、图像、声音和视频等，还可以创建超链接或设置动画。

6）备注栏：用于为幻灯片添加备注信息，放映幻灯片时，观众无法看到这些信息。

7）状态栏：用于查看幻灯片张数、进行语法检查、切换视图模式、启动幻灯片放映和调节显示比例等。单击视图切换的不同按钮，可切换到不同的视图模式。

5.1.4　PowerPoint 2016 的退出

退出 PowerPoint 2016 的常用方法有以下两种。

方法 1：单击"文件"选项卡标签，在展开的下拉列表中，单击左下方的"关闭"选项进行退出。

方法 2：单击界面右上角窗口控制按钮区的"关闭"按钮。

5.2　制作演示文稿

【学习目标】

1. 学会演示文稿的新建、打开和保存。
2. 学会幻灯片的基本操作。
3. 学会在幻灯片中处理文本。
4. 学会设置项目符号与编号。
5. 学会添加批注和备注。
6. 针对学科核心素养要求，形成理性思维、批判质疑、勇于探究、乐学善学、勤于反思、信息意识、技术运用等核心素养。
7. 通过系统学习，培养专业精神、职业精神、工匠精神、创新精神和自强精神。

演示文稿由一张或若干张幻灯片组成，每张幻灯片一般包括两部分内容：幻灯片标题和若干文本条目，其中，幻灯片标题用来表明主题，文本用来阐述主题。另外，还可以包括图像、声音、视频等其他对于阐述主题有帮助的内容。

如果是由多张幻灯片组成的演示文稿，通常在第一张幻灯片上单独显示演示文稿的主标题，在其余幻灯片上分别列出与主标题相关的子标题和文本条目。

制作演示文稿的最终目的是给观众演示，能否留下深刻印象是评定演示文稿效果的主要标准。为此，在制作演示文稿时一般应遵循重点突出、简洁明了、形象直观的原则。

演示文稿中应尽量减少纯文字的使用，大量的文字说明往往会使观众感到乏味，应尽可能使用更直观的表达形式，如图像、图形和图表等，还可以加入声音、动画和视频，来加强演示文稿的表达效果。

5.2.1　新建演示文稿

在 PowerPoint 2016 中，可以创建空白演示文稿，也可以根据模板来创建演示文稿。

1. 新建空白演示文稿

新建空白演示文稿的操作步骤如下。

1）单击"文件"选项卡标签，在展开的下拉列表中单击"新建"选项。
2）单击右侧窗格内的"空白演示文稿"选项，即可新建空白演示文稿。

在 PowerPoint 2016 工作界面中按〈Ctrl+N〉组合键，也可新建空白演示文稿。

2. 根据模板新建演示文稿

PowerPoint 2016 提供了多种演示文稿模板,利用模板可以创建具有特定内容和格式的演示文稿。

根据模板新建演示文稿的操作步骤如下。

1)单击"文件"选项卡标签,在展开的下拉列表中单击"新建"选项。右侧窗格内可浏览 PowerPoint 2016 自带的各种模板,如图 5-7 所示。

2)如单击"欢迎使用 PowerPoint"模板,在弹出的对话框中单击"创建"按钮,如图 5-8 所示,即可创建使用了"欢迎使用 PowerPoint"模板的演示文稿,如图 5-9 所示。

图 5-7 新建演示文稿窗口   图 5-8 使用"欢迎使用 PowerPoint"模板

图 5-9 使用模板的演示文稿

5.2.2 打开演示文稿

在 PowerPoint 2016 中,如要对现有的演示文稿进行查看或编辑,打开演示文稿常用的方法有以下两种。

方法 1：使用 PowerPoint 2016 打开演示文稿。

1）单击"文件"选项卡标签，在展开的下拉列表中单击"打开"选项，或按〈Ctrl+O〉组合键，出现"打开"界面。

2）单击中间窗格内的"浏览"选项，如图 5-10 所示，在弹出的"打开"对话框中选择保存演示文稿的文件夹。

3）选择要打开的演示文稿，单击"打开"按钮，如图 5-11 所示，即可打开演示文稿。

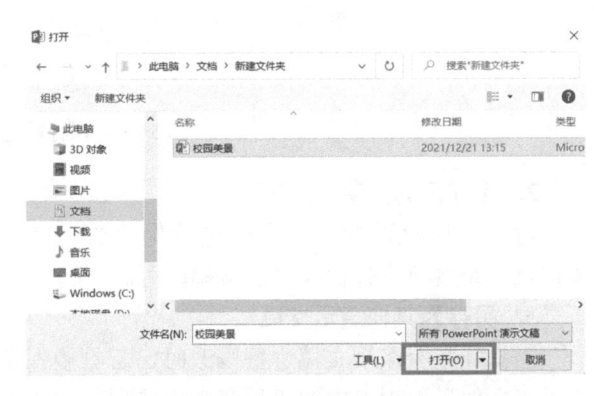

图 5-10 "浏览"选项　　　　　　　　　　　　图 5-11 打开演示文稿

方法 2：通过资源管理器打开演示文稿。

1）双击桌面上的"此电脑"图标，打开资源管理器。

2）在资源管理器中选择演示文稿所在的文件夹，双击想要打开的演示文稿，即可打开演示文稿。

5.2.3　保存演示文稿

新建或修改演示文稿时，都需要对演示文稿进行保存，否则一旦断电或关闭计算机，演示文稿或修改的信息就会丢失。保存演示文稿包括保存新建的演示文稿、保存已有的演示文稿、将现有演示文稿另存为其他格式的演示文稿。

1．保存新建的演示文稿

保存新建演示文稿的操作步骤如下：

1）单击快速访问工具栏中的"保存"按钮，会出现"另存为"界面，如图 5-12 所示。

2）单击中间窗格的"浏览"选项，在弹出的"打开"对话框中选择用来保存演示文稿的文件夹。

3）在"文件名"文本框中输入演示文稿名，默认保存类型为"PowerPoint 演示文稿"，默认扩展名为.pptx，单击"保存"按钮，如图 5-13 所示。

图 5-12 "另存为"界面

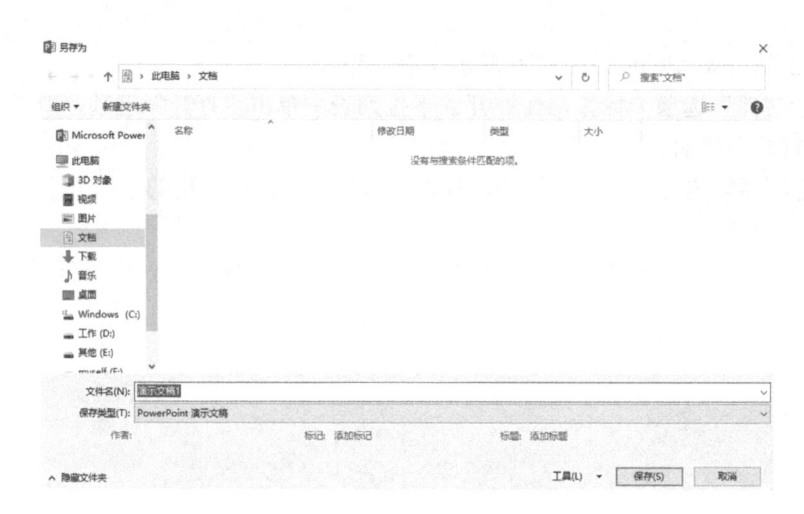

图 5-13　保存新建的演示文稿

2. 保存已有的演示文稿

对已经保存过的演示文稿进行保存时，单击快速访问工具栏中的"保存"按钮，或按〈Ctrl+S〉组合键直接保存演示文稿即可。

3. 另存为其他演示文稿

当打开某个演示文稿进行修改时，若希望保留原演示文稿或需保存为其他类型的文件，可单击"文件"选项卡中的"另存为"选项，在"另存为"界面中输入不同的文件名，并选择保存类型和保存位置，即可另存为文档。

5.2.4　幻灯片的基本操作

通常情况下，演示文稿中会包含很多张幻灯片，需要进行管理，基本操作包括选择、插入、复制、移动和删除幻灯片。

1. 选择幻灯片

选择演示文稿中某张幻灯片，在"幻灯片窗格"中单击该幻灯片缩略图即可。

选择连续的一组幻灯片，在幻灯片窗格中先单击这组幻灯片的第一张缩略图，按住〈Shift〉键的同时单击这组幻灯片的最后一张缩略图即可。

选择一组不连续的幻灯片，单击这组幻灯片的任一缩略图，按住〈Ctrl〉键，依次单击要选择的其他幻灯片缩略图即可。

选择当前演示文稿中的所有幻灯片，按〈Ctrl+A〉组合键即可。

2. 插入幻灯片

插入幻灯片常用的方法有以下四种。

方法 1：在"幻灯片窗格"中选择要插入幻灯片的位置，例如，需要在第二张与第三张幻灯片之间插入幻灯片时，单击第二张与第三张幻灯片中间的位置，此时会出现一条横线，表示在横线处插入新的幻灯片，如图 5-14 所示。单击"开始"选项卡"幻灯片"组中的"新建幻灯片"按钮，根据需要选择合适的版式，即可插入新的幻灯片，如图 5-15 所示。如需更改某张幻灯片的版式，可先选中该幻灯片缩略图，然后单击"版式"按钮进行版式更改，如图 5-16 所示。

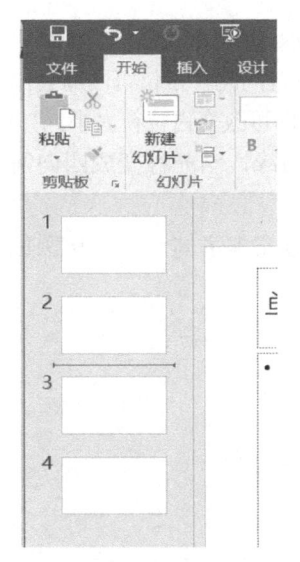

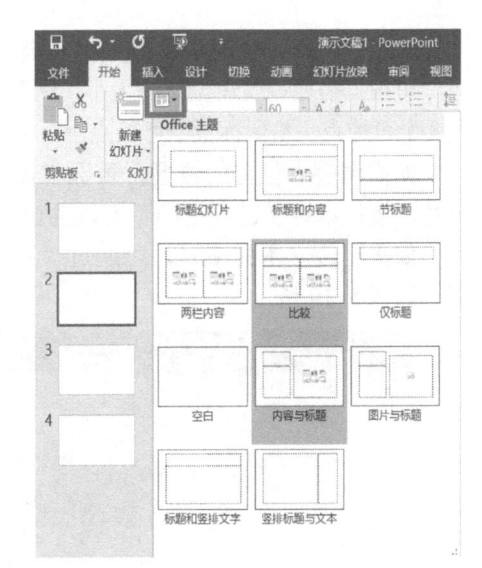

图 5-14 插入幻灯片　　　图 5-15 选择幻灯片版式　　　图 5-16 更改幻灯片版式

方法 2：在"幻灯片窗格"中，选择要插入幻灯片的位置，单击"插入"选项卡"幻灯片"组中的"新建幻灯片"按钮，根据需要选择合适的版式，如图 5-17 所示，即可插入新的幻灯片。

方法 3：在"幻灯片窗格"中，选中某张幻灯片缩略图，单击鼠标右键，在弹出的快捷菜单中选择"新建幻灯片"，在该幻灯片的下方会插入一张新的幻灯片。

方法 4：选中某张幻灯片缩略图，按〈Enter〉键，在该幻灯片的下方会插入一张新的幻灯片。

3．复制幻灯片

复制幻灯片常用的方法有以下两种。

方法 1：在"幻灯片窗格"中，选中要复制的幻灯片缩略图，单击鼠标右键，在弹出的快捷菜单中选择"复制幻灯片"命令，在该幻灯片下方会复制该幻灯片。

方法 2：选中要复制的幻灯片缩略图，按〈Ctrl+C〉组合键，选择要插入该幻灯片的位置，按〈Ctrl+V〉组合键，即可复制该幻灯片。

图 5-17 新建幻灯片

4．移动幻灯片

在"幻灯片窗格"中，选中某张幻灯片缩略图，按住鼠标左键将其拖到需要的位置即可。

5．删除幻灯片

在"幻灯片窗格"中，选中要删除的某张幻灯片缩略图，单击鼠标右键，在弹出的快捷菜单中选择"删除幻灯片"命令，或按〈Delete〉键。

5.2.5　文本处理

在 PowerPoint 2016 中，可以使用占位符或文本框在幻灯片中处理文本。

1．使用占位符处理文本

使用 PowerPoint 2016 创建演示文稿时，除新建的"空白"版式幻灯片外，其他版式幻灯片一般都会包含占位符。如新建演示文稿时，默认情况下会有一张包含标题占位符和副标题占位符的幻灯片，在占位符中单击鼠标左键，即可输入文本，如图 5-18 所示。

可根据需要调整占位符的大小，调整方法如下：选中幻灯片中的占位符，此时占位符四周会出现 8 个可控点，将鼠标置于可控点上，当光标变成双向箭头时，拖动鼠标即可改变占位符大小。

如需调整占位符的位置，可选中该占位符，将光标放置于占位符边缘，当光标变成四向箭头时，按住鼠标左键并拖动至合适的位置，松开鼠标即可。

如需更改文本的格式，可通过"开始"选项卡中的"字体"组设置文本字体、字号和颜色等，如图 5-19 所示。

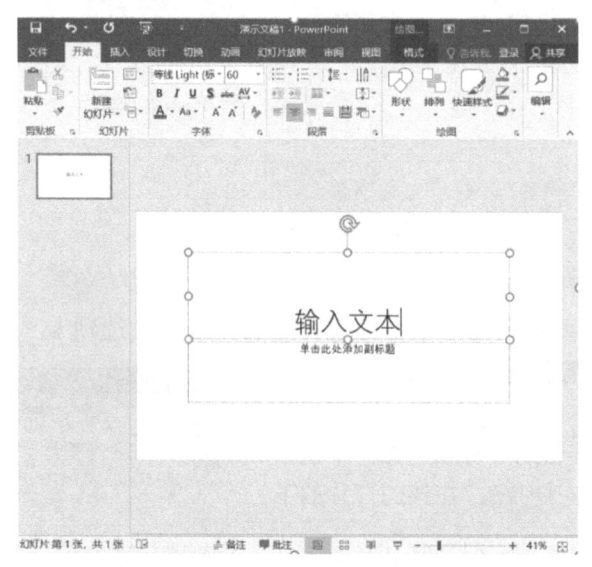

图 5-18 占位符输入文本

图 5-19 设置文本格式

2．使用文本框处理文本

使用文本框处理文本的操作步骤如下。

1）单击"插入"选项卡，在"文本"组单击"文本框"下拉列表中的"横排文本框"或"竖排文本框"，如图 5-20 所示。

2）返回幻灯片时，光标会变成箭头，在合适的位置按住鼠标左键并拖动，即可在幻灯片中插入文本框，并在文本框中输入文本，如图 5-21 所示。

图 5-20 "文本框"按钮

图 5-21 插入文本框

3）如需更改文本的格式，可通过"开始"选项卡中的"字体"组设置文本字体、字号和颜色等。

5.2.6 项目符号与编号

为幻灯片中某些内容添加项目符号与编号，可以准确表达各部分内容之间的并列或顺序关系，使内容更有条理。在 PowerPoint 2016 中，既可以使用系统预设的项目符号与编号，也可以自定义项目符号与编号。

1. 设置项目符号

设置项目符号的操作步骤如下。

1）选中要设置项目符号的文本，如图 5-22 所示。

2）在"开始"选项卡"段落"组中单击"项目符号"右侧的三角按钮，在弹出的下拉列表中选择项目符号，即可为所选内容添加该项目符号，如图 5-23 所示。

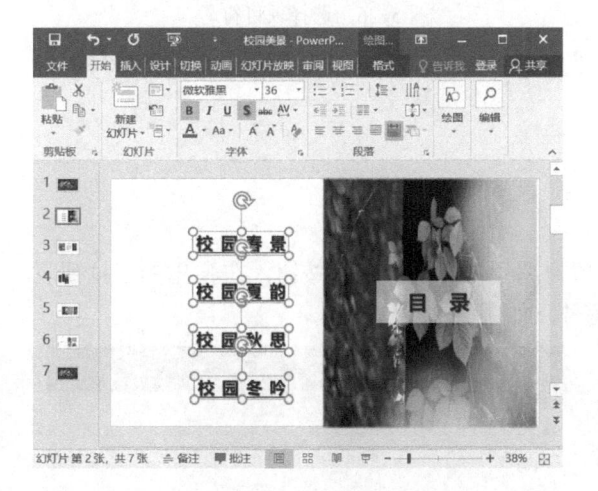

图 5-22　选择要设置项目符号的文本

图 5-23　"项目符号"按钮

3）若列表中没有符合需要的项目符号，则单击列表底部的"项目符号和编号"按钮，弹出"项目符号与编号"对话框，如图 5-24 所示。

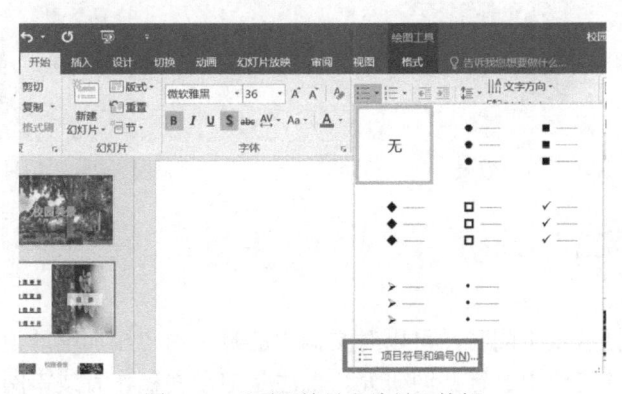

图 5-24　"项目符号和编号"按钮

4）在"项目符号"选项卡中单击"自定义"按钮，如图 5-25 所示，选择要作为项目符号的图片或符号，单击"确定"按钮，如图 5-26 所示。

图 5-25　项目符号"自定义"按钮 　　　　　图 5-26　选择项目符号

5）返回"项目符号和编号"对话框，单击"确定"按钮，即可插入自定义的项目符号。效果如图 5-27 所示。

2．设置项目编号

设置项目编号的操作步骤如下。

1）选中要设置项目编号的文本。

2）在"开始"选项卡"段落"组中单击"项目编号"右侧的三角按钮，在弹出的下拉列表中选择项目编号，即可为所选内容添加该项目编号，如图 5-28 所示。

图 5-27　添加项目符号效果 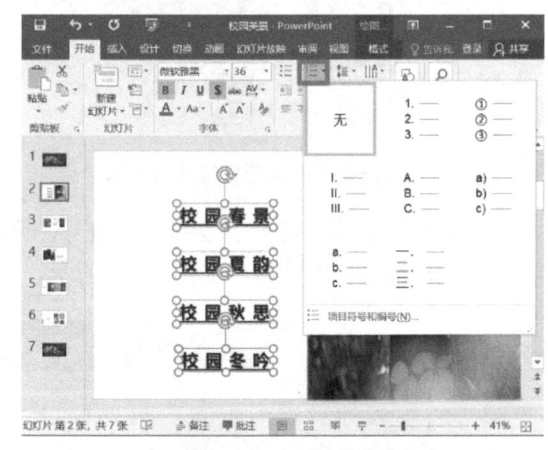　　　　　　　图 5-28　"项目编号"按钮

5.2.7　添加批注和备注

1．添加批注

在演示文稿进行播放或审阅时，可以对文稿中的特定内容添加辅助说明或提出修改意见，以便在演示文稿传阅或交流中进行共同研究。批注是演示文稿作者或审阅者为演示文稿添加的注释说明。

添加批注时要先选中需要添加批注的文本，也可对文本框或图片进行批注，在"审阅"选项卡"批注"组中单击"新建批注"按钮，在幻灯片编辑区的右侧会弹出"批注"窗格，可在文本框中添加批注内容，如图 5-29 所示。

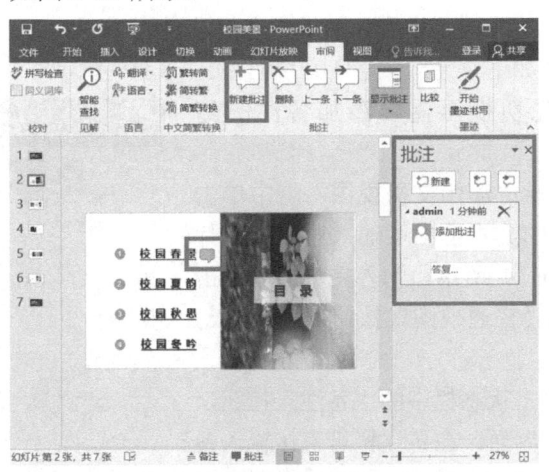

图 5-29 "批注"窗格

删除批注可通过选中"批注"窗格中的批注，单击该批注右上角的"删除"按钮，如图 5-30 所示。或在演示文稿中单击原文或批注说明的图标，单击"审阅"选项卡"批注"组中的"删除"按钮，如图 5-31 所示。

图 5-30 "批注"窗格"删除"按钮 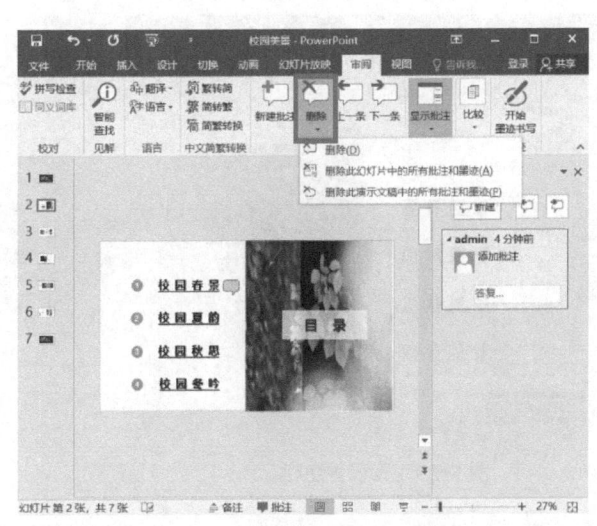　　　　　　　图 5-31 "审阅"选项卡"删除"按钮

"批注"窗格可通过单击"审阅"选项卡"批注"组"显示批注"下拉列表中的"批注窗格"，或单击状态栏中的"批注"按钮进行显示，如图 5-33 所示，添加的批注文本在演示文稿放映时不显示。

图 5-32 "审阅"选项卡"显示批注"功能 　　　　　　　图 5-33 状态栏显示批注功能

2. 添加备注

备注是为防止演讲者遗忘演示进度和演讲内容而设置的。

添加备注的操作步骤如下。

1）添加备注时要先切换至需要添加备注的幻灯片。

2）在"视图"选项卡"演示文稿视图"组中单击"备注页"按钮，在弹出的文本框中可输入对该幻灯片添加的备注内容，如图 5-34 所示。输入完成后，单击"演示文稿视图"组中的"普通视图"按钮，完成对幻灯片备注的添加。

添加备注也可通过单击状态栏中的"备注"按钮，将备注栏显示在演示文稿界面，在备注栏可直接输入备注内容，如图 5-35 所示。备注内容在幻灯片放映时不显示，在"演讲者放映"类型下放映演示文稿时，勾选"使用演示者视图"复选框，如图 5-36 所示，备注内容只显示在演讲者计算机中，不在投影屏上显示。

图 5-34　显示备注页

图 5-35　显示备注栏

图 5-36　设置放映方式

5.3 图像

【学习目标】

1. 学会插入图像文件。
2. 学会插入联机图片。
3. 针对学科核心素养要求，形成理性思维、批判质疑、勇于探究、乐学善学、勤于反思、信息意识、技术运用等核心素养。
4. 通过系统学习，培养专业精神、职业精神、工匠精神、创新精神和自强精神。

图片是演示文稿的重要组成元素，主要有承载信息、作为图标、边角修饰等作用。演示文稿常用的图片类型有 JPEG、GIF、PNG 等格式。在插入图片时尽量挑选清晰度高、契合演示文稿主题、风格适配的图片。

5.3.1 插入图像文件

PowerPoint 2016 插入图片的方法如下。

1）单击"插入"选项卡"图像"组中的"图片"按钮，如图 5-37 所示。

2）在弹出的对话框中选择保存插入图像文件的文件夹，选中要插入的图像文件，单击"插入"按钮，如图 5-38 所示。

3）插入图片后，可根据需要调整图片大小。调整方法如下：选中图片，此时图片四周会出现 8 个控点，将光标置于可控点上，当光标变成双向箭头时，拖动鼠标即可改变图片大小。

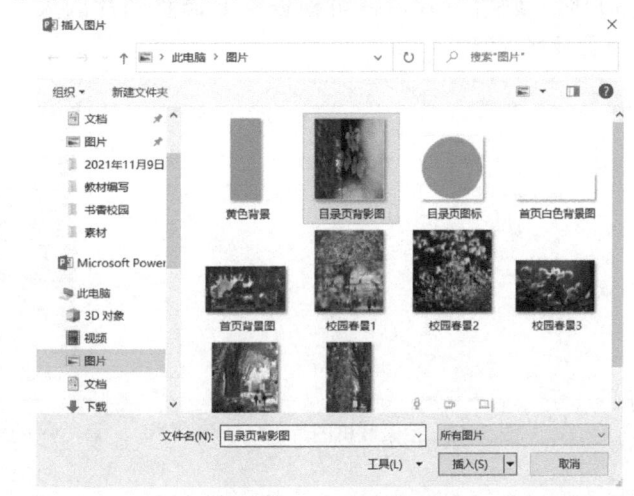

图 5-37 "图片"按钮

图 5-38 插入图像文件

4）如需调整图片位置，可选中该图片，将光标放置于图片上，当光标变成四向箭头时，拖动图片至合适的位置，松开鼠标即可。

5）插入图片后，为了使图文更加美观，可通过选中插入的图片，通过"格式"选项卡设置图片格式，如图 5-39 所示，如调整图片的亮度、对比度、颜色、样式等，从而使图片契合演示文稿的需求。

图 5-39 设置图片格式

5.3.2 插入联机图片

PowerPoint 2016 提供了多种类型的图片,这些图片构思巧妙,能表达不同的主题,可根据需要将其插入演示文稿。

PowerPoint 2016 插入联机图片的方法如下。

1)单击"插入"选项卡"图像"组中的"联机图片"按钮,如图 5-40 所示。

2)在弹出的对话框中输入与要插入的图片相关的文本,进行搜索,如图 5-41 所示,预览框中将显示符合条件的图片。选中所需的图片,单击"插入"按钮,即可将其插入演示文稿,如图 5-42 所示。

3)插入联机图片后,可根据需要调整图片的大小、位置及格式等。

图 5-40 "插入联机图片"按钮

图 5-41 搜索联机图片

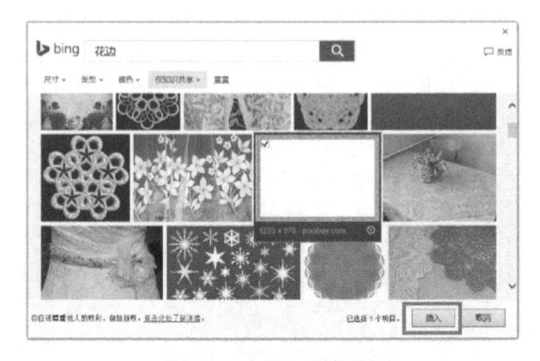

图 5-42 插入联机图片

5.4 声音与视频

【学习目标】

1. 学会插入声音。
2. 学会插入视频。
3. 针对学科核心素养要求,形成理性思维、批判质疑、勇于探究、乐学善学、勤于反思、信息意识、技术运用等核心素养。
4. 通过系统学习,培养专业精神、职业精神、工匠精神、创新精神和自强精神。

制作演示文稿时,可以为演示文稿添加一些合适的声音和视频,使演示文稿更加生动,更具感染力。

5.4.1 插入声音

PowerPoint 2016 演示文稿中常见的音频格式有 WAV、MP3 等。在演示文稿中插入声音,一般有插入声音文件和添加录制声音两种方式。

1. 插入声音文件

PowerPoint 2016 插入声音文件的方法如下。

1）单击"插入"选项卡"媒体"组"音频"下拉列表中"PC 上的音频"按钮，如图 5-43 所示。

2）在弹出的对话框中选择保存插入声音文件的文件夹，选中要插入的声音文件，单击"插入"按钮，如图 5-44 所示。

图 5-43 "PC 上的音频"按钮　　　　　图 5-44 插入声音文件

3）插入声音文件后，幻灯片中会添加一个声音图标，如图 5-45 所示，可根据需要调整图标大小。

4）选中声音图标后，功能区会自动出现"音频工具"选项卡，包括"格式"和"播放"两个子选项卡，如图 5-46 所示，单击"播放"选项卡"预览"组中的"播放"按钮可试听声音。

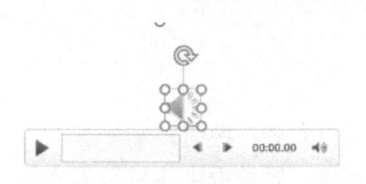

图 5-45 声音图标　　　　　图 5-46 "音频工具"选项卡

5）在"播放"选项卡"音频选项"组中可设置声音的播放方式，如在"开始"下拉列表框中选择"自动"选项，表示放映演示文稿时自动播放声音；选择"单击时"选项，表示放映演示文稿时只有单击鼠标后才开始播放声音。在"音频选项"组中还可设置声音是否跨幻灯片播放、是否循环播放及在放映演示文稿时图标是否隐藏等。

2. 添加录制声音

PowerPoint 2016 添加录制声音的方法如下。

1）单击"插入"选项卡"媒体"组"音频"下拉列表中的"录制声音"按钮。

2）在弹出的"录制声音"对话框中，单击红色圆点"录制"按钮即可通过麦克风进行录音，如图 5-47 所示。录制界面如图 5-48 所示，单击蓝色的方块"停止"按钮即可停止录制。单击"确定"按钮，幻灯片中会插入录制好的声音。

3）选中插入的声音图标，可设置图标大小及声音播放方式等。

5.4.2 插入视频

PowerPoint 2016 演示文稿中常见的视频格式有 AVI、MPEG 和 WMV 等。在演示文稿中插入视频一般有插入视频文件、插入联机视频及插入屏幕录制视频三种方式。

图 5-47 "录制声音"对话框

图 5-48 开始录制

1. 插入视频文件

PowerPoint 2016 插入视频文件的方法如下。

1）单击"插入"选项卡"媒体"组"视频"下拉列表中的"PC 上的视频"按钮。

2）在弹出的对话框中选择保存插入视频文件的文件夹，选中要插入的视频文件，单击"插入"按钮。

3）选中插入的视频，功能区会自动出现"视频工具"选项卡，包括"格式"和"播放"两个子选项卡，单击"播放"选项卡"预览"组中的"播放"按钮观看视频，如图 5-49 所示。

图 5-49 "播放"选项卡

2. 插入联机视频

PowerPoint 2016 插入联机视频的方法如下。

1）单击"插入"选项卡"媒体"组"视频"下拉列表中的"联机视频"按钮。

2）在弹出的对话框中输入与要插入的视频相关的文本，进行搜索，预览框中将显示符合条件的视频，选中所需的视频，单击"插入"按钮，即可将其插入演示文稿。

3）选中插入的视频，单击"播放"选项卡"预览"组中的"播放"按钮观看视频。

3. 插入屏幕录制视频

PowerPoint 2016 插入屏幕录制视频的方法如下。

1）单击"插入"选项卡"媒体"组中的"屏幕录制"按钮。

2）在弹出的屏幕录制控件中选择屏幕录制区域，并设置是否录制音频及是否录制光标，如图 5-50 所示。录制结束后，该视频会直接插入幻灯片。

3）选中插入的视频，单击"播放"选项卡"预览"组中的"播放"按钮即可观看视频。

图 5-50 屏幕录制控件

5.5 超级链接

【学习目标】

1. 学会插入文字链接。
2. 学会插入动作按钮链接。
3. 学会插入图形、图像链接。
4. 针对学科核心素养要求，形成理性思维、批判质疑、勇于探究、乐学善学、勤于反思、信息意识、技术运用等核心素养。
5. 通过系统学习，培养专业精神、职业精神、工匠精神、创新精神和自强精神。

制作演示文稿时，为了有更好的演示效果，常需要调用演示文稿中的指定幻灯片，或调用其他文件或网页，此时就要用到 PowerPoint 2016 超链接。PowerPoint 2016 的超链接有"现有文件或网页""本文档中的位置""新建文档""电子邮箱地址"四种类型，其中，"现有文件或网页"用来链接演示文稿之外的文件或网页，"本文档中的位置"用来链接该演示文稿中指定的幻灯片。

5.5.1 文字链接

1. 链接现有文件或网页

PowerPoint 2016 设置文字链接的方法如下。

1）选中需设置链接的文本，单击"插入"选项卡"链接"组中的"超链接"按钮，如图 5-51 所示。

2）在弹出的对话框中单击"现有文件或网页"选项，链接文件时，在对话框中选择保存链接文件的文件夹，选中要链接的文件，单击"确定"按钮，如图 5-52 所示；如需链接网页，则在对话框下方"地址"文本框内输入完整的网页地址，如图 5-53 所示。

图 5-51 超链接按钮

图 5-52 链接文件　　　　图 5-53 链接网页

2. 链接本文档中的位置

最简单的演示文稿是直线结构，幻灯片按照前后顺序依次播放，但在使用过程中，可能希望首先展现演示文稿的主题,并具有层次分明的导航,需要讲解导航中的某文本条目时,能灵活调用相关幻灯片进行演示,演示完毕,再次回到导航幻灯片。此时就需要用到编辑超链接对话框中的"本文档中的位置"选项,设置方法如下。

1)选中要设置链接的文本,单击"插入"选项卡"链接"组中的"超链接"按钮。

2)在弹出的对话框中单击"本文档中的位置"选项,选择该文本需要链接到的幻灯片页,如设置导航页的"校园春景"文本链接到第3张幻灯片,如图5-54所示。

5.5.2 动作按钮链接

演示文稿中的动作按钮,一般是用来实现幻灯片向前翻页、向后翻页、返回首页、返回导航页等功能的,创建动作按钮链接的方法如下。

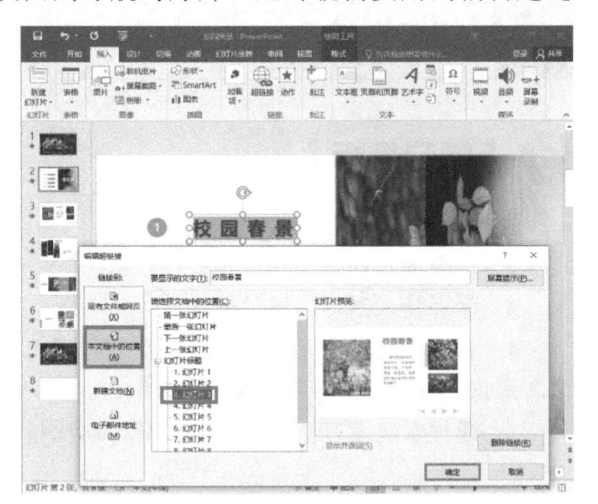

图 5-54 链接本文档中的位置

1)单击"插入"选项卡"插图"组中的"形状"按钮,在展开的列表中选择"动作按钮"栏的图标,如图5-55所示。

2)返回幻灯片时,光标会变成十字,在合适的位置按住鼠标左键并拖动,即可在幻灯片中绘制动作按钮。

3)动作按钮绘制完毕,会自动弹出"操作设置"的对话框,有"单击鼠标"和"鼠标悬停"两个选项卡,如图 5-56 所示。"单击鼠标"是指在文稿演示过程中单击按钮时要执行的动作,"鼠标悬停"是指在文稿演示过程中鼠标悬停在该按钮时要执行的动作,可根据需要进行设置。

图 5-55 "动作按钮"栏

图 5-56 "操作设置"对话框

5.5.3 图形、图像链接

图形、图像的链接同文字链接一样,先选中要设置链接的图形图像,然后单击"插入"选项卡"链接"组中的"超链接"按钮,在弹出的"编辑超链接"对话框中设置相关链接。

5.6 播放演示文稿

【学习目标】

1. 学会设置演示文稿放映方式。
2. 学会设置幻灯片的放映效果。
3. 学会放映演示文稿。
4. 针对学科核心素养要求,形成理性思维、批判质疑、勇于探究、乐学善学、勤于反思、信息意识、技术运用等核心素养。
5. 通过系统学习,培养专业精神、职业精神、工匠精神、创新精神和自强精神。

为突出演示文稿的重点,加大视觉冲击力,提高观赏性和趣味性,还需要为幻灯片设置切换效果,以及为幻灯片中的对象设置动画。

5.6.1 设置演示文稿的放映方式

根据不同的应用场景,可对演示文稿设置不同的放映方式,PowerPoint 2016 设置演示文稿放映方式的方法如下。

单击"幻灯片放映"选项卡"设置"组中的"设置幻灯片放映"按钮,如图 5-57 所示。
在弹出的"设置放映方式"对话框中设置放映方式,如图 5-58 所示。

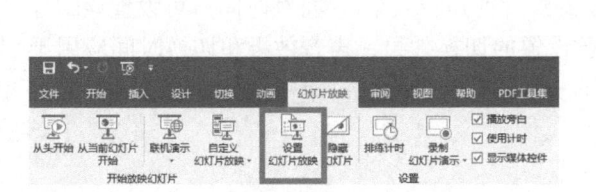

图 5-57 "设置幻灯片放映"按钮   图 5-58 "设置放映方式"对话框

演示文稿的放映类型包括演讲者放映、观众自行浏览、在展台浏览三种。

1．演讲者放映

演讲者放映方式是最常用的放映类型，放映时幻灯片将全屏显示，演讲者对演示文稿的播放具有完全控制权，如切换幻灯片、播放动画、添加墨迹注释等。

2．观众自行浏览

观众自行浏览方式是放映时在标准窗口中显示幻灯片，在窗口内单击鼠标右键，可显示菜单栏，能切换幻灯片，或移动、编辑、复制和打印幻灯片。

3．在展台浏览

在展台浏览方式是一种自动运行全屏放映的方式，该放映类型不需要专人来控制幻灯片的播放，适合在展览会等场所全屏播放。

5.6.2 设置幻灯片的放映效果

1．为幻灯片设置切换效果

放映演示文稿时，从一张幻灯片过渡到下一张幻灯片，默认情况下是没有任何切换效果的。通过设置可为每张幻灯片添加具有动感的切换效果，还可以控制每张幻灯片的切换速度，以及添加切换声音等。

PowerPoint 2016 为幻灯片设置切换效果的方法如下。

1）在"幻灯片窗格"中选中要设置切换效果的幻灯片，单击"切换"选项卡"切换到此幻灯片"组的"其他"按钮，如图 5-59 所示。

2）在展开的列表中选择切换效果，如选择"切换"效果，如图 5-60 所示。

图 5-59　切换效果"其他"按钮　　　　图 5-60　选择切换效果

3）"计时"组中的"声音"按钮可设置切换幻灯片的声音效果，"持续时间"可设置该幻灯片的切换速度。单击"全部应用"按钮，可将已设置的切换效果、声音效果和切换时间应用于全部幻灯片。通过"换片方式"可选择切换到下一张幻灯片的方式：单击鼠标或通过设置的换片时间自动切换，如图 5-61 所示。

2．为幻灯片中的对象设置动画效果

通过 PowerPoint 2016 的"动画"选项卡可以为幻灯片中的文本、图片等对象设置动画效果，使演示文稿的放映更加生动。通过"动画窗格"按钮可以对添加的动画效果进行编辑。

PowerPoint 2016 为幻灯片中的对象设置动画效果的方法如下。

1）在幻灯片中选中需设置动画效果的对象，单击"动画"选项卡"动画"组的"其他"按钮，如图 5-62 所示。

图 5-61　"切换"选项卡"计时"组

图 5-62　设置动画"其他"按钮

2）在展开的列表中选择动画效果，如选择"随机线条"效果，如图 5-63 所示。

图 5-63　选择动画效果

可以为幻灯片中的对象设置动画效果，列表中各类型动画的作用如下。
- 进入：设置幻灯片放映过程中对象进入放映界面时的动画效果。
- 强调：为已经进入幻灯片的对象设置强调动画效果。
- 退出：设置对象离开幻灯片时的动画效果，让对象离开幻灯片。
- 动作路径：让对象在幻灯片中沿着系统自带的或用户绘制的路径运动。

3）单击"动画"组"效果选项"下方的三角按钮，可设置动画的运动方向。选择不同的动画，效果选项也不同，如将对象的动画设置为"随机线条"，单击"效果选项"，可设置运动方向为水平或垂直，如图 5-64 所示；将对象的动画设置为"缩放"，单击"效果选项"，可设置消失点为对象中心和幻灯片中心，如图 5-65 所示。

【温馨提示】

"动画"选项卡"高级动画"组中的"添加动画"按钮也可为对象添加动画效果，和"动画"组的添加方法一致，不同的是，通过"添加动画"列表可以为同一对象添加多个动画效果，而通过"动画"组只能为同一对象添加一个动画效果。

PowerPoint 2016 编辑幻灯片中对象动画效果的操作方法如下。

1）单击"动画"选项卡"高级动画"组中的"动画窗格"按钮。

2）在幻灯片右侧会显示动画窗格，如图 5-66 所示。在动画窗格中可以查看当前幻灯片中对象设置的所有动画效果，并对动画效果进行更多设置。

图 5-64 "随机线条"效果选项　　　　图 5-65 "缩放"效果选项

图 5-66 动画窗格

3）在动画窗格中单击某动画右侧的倒三角按钮，可设置该动画的开始播放方式、效果选项等，如图 5-67 所示。

4）在动画窗格中，还可调整各动画效果的播放顺序，具体操作方法如下：选中某动画效果，单击动画窗格"播放"按钮右侧的正三角、倒三角按钮来调整动画效果的排序，如将"矩形 6：校园春景"的动画效果移至"图片 13"的动画效果之后，需要选中"矩形 6：校园春景"后，单击一次倒三角按钮，如图 5-68 所示。

图 5-67 动画设置选项　　　　图 5-68 动画排序按钮

"动画"选项卡"计时"组可设置动画的开始播放方式和播放速度,"开始"下拉列表框如图 5-69 所示,各选项的作用如下。

- 单击时:放映幻灯片时,需单击鼠标才开始播放动画。
- 与上一动画同时:放映幻灯片时,自动与上一动画效果同时播放。
- 上一动画之后:放映幻灯片时,上一动画效果播放完成后自动播放该动画效果。

通过"持续时间"可设置动画的播放速度。
通过"对动画重新排序"可调整动画的播放顺序。

5.6.3 放映演示文稿

演示文稿的放映方式设置完成后,就可以对其进行放映了。在放映演示文稿时,可以自由控制幻灯片放映的启动与退出、控制幻灯片的放映、添加墨迹注释以及隐藏或显示鼠标指针等。

1. 幻灯片放映的启动与退出

PowerPoint 2016 启动幻灯片放映常用的方法有以下 4 种。

方法 1:在"幻灯片放映"选项卡"开始放映幻灯片"组中单击"从头开始"按钮,如图 5-70 所示,或按〈F5〉键,演示文稿从第一张幻灯片开始放映。

图 5-69 设置动画开始　　　　　　　　图 5-70 从头开始放映按钮

方法 2:在"幻灯片放映"选项卡"开始放映幻灯片"组中单击"从当前幻灯片开始"按钮,或按〈Shift+F5〉组合键,演示文稿从当前幻灯片开始放映。

方法 3:在"幻灯片放映"选项卡"开始放映幻灯片"组中单击"联机演示"按钮,其他人可通过 Web 浏览器查看该幻灯片的放映。

方法 4:在"幻灯片放映"选项卡"开始放映幻灯片"组中单击"自定义幻灯片放映"下拉列表中的"自定义放映"按钮,PowerPoint 2016 会弹出"自定义放映"对话框,如图 5-71 所示。单击"新建"按钮,弹出"定义自定义放映"对话框,如图 5-72 所示,在对话框上方"幻灯片放映名称"文本框中可以自定义放映名称。勾选要放映的幻灯片,单击"添加"按钮,要放映的幻灯片会在右侧框内显示,确保无误后,单击"确定"按钮,返回"自定义放映"对话框,单击"放映"按钮,即可进行自定义放映。

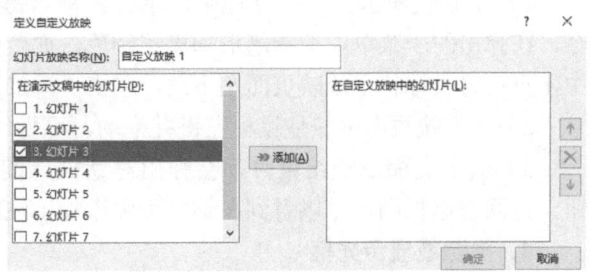

图 5-71 "自定义放映"对话框　　　　　图 5-72 "定义自定义放映"对话框

幻灯片放映完毕或想终止放映时,可按〈Esc〉键结束放映,或在幻灯片放映页面中单击鼠标右键,在弹出的快捷菜单中选择"结束放映"命令。

2. 控制幻灯片的放映

放映演示文稿的过程中，将鼠标移至放映页面左下角，会显示一组控制按钮，单击向左或向右的箭头可跳转到上一张或下一张幻灯片，如图 5-73 所示。

【温馨提示】

放映演示文稿的过程中，PowerPoint 2016 还提供了许多控制播放进程的技巧，如：

1）按〈Enter〉〈空格〉〈Page Down〉键均可快速切换至下一张幻灯片。

2）按〈Backspace〉〈Page Up〉键均可快速切换至上一张幻灯片。

图 5-73　放映页面控制按钮

放映演示文稿的过程中，如需快速切换到指定幻灯片，可单击鼠标右键，在弹出的快捷菜单中选择"查看所有幻灯片"命令，如图 5-74 所示，单击指定幻灯片即可完成切换，如图 5-75 所示。

图 5-74　"查看所有幻灯片"命令　　　　图 5-75　查看所有幻灯片

3. 添加墨迹注释

放映演示文稿的过程中，如需对幻灯片进行讲解或标注，可在幻灯片中添加墨迹注释，如圆圈、下划线、箭头或文字等。

PowerPoint 2016 在幻灯片中添加墨迹注释的操作方法如下。

1）在放映演示文稿的过程中，单击鼠标右键，在弹出的快捷菜单中选择"指针选项"命令，在弹出的子菜单中选择笔形和墨迹颜色，如荧光笔、红色，如图 5-76 所示。或在放映过程中，直接将鼠标移至放映页面左下角，单击"添加墨迹注释"按钮。

2）在放映页面中按住鼠标左键并拖动，可为幻灯片添加墨迹注释。

3）演示文稿放映结束时，会弹出对话框，询问是否要保留墨迹注释。如单击"保留"按钮，返回普通视图，可以看到在幻灯片中添加了注释，如图 5-77 所示。

4. 隐藏或显示光标

放映演示文稿时，如光标出现在屏幕上会影响幻灯片的放映效果，可将光标隐藏，需要时再通过设置显示。

PowerPoint 2016 放映演示文稿时隐藏光标的操作方法如下：在放映演示文稿的过程中，单击鼠标右键，在弹出的快捷菜单中选择"指针选项"→"箭头选项"→"永远隐藏"命令，这样可隐藏鼠标指针，需要显示时选择"可见"命令即可，如图 5-78 所示。或按〈Ctrl+H〉和〈Ctrl+A〉组合键，分别实现隐藏和显示鼠标指针操作。

图 5-76　选择笔形和墨迹颜色　　　　　　　图 5-77　添加墨迹注释

图 5-78　隐藏鼠标指针

5.7　本章小结

通过本章的学习，应该重点掌握使用 PowerPoint 2016 对幻灯片进行插入、复制、移动和删除；会在幻灯片中进行文本处理；会设置项目符号和项目编号；会添加批注和备注；会在幻灯片中插入图像、声音和视频；会设置文本、图形图像的链接；会创建动作按钮链接；会设置演示文稿的播放方式及放映效果；会放映演示文稿。同时，养成严谨的专业精神、职业精神和工匠精神，学会利用所学知识进行知识与技能的拓展与创新。

【学习效果评价】

复述本章的主要学习内容	
对本章的学习情况进行准确评价	
本章没有理解的内容是哪些	
如何解决没有理解的内容	

注：学习情况评价包括少部分理解、约一半理解、大部分理解和全部理解 4 个层次，请根据自身的学习情况进行准确的评价。

5.8 上机实训

5.8.1 展示校园美景

1. 实训学习目标

1）学会新建空白演示文稿。
2）学会在幻灯片中插入文本、图片和声音。
3）学会设置文字链接。
4）学会创建动作按钮链接。
5）学会设置幻灯片切换效果。
6）学会设置幻灯片中对象的动画效果。
7）学会放映演示文稿。
8）培养严谨认真、一丝不苟、精益求精的职业素养和工匠精神，培养审美能力。

5-1 上机实训1

2. 实训情境及实训内容

乔一同学今年读大二，他想制作一份校园美景的演示文稿，向大一新入学的师弟、师妹展示校园美景，请利用所学知识帮乔一同学完成校园美景演示文稿的制作。

3. 实训要求

在实训过程中，要求学生培养独立分析问题和解决实际问题的能力，且保质、保量、按时完成操作。实训的具体要求如下。

1）新建空白演示文稿。
2）在幻灯片中插入文本、图片和声音。
3）设置文字链接。
4）创建动作按钮链接。
5）设置幻灯片切换效果。
6）设置幻灯片中对象的动画效果。
7）放映演示文稿。
8）开展小组合作探究学习，每 3 人一组，其中一人是小组长，负责组织学习过程以及学习成果汇报。

4. 实训步骤

（1）制作演示文稿首页幻灯片

1）新建一个空白演示文稿，并以"校园美景"为名进行保存。

2）单击"插入"选项卡"图像"组中的"图片"按钮，选择本教材配套素材"校园美景"文件夹中的"首页背景"图片，单击"插入"按钮后，返回幻灯片，调整图片大小，使图片完全覆盖幻灯片。

3）选中图片，单击"格式"选项卡"排列"组中"下移一层"右侧的三角按钮，在弹出的下拉列表中选择"置于底层"，将图片设置为背景图，如图 5-79 所示。

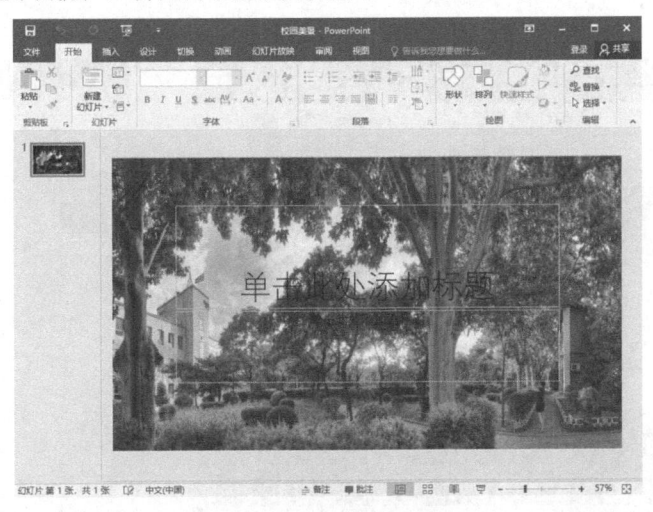

图 5-79　设置首页背景图

4）分别选中标题占位符和副标题占位符，按〈Delete〉键进行删除，单击"插入"选项卡"文本"组中"艺术字"下方的三角按钮，在弹出的下拉列表中选择"渐变填充－橙色，着色 4，轮廓－着色 4"，如图 5-80 所示。在弹出的文本框中输入标题"校园美景"，利用"开始"选项卡中的"字体"组设置标题字号为 88。拖动文本框，将其放置在幻灯片中心位置，如图 5-81 所示。

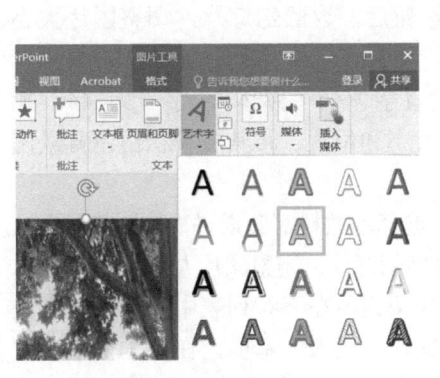

图 5-80　设置艺术字　　　　　　　　　　图 5-81　输入标题

5）单击"插入"选项卡"媒体"组"音频"下拉列表中的"PC 上的音频"按钮，选择本教材配套素材"校园美景"文件夹中的"背景音乐"，单击"插入"按钮后，返回幻灯片，调整声音图标的位置及大小。

6）选中"声音"图标，切换到"音频工具"选项卡中的"播放"子选项卡，在"音频选项"组将"开始"设置成"自动"，并勾选"跨幻灯片播放""循环播放，直到停止""放映时隐藏""播完返回开头"复选框，如图 5-82 所示。

（2）制作演示文稿导航页幻灯片

1）在"幻灯片窗格"中，选中第一张幻灯片下面的位置，再单击"开始"选项卡"幻灯片"组中"新建幻灯片"右侧的三角按钮，选择"仅标题"版式，插入新的幻灯片，如图 5-83 所示。

图 5-82　设置背景音乐　　　　　　　图 5-83　插入幻灯片

2）单击"插入"选项卡"图像"组中的"图片"按钮，选择本教材配套素材"校园美景"文件夹中的"目录页背景"图片，单击"插入"按钮后，返回幻灯片，调整图片大小及位置，使图片覆盖幻灯片的右半部分。

3）选中背景图，单击"格式"选项卡"排列"组中"下移一层"右侧的三角按钮，在弹出的下拉列表中选择"置于底层"。

4）单击"插入"选项卡"图像"组中的"图片"按钮，选择本教材配套素材 "校园美景"文件夹中的"目录页白色背景"图片，单击"插入"按钮后，返回幻灯片，调整图片大小及位置，使白色背景图置于目录页背景的中间。

5）在标题占位符中单击鼠标左键并输入"目录"，设置字体为"黑体"，字号为 44，加粗，有阴影，颜色为灰色（RGB:38 38 38），调整占位符的大小和位置，将其放置在白色背景图的中间。效果如图 5-84 所示。

6）单击"插入"选项卡"图像"组中的"图片"按钮，选择本教材配套素材"校园美景"文件夹中的"目录页序号图标"图片，单击"插入"按钮后，返回幻灯片，调整图片大小及位置。

7）单击"插入"选项卡"文本"组"文本框"下的三角按钮，在下拉列表中选择"横排文本框"，返回幻灯片，在序号图标中间位置按住鼠标左键并拖动，插入文本框，在文本框中输入数字 1，设置字体为"等线"，字号为 24，颜色为白色。

8）单击"插入"选项卡"文本"组"文本框"下的三角按钮，在下拉列表中选择"横排文本框"，返回幻灯片，在序号图标右边插入文本框，在文本框中输入"校园春景"，设置字体为"黑体"，加粗，阴影，字号为 36，颜色为灰色（RGB:38 38 38）。

9）重复步骤 6）～8），设置校园夏韵、校园秋思、校园冬吟的导航文本。效果如图 5-85 所示。

图 5-84　设置目录页背景图 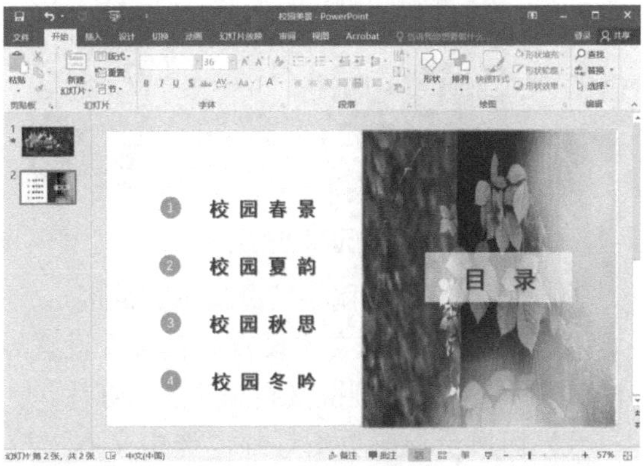　　　　　　　　图 5-85　目录页效果

（3）制作演示文稿其他幻灯片

1）在"幻灯片窗格"中选中第二张幻灯片下面的位置，再单击"开始"选项卡"幻灯片"组"新建幻灯片"下方的三角按钮，选择"仅标题"版式，插入新的幻灯片。

2）在标题占位符中输入文本"校园春景"，设置字体为"黑体"，加粗，阴影，字号为44，颜色为黄色（RGB:226 160 1）。

3）单击"插入"选项卡"图像"组中的"图片"按钮，选择本教材配套素材"校园美景"文件夹中的"校园春景图 1""黄色框图""校园春景图 2""校园春景图 3"图片，分别插入幻灯片中，调整图片大小及位置。

4）在"校园春景"下方插入"文本框"，并输入文本"春天是花的海洋，微风轻拂，任由它们慢慢开放。无意间，看到一抹蓝色，在这花的海洋里衬托着学生的朝气。"设置字体为"黑体"，字号为20，颜色为浅灰色（RGB:127 127 127）。效果如图 5-86 所示。

5）重复步骤 1）～4），制作校园夏韵、校园秋思、校园冬吟的幻灯片。校园夏韵幻灯片效果如图 5-87 所示，校园秋思幻灯片效果如图 5-88 所示，校园冬吟幻灯片效果如图 5-89 所示。

图 5-86　校园春景幻灯片效果 　　　　　　　图 5-87　校园夏韵幻灯片效果

6）复制第一张幻灯片到"校园冬吟"幻灯片的后面，将"声音"图标删除，将标题"校园美景"改成"谢谢观看"。效果如图 5-90 所示。

图 5-88　校园秋思幻灯片效果　　　　　　　图 5-89　校园冬吟幻灯片效果

（4）设置演示文稿导航页文本超链接

为演示文稿导航文本设置超链接，设置导航页中的"校园春景""校园夏韵""校园秋思""校园冬吟"文本分别链接到相应的幻灯片。

1）切换至导航页幻灯片，选中文本"校园春景"，单击"插入"选项卡"链接"组中的"超链接"按钮，在弹出的对话框中单击"本文档中的位置"按钮，选择"幻灯片 3"，如图 5-91 所示。

图 5-90　谢谢观看幻灯片效果　　　　　　　图 5-91　设置"校园春景"导航

【温馨提示】

设置超链接后，"校园春景"字体颜色会随着 PowerPoint 2016 的设置发生改变，如需修改设置超链接后的字体颜色，可单击"视图"选项卡"母版视图"组中的"幻灯片母版"，在弹出的"幻灯片母版"选项卡中单击"背景"组"颜色"下拉列表中的"自定义颜色"进行修改。

2）重复步骤 1），制作导航页"校园夏韵""校园秋思""校园冬吟"的超链接。

（5）创建演示文稿动作按钮

下面为演示文稿中的幻灯片创建开始、向前翻页（后退或前一项）、返回导航页（第一张）、向后翻页（前进或下一项）、结束的动作按钮。

1）切换至校园春景幻灯片，单击"插入"选项卡"插图"组中的"形状"按钮，在展开的列表中选择"动作按钮"中的开始动作按钮图标，返回幻灯片，光标会变成十字，在幻灯片右下角按住鼠标并拖动，即可在幻灯片中绘制该动作按钮，在弹出的"操作设置"对话框中切换到"单击鼠标"选项卡，并设置超链接到第一张幻灯片，如图 5-92 所示。

2）重复步骤 1），制作向前翻页、返回导航页、向后翻页、结束的动作按钮。其中，向前翻页（后退或前一项）动作按钮超链接到上一张幻灯片，向后翻页（前进或下一项）动作按钮超链接到下一张幻灯片，结束动作按钮超链接到最后一张幻灯片。

3）返回导航页（第一张）的动作按钮超链接到幻灯片 2，具体操作步骤是：在幻灯片中绘制"第一张"动作按钮后，在弹出的"操作设置"对话框中切换到"单击鼠标"选项卡，设置"超链接到"选项为"幻灯片…"，在弹出的"超链接到幻灯片"对话框中选择"2.幻灯片 2"，如图 5-93 所示。

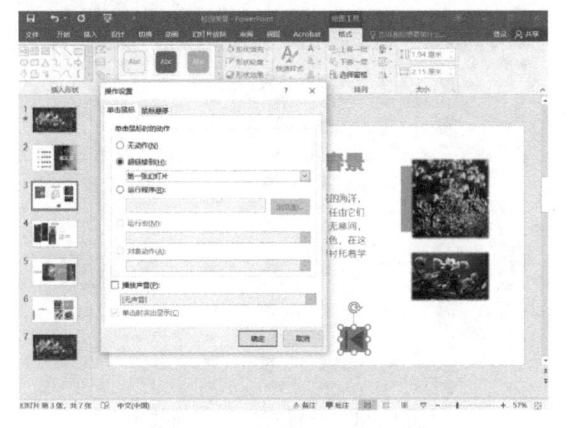

图 5-92　创建开始动作按钮 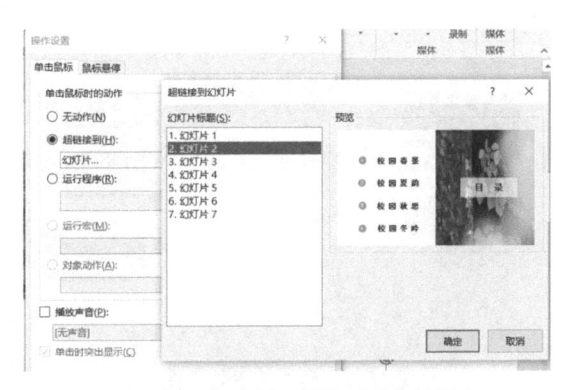　　　　　　　　图 5-93　创建返回导航页动作按钮

4）同时选中绘制的五个动作按钮，单击"格式"选项卡"排列"组"对齐"下方的三角按钮，分别单击"横向分布"和"底端对齐"。

5）同时选中绘制的五个动作按钮，单击"格式"选项卡"形状样式"组右下角的"对话框启动器"，如图 5-94 所示，打开"设置形状格式"窗格，单击"填充与线条"按钮，在"填充"选项中选择"纯色填充"，"颜色"为白色，"透明度"为 50%，在"线条"选项中选择"无线条"，如图 5-95 所示。单击"大小与属性"按钮，设置高度、宽度都为 2cm，勾选"锁定纵横比"，如图 5-96 所示。动作按钮效果如图 5-97 所示。

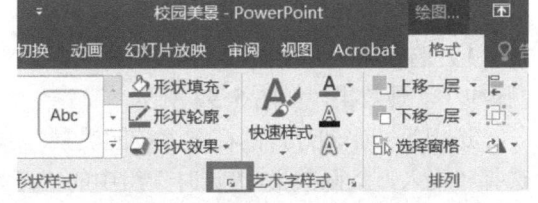

图 5-94　形状样式对话框启动器

图 5-95　设置动作按钮填充与线条格式 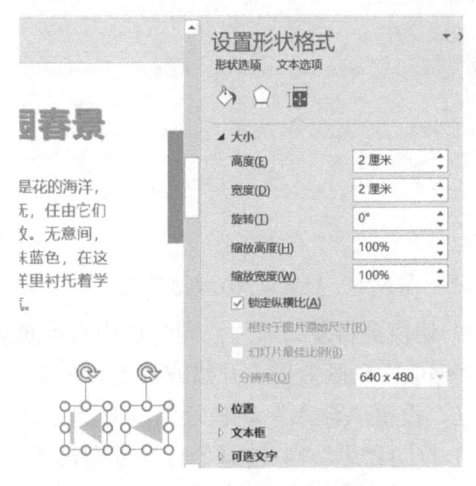　　　　图 5-96　设置动作按钮的大小

6）复制创建的五个动作按钮，分别粘贴到校园夏韵、校园秋思、校园冬吟幻灯片。

（6）设置幻灯片动画效果

演示文稿制作好后，为了使演示效果更好，还需要为幻灯片设置切换效果。

1）切换至第一张幻灯片，单击"切换"选项卡"切换到此幻灯片"组的"其他"按钮，选择"立方体"切换效果，如图 5-98 所示。

图 5-97 动作按钮效果图 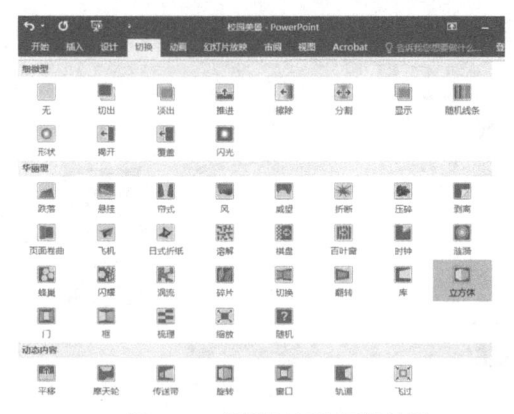　　　　　　　　　图 5-98 设置幻灯片切换效果

2）"计时"组中的"声音"选择"无声音"、"持续时间"为 02.00，"换片方式"为"单击鼠标时"，单击"全部应用"按钮，将此切换效果应用于全部幻灯片。

（7）设置幻灯片对象动画效果

1）选中第一张幻灯片的背景图，单击"动画"选项卡"动画"组的"其他"按钮，选择"脉冲"动画效果，如图 5-99 所示。

选中第一张幻灯片的标题"校园美景"，单击"动画"选项卡"动画"组的"其他"按钮，选择"飞入"动画效果，"计时"组中的"开始"为"上一动画之后"，如图 5-100 所示。

图 5-99 设置背景图动画效果　　　　　　　图 5-100 设置标题动画效果

2）切换至目录幻灯片，同时选中目录页背景图、目录页白色背景和"目录"文本框，为其设置"缩放"动画效果，开始方式为"与上一动画同时"。同时选中序号 1 及其黄色背景和校园文本框，设置"浮入"动画效果，开始方式为"上一动画之后"，重复此步骤，为"2 校园夏韵""3 校园秋思""4 校园冬吟"分别设置"浮入"动画效果，开始方式为"上一动画之后"。

3）分别为校园春景、校园夏韵、校园秋思、校园冬吟的标题设置"飞入"动画效果，开始方式为"上一动画之后"。对每张幻灯片的图片设置"浮入"动画效果，开始方式为"上一动画之后"，对每张幻灯片的文本框设置"飞入"动画效果，开始方式为"上一动画之后"。

4）所有动画效果设置完毕，放映演示文稿。

5. 实训考核评价

考核方式与内容	过程性考核（50 分）									终结性考核（50 分）		
^	操行考核（10 分）			实操考核（20 分）			学习考核（20 分）			实训报告成果（50 分）		
实施过程	教师评价	小组评价	自评	教师评价	小组评价	自评	教师评价	小组评价	自评	教师评价	小组评价	自评
考核标准	出勤、安全、纪律、协作精神、工作（学习）态度、表达能力、沟通能力、完成作业、环保意识、创新意识，每项各为 1 分			工作任务计划制订（4 分）、工作任务完成情况（新建空白演示文稿，在幻灯片中插入文本、图片和声音，设置文字链接，创建动作按钮链接，设置幻灯片切换效果，设置幻灯片中对象的动画效果，放映演示文稿，共 4 分）、操作过程（4 分）、工具使用（4 分）、工匠精神（4 分）			预习工作任务内容（4 分）、工作过程记录（4 分）、完成作业（4 分）、工作方法（4 分）、工作过程分析与总结（4 分）			回答问题准确（20 分）、操作规范、实验结果准确（30 分）		
各项得分												
评价标准	A 级（优秀）：得分>85 分；B 级（良好）：得分为 71～85 分；C 级（合格）：得分为 60～70 分；D 级（不合格）：得分<60 分											
评价等级	最终评价得分是：　　　分						最终评价等级是：					

6. 知识与技能拓展

使用本教材素材"书香校园"文件夹中的图片及背景音乐，按下列要求制作"书香校园"演示文稿。演示文稿效果如图 5-101 所示。

1）要求演示文稿中有文字、图片和背景音乐。
2）为导航页的幻灯片设置文本链接。
3）为幻灯片中的对象设置动画效果。
4）为幻灯片设置切换效果。

图 5-101　书香校园效果图

5.8.2 制作主题演讲 PPT

1. 实训学习目标

1）学会新建空白演示文稿。

2）学会在幻灯片中插入文本、图片和声音。

3）学会设置幻灯片切换效果。

4）学会设置幻灯片中对象的动画效果。

5）学会放映演示文稿。

6）培养严谨认真、一丝不苟、精益求精的职业素养和工匠精神。

2. 实训情境及实训内容

2021 年 7 月 1 日，学校组织演讲比赛，乔一同学想制作一份以《我爱我的家乡》为主题的演讲演示文稿，请利用所学知识帮乔一同学完成制作。

3. 实训要求

在实训过程中，要求学生培养独立分析问题和解决实际问题的能力，且保质、保量、按时完成操作。实训的具体要求如下。

1）新建空白演示文稿。

2）在幻灯片中插入文本、图片和声音。

3）设置幻灯片切换效果。

4）设置幻灯片中对象的动画效果。

5）放映演示文稿。

6）开展小组合作探究学习，每 3 人一组，其中一人是小组长，负责组织学习过程以及学习成果汇报。

4. 实训步骤

（1）制作演示文稿首页幻灯片

1）新建一个空白演示文稿，并以"我爱我的家乡"为名进行保存。

2）单击"插入"选项卡"图像"组中的"图片"按钮，选择本教材配套素材"我爱我的家乡"文件夹中的"首页背景"图片，单击"插入"按钮后，返回幻灯片，调整图片大小，使图片完全覆盖幻灯片。

3）选中插入的图片，单击"格式"选项卡"排列"组中"下移一层"右侧的三角按钮，在弹出的下拉列表中选择"置于底层"，将图片设置为背景图。

4）在标题占位符中输入标题"我爱我的家乡"，利用"开始"选项卡中的"字体"组设置标题字体为"华文新魏"，字号为 80，有阴影，颜色为绿色。拖动占位符，将其放置在幻灯片中心靠上的位置。选中副标题占位符，按〈Delete〉键进行删除。

5）单击"插入"选项卡"插图"组中的"形状"按钮，选择"流程图-准备"，调整形状大小及位置。

6）单击"插入"选项卡"文本"组"文本框"下的三角按钮，在下拉列表中选择"横排文本框"，返回幻灯片，在形状中间位置插入文本框，在文本框中输入"主题演讲"，设置字体为"等线"，字号为 24，颜色为白色。

7）单击"插入"选项卡"媒体"组"音频"下拉列表中的"PC 上的音频"按钮，选择配套素材中的"背景音乐"，单击"插入"按钮后，返回幻灯片，调整声音图标的位置及大小。

8）选中"声音"图标，切换到"音频工具"选项卡中的"播放"子选项卡，在"音频选项"组，将开始方式设置成"自动"，并勾选"跨幻灯片播放""循环播放，直到停止""放映时隐藏""播完返回开头"。首页效果如图 5-102 所示。

图 5-102　首页效果图

（2）制作演示文稿第二张幻灯片

1）在"幻灯片窗格"中，选中第一张幻灯片下面的位置，单击"开始"选项卡"幻灯片"组中"新建幻灯片"下方的三角按钮，选择"仅标题"版式，插入新的幻灯片。

2）单击"插入"选项卡"图像"组中的"图片"按钮，选择配套素材中的"首页背景"图片，单击"插入"按钮后，返回幻灯片，调整图片大小及位置，使图片覆盖幻灯片。

3）选中图片，单击"格式"选项卡"排列"组中"下移一层"右侧的三角按钮，在弹出的下拉列表中选择"置于底层"，将图片设置为背景图。

4）在标题占位符中输入文本"我爱我的家乡致辞朗诵"，利用"开始"选项卡中的"字体"组，设置标题字体为"等线"，字号为 66，有阴影，颜色为绿色。拖动标题占位符，将其放置在幻灯片中心的位置。

（3）制作演示文稿其他幻灯片

1）在"幻灯片窗格"中，选中第二张幻灯片下面的位置，单击"开始"选项卡"幻灯片"组中"新建幻灯片"下方的三角按钮，选择"仅标题"版式，插入新的幻灯片。

2）单击"插入"选项卡"图像"组中的"图片"按钮，选择配套素材中的"朗诵致辞背景"，单击"插入"按钮后，返回幻灯片，调整图片大小及位置，使图片覆盖幻灯片。

3）在标题占位符中输入文本"我爱我的家乡致辞朗诵"，利用"开始"选项卡中的"字体"组，设置标题字体为"等线"，字号为 36，颜色为黑色。拖动标题占位符，将其放置在幻灯片左上角。

4）单击"插入"选项卡"图像"组中的"图片"按钮，选择配套素材中的"致辞粉色背景"，调整图片大小及位置，使图片位于幻灯片中间偏左的位置。

5）单击"插入"选项卡"文本"组"文本框"下的三角按钮，在下拉列表中选择"横排文本框"，返回幻灯片，在致辞粉色背景图片中间位置按住鼠标左键并拖动，插入文本框，在文本框中输入朗诵致辞，设置字体为"黑体"，字号为 20，颜色为黑色。

6）单击"插入"选项卡"图像"组中的"图片"按钮，选择本教材配套素材文件夹中的"朗诵致辞配图 1"，调整图片大小及位置，使图片位于幻灯片中间偏右的位置。至此幻灯片效果如图 5-103 所示。

7）复制第三张幻灯片，将文本框、致辞粉色背景和朗诵致辞配图 1 删除，重复步骤 4）～6），插入配套素材中的"致辞黄色背景"并调整图片大小及位置，使图片位于幻灯片中间偏右的位置。在致辞黄色背景图片中间位置插入文本框，在文本框中输入朗诵致辞，并设置字体为"等线"，字号为 20，颜色为黑色。在幻灯片中间偏左的位置选择本教材配套素材文件夹中的"朗诵致辞配图 2"，调整图片大小。效果如图 5-104 所示。

图 5-103　致辞幻灯片效果图（一）　　　　图 5-104　致辞幻灯片效果图（二）

8）重复步骤 4）～7），制作其他致辞幻灯片。效果如图 5-105 所示。

图 5-105　其他致辞幻灯片效果图

9）复制第一张幻灯片到最后，将"声音"图标删除，将标题"我爱我的家乡"改成"谢谢观看"。

（4）创建演示文稿动作按钮

为演示文稿中的致辞幻灯片创建开始、向前翻页（后退或前一项）、返回致辞首页（第一张）、向后翻页（前进或下一项）、结束的动作按钮。

1）切换至第一张致辞幻灯片，单击"插入"选项卡"插图"组中的"形状"按钮，在展开的列表中选择"动作按钮"中的开始动作按钮图标，返回幻灯片，光标会变成十字，在幻灯片右下角按住鼠标并拖动，即可在幻灯片中绘制该动作按钮，在弹出的"操作设置"对话框中切换到"单击鼠标"选项卡，并设置超链接到第一张幻灯片。

2）重复步骤 1），制作向前翻页、返回致辞首页、向后翻页、结束的动作按钮。其中，向前翻页（后退或前一项）动作按钮超链接到上一张幻灯片，向后翻页（前进或下一项）动作按钮超链接到下一张幻灯片，结束动作按钮超链接到最后一张幻灯片。

3）返回致辞首页（第一张）动作按钮"超链接到"为"幻灯片 2"，具体操作步骤是在幻灯片中绘制"第一张"动作按钮后，在弹出的"操作设置"对话框中切换到"单击鼠标"选项卡，设置"超链接到"为"幻灯片…"，在弹出的"超链接到幻灯片"对话框中选择"2.幻灯片 2"。

4）同时选中绘制的五个动作按钮，单击"格式"选项卡"排列"组中"对齐"下方的三角按钮，分别单击"横向分布"和"底端对齐"。

5）同时选中绘制的五个动作按钮，单击"格式"选项卡"形状样式"组右下角的"对话框启动器"，打开"设置形状格式"窗格，单击"填充与线条"按钮，在"填充"选项中选择"纯色填充"，颜色为白色，透明度为 50%，在"线条"选项中选择无线条。单击"大小与属性"按钮，设置高度、宽度都为 2cm，勾选"锁定纵横比"。效果如图 5-106 所示。

图 5-106　致辞幻灯片创建动作按钮效果图

6）复制创建的五个动作按钮，分别粘贴到其他致辞幻灯片。

（5）设置幻灯片动画效果

演示文稿制作好后，为了使演示效果更好，还需要为幻灯片设置切换效果。

1）切换至第一张幻灯片，单击"切换"选项卡"切换到此幻灯片"组的"其他"按钮，选择"擦除"切换效果。

2）"计时"组中的"声音"选择"无声音"、"持续时间"为 02.00，"换片方式"为"单击鼠标时"，单击"全部应用"按钮，将此切换效果应用于全部幻灯片。

（6）设置幻灯片对象动画效果

1）选中第一张幻灯片的背景图，单击"动画"选项卡"动画"组的"其他"按钮，选择"脉冲"动画效果，"计时"组中的开始方式为"与上一动画同时"。

同时选中第一张幻灯片的标题"我爱我的家乡"、"首页素材 1"、文本框"主题演讲"及"首页素材 2"，选择"劈裂"动画效果，开始方式为"上一动画之后"。

2）切换至第二张幻灯片，选中背景图，单击"动画"选项卡"动画"组的"其他"按钮，选择"脉冲"动画效果，开始方式为"与上一动画同时"。

选中第二张幻灯片的标题占位符，选择"劈裂"动画效果，开始方式为"上一动画之后"。

3）分别为所有致辞幻灯片中的背景图设置"脉冲"动画效果，开始方式为"上一动画之后"。

4）所有致辞幻灯片按标题、粉色背景、朗诵词、配图的顺序依次设置"浮入"动画效果，开始方式都为"上一动画之后"。

5）所有动画效果设置完毕，放映演示文稿。

5. 实训考核评价

考核方式与内容	过程性考核（50分）									终结性考核（50分）		
	操行考核（10分）			实操考核（20分）			学习考核（20分）			实训报告成果（50分）		
实施过程	教师评价	小组评价	自评	教师评价	小组评价	自评	教师评价	小组评价	自评	教师评价	小组评价	自评
考核标准	出勤、安全、纪律、协作精神、工作（学习）态度、表达能力、沟通能力、完成作业、环保意识、创新意识，每项各为1分			工作任务计划制订（4分）、工作任务完成情况（新建空白演示文稿，在幻灯片中插入文本、图片和声音，设置幻灯片切换效果，设置幻灯片中对象的动画效果，放映演示文稿，共4分）、操作过程（4分）、工具使用（4分）、工匠精神（4分）			预习工作任务内容（4分）、工作过程记录（4分）、完成作业（4分）、工作方法（4分）、工作过程分析与总结（4分）			回答问题准确（20分）、操作规范、实验结果准确（30分）		
各项得分												
评价标准	A级（优秀）：得分>85分；B级（良好）：得分为71～85分；C级（合格）：得分为60～70分；D级（不合格）：得分<60分											
评价等级	最终评价得分是：　　　　分						最终评价等级是：					

6. 知识与技能拓展

使用本教材素材"道德讲堂"文件夹中的图片及背景音乐，按下列要求制作"道德讲堂"演示文稿。演示文稿效果如图 5-107 所示。

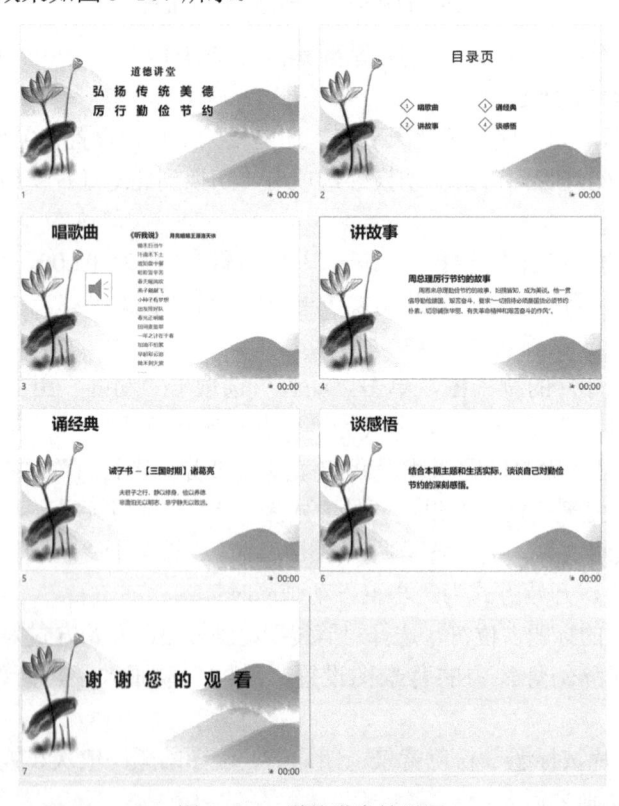

图 5-107　道德讲堂效果图

1）要求演示文稿中有文字、图片和背景音乐。
2）为导航页的幻灯片设置文本链接。
3）为幻灯片中的对象设置动画效果。
4）为幻灯片设置切换效果。

【温故知新——练习题】

一、选择题

1. PowerPoint 2016 是（　　）家族中的一员。
   A．Linux　　　　B．Word　　　　C．Windows　　　　D．Office
2. PowerPoint 2016 默认的文件扩展名是（　　）。
   A．doc　　　　B．docx　　　　C．xls　　　　D．pptx
3. 在 PowerPoint 2016 中的（　　）显示幻灯片缩略图。
   A．幻灯片窗格　　B．备注栏　　C．功能区　　D．幻灯片编辑区
4. PowerPoint 2016 中新建空白文档的组合键是（　　）。
   A．〈Ctrl+O〉　　B．〈Ctrl+N〉　　C．〈Ctrl+A〉　　D．〈Ctrl+C〉
5. 在 PowerPoint 2016 中选中某张幻灯片缩略图，按（　　）键，在当前幻灯片的后面会插入一张新的幻灯片。
   A．〈Shift〉　　B．〈Ctrl〉　　C．〈Enter〉　　D．〈Esc〉
6. 终止幻灯片的播放，可按（　　）键。
   A．〈End〉　　B．〈Pg Dn〉　　C．〈Pg Up〉　　D．〈Esc〉
7. 在 PowerPoint 2016 中插入声音需要使用"插入"选项卡的（　　）组。
   A．"文本"　　B．"批注"　　C．"媒体"　　D．"符号"
8. 若选择不连续的多张幻灯片，可按（　　）键。
   A．〈Shift〉　　B．〈Ctrl〉　　C．〈Alt〉　　D．〈Enter〉
9. 在 PowerPoint 2016 中为幻灯片设置切换效果，可以使用（　　）选项卡的"切换到此幻灯片"组。
   A．"插入"　　B．"设计"　　C．"切换"　　D．"动画"
10. 在 PowerPoint 2016 中为幻灯片的对象设置动画效果，可以使用（　　）选项卡的"动画"组。
    A．"插入"　　B．"设计"　　C．"切换"　　D．"动画"

二、填空题

1. PowerPoint 2016 中_____可用于为幻灯片添加备注信息，放映幻灯片时，观众无法看到这些信息。
2. PowerPoint 2016 中，可以通过创建_____和根据模板来创建演示文稿。
3. 当打开某个演示文稿进行修改时，若希望保留原演示文稿，可单击_____选项卡中的"另存为"选项。
4. 选择当前演示文稿的所有幻灯片，按_____组合键。
5. PowerPoint 2016 中，可以使用占位符或_____在幻灯片中处理文本。

6．PowerPoint 2016 中，在＿＿＿＿＿＿＿选项卡"批注"组中添加批注。

7．PowerPoint 2016 中，在＿＿＿＿＿＿＿选项卡中设置图片格式。

8．＿＿＿＿＿＿＿是一种自动运行全屏放映的方式，该放映类型不需要专人来控制幻灯片的播放，适合在展览会等场所全屏播放。

9．在为幻灯片中对象设置动画效果时，＿＿＿＿＿＿＿动画类型的作用是为已经进入幻灯片的对象设置强调动画效果。

10．PowerPoint 2016 设置幻灯片中对象的动画效果时，通过"添加动画"列表可以为同一对象添加多个动画效果，而通过＿＿＿＿＿＿＿组只能为同一对象添加一个动画效果。

三、简答题

1．演示文稿中插入幻灯片的方法有哪些？

2．如何在幻灯片中输入文本并设置文本格式？

3．简述为幻灯片设置切换效果的步骤。

4．简述为幻灯片中对象设置动画效果的步骤。

5．简述自定义放映幻灯片的步骤。

第 6 章　计算机网络基础

6.1　计算机网络的基本概念

【学习目标】

1. 熟知计算机网络的形成与发展。
2. 能分析计算机网络的类型。
3. 熟知网络拓扑结构的分类。
4. 针对学科核心素养要求，形成理性思维、批判质疑、勇于探究、乐学善学、勤于反思、信息意识、技术运用等核心素养。
5. 通过系统学习，培养专业精神、职业精神、工匠精神、创新精神和自强精神。

计算机网络是以实现资源共享为目的的一些互相连接、独立自治的计算机的集合。它的发展经历了从简单到复杂、从单一到综合的过程。

计算机网络具有三个特征。

1）共享资源：互连计算机的目的是实现资源共享，这些资源包括软件、硬件和数据。

2）自治系统：自治系统是能够独立运行并提供服务的系统，连接到计算机网络中的每个设备都应该是自治系统。

3）遵守统一的通信标准：互连这些自治系统的目的是实现资源共享，实现资源共享就必须相互交换数据，相互交换数据就必须遵守统一的通信标准。

6.1.1　计算机网络的形成和发展

在 1946 年世界上第一台电子计算机问世后的十多年里，由于价格昂贵，计算机数量极少。早期所谓的计算机网络主要是为了解决这一矛盾而产生的，其形式是将一台计算机经过通信线路与若干台终端直接连接，也可以把这种方式看作最简单的局域网雏形。

最早的 Internet 是由美国国防部高级研究计划局（ARPA）建立的。现代计算机网络的许多概念和方法，如分组交换技术，都来自 ARPAnet。ARPAnet 不仅进行了租用线互联的分组交换技术研究，而且做了无线、卫星网的分组交换技术研究，其结果导致了 TCP/IP 的问世。

1977~1979 年，ARPAnet 推出了目前形式的 TCP/IP 体系结构和协议。1980 年前后，ARPAnet 上的所有计算机开始了 TCP/IP 的协议转换工作，并以 ARPAnet 为主干网建立了初期的 Internet。1983 年，ARPAnet 的全部计算机完成了向 TCP/IP 的转换，并在 UNIX（BSD4.1）中实现了 TCP/IP。ARPAnet 在技术上最大的贡献就是 TCP/IP 协议的开发和应用。两个著名的科学教育网 CSNET 和 BITNET 先后建立。1984 年，美国国家科学基金会（NSF）规划建立了 13 个国家超级计算中心及国家教育科技网，随后替代了 ARPAnet 的骨干地位，1988 年，Internet 开始对外开放。1991 年 6 月，在连通 Internet 的计算机中，商业用户首次超过了学术界用户，这是Internet发展史上的一个里程碑，从此Internet的成长速度一发不可收拾。

1．计算机网络的发展阶段

第一代：远程终端连接（20世纪60年代早期）。

面向终端的计算机网络：主机是网络的中心和控制者，终端（键盘和显示器）分布在各处并与主机相连，用户通过本地的终端使用远程的主机。只提供终端和主机之间的通信，子网之间无法通信。

第二代：计算机网络阶段（局域网，20世纪60年代中期）。

多个主机互联，实现计算机和计算机之间的通信，包括通信子网、用户资源子网。终端用户可以访问本地主机和通信子网上所有主机的软硬件资源。

第三代：计算机网络互联阶段（广域网、Internet）。

1981年国际标准化组织（ISO）制订开放体系互联基本参考模型（OSI/RM），不同厂家生产的计算机之间实现互联。TCP/IP诞生。

第四代：信息高速公路（高速，多业务，大数据量）。

宽带综合业务数字网：信息高速公路，ATM技术，ISDN，千兆以太网。

2．中国网络发展史

我国Internet的发展始于1987年通过中国学术网CANET向世界发出第一封E-mail。经过几十年的发展，形成了四大主流网络体系，即中科院的科学技术网CSTNET、国家教育部的教育和科研网CERNET、原邮电部的CHINANET和原电子部的金桥网CHINAGBN。

Internet在中国的发展历程可以大略地划分为三个阶段。

第一阶段为1987~1993年，也是研究试验阶段。在此期间我国一些科研部门和高等院校开始研究Internet技术，并开展了科研课题和科技合作，但这个阶段的网络应用仅限于小范围内的电子邮件服务。

第二阶段为1994~1996年，同样是起步阶段。1994年4月，中关村教育与科研示范网络工程进入Internet，从此中国被国际上正式承认为有Internet的国家。之后CHINANET、CERNET、CSTNET、CHINAGBNET等多个Internet网络项目在全国范围内相继启动，Internet开始进入公众生活，并在中国得到了迅速发展。至1996年底，中国Internet用户数已达20万，利用Internet开展的业务与应用逐步增多。

第三阶段从1997年至今，是Internet在我国发展最为快速的阶段。国内的Internet用户数1997年以后基本保持每半年翻一番的增长速度。根据人民网研究院发布的《中国移动互联网发展报告（2022）》，截至2021年12月底，中国手机网民规模达10.29亿人，全年增加了4373万人。

6.1.2　计算机网络的类型

计算机网络根据不同的性质划分为多种类型。

1．按网络覆盖范围划分

1）局域网（Local Area Network，LAN）：在局部地区范围内的网络，它所覆盖的地区范围较小，大致在几米到几千米。一般由微型计算机通过高速通信线路相连。局域网在计算机数量配置上没有太多的限制，少则两台，多则几百台。局域网一般位于一栋建筑物或一个单位内。

2）城域网（Metropolitan Area Network，MAN）：是局域网的延伸，其作用范围一般在10~100千米。在一个大型城市中，一个城域网通常连接着政府机构、企业、公司等多个局域网。光纤连接的引入，使城域网中高速的局域网互联成为可能。

3）广域网（Wide Area Network，WAN）：其作用范围大致在几十千米到上千米，也称为远程网。通过广域网，在任何不同地理位置的计算机节点之间均可以进行包括数据、语音、图像信号在内的通信。

4）接入网：是指骨干网到用户终端之间的所有设备。其长度一般为几百米到几千米，因而被形象地称为"最后一千米"。由于骨干网一般采用光纤结构，传输速度快，所以接入网作为骨干网与用户终端之间的接口便成为整个网络系统的瓶颈。接入网的接入方式包括铜线（普通电话线）接入、光纤接入、光纤同轴电缆（有线电视电缆）混合接入和无线接入等几种方式。

2．按通信介质划分

1）有线网：采用同轴电缆（低速）、双绞线（低速）、光纤（高速）等物理介质进行数据传输的网络。

2）无线网：采用无线电波（微波及卫星等形式）进行数据传输的网络。

3．按交换方式划分

网络中传输的数据从一个节点到下一个节点的过程称为交换。计算机网络按交换方式可分为电路交换、报文交换、分组交换网络。

1）电路交换：是以电路连接为交换手段的通信方式，要求必须在通信双方之间建立连接通道，当连接建立成功之后，通信活动才能开始。通信双方需要传递的信息通过已经建立好的连接进行传递，而且这个连接一直维持到通信结束。在通信过程中，这个连接始终占有通信资源（信道、带宽等），这也是电路交换的主要特征。

2）报文交换：不需要在两个通信节点之间建立专用通道，通信节点把需要发送的信息组成数据报文，该报文中含有目的节点地址，完整的报文在网络中一站一站地向前传输，每一个节点均接收整个报文，检查目的节点地址，然后根据网络的路由规则转发到下一个节点，经过多次的存储/转发，最后到达目的节点。

3）分组交换：由用户数据块、目标地址和管理信息组成。通信节点首先将要发送的数据按照网络协议的要求转化成分组，然后通过最佳路径（路由算法）发送到目标节点，但并不是所有的分组都沿着同一路径传输。最后，由目标节点按照顺序把分组组合成原始数据。

在分组交换中，可以将数据分组后分别发送到目标计算机，不仅链路是共享的，而且每个分组都可以独立进行路径选择，这些优点使得分组交换的应用更加广泛，互联网就是分组交换的一个典型应用。

三种数据交换方式如图6-1所示。

6.1.3 网络协议的概念

计算机网络各台计算机之间的相互通信需要按照一定的规则来运行，使得数据信息的发送和接收能有条不紊地进行，为了使网络中数据通信能正常运行而建立的规则、标准和约定的集合称为"网络协议"。

网络协议有三个要素：语法、语义和同步。

1）语法：是指用户数据与控制信息的结构和格式。

2）语义：是语法的含义，即需要发出何种控制信息、完成何种动作以及做出何种响应。

3）同步：即事件实现顺序的详细说明。

图 6-1 三种数据交换方式

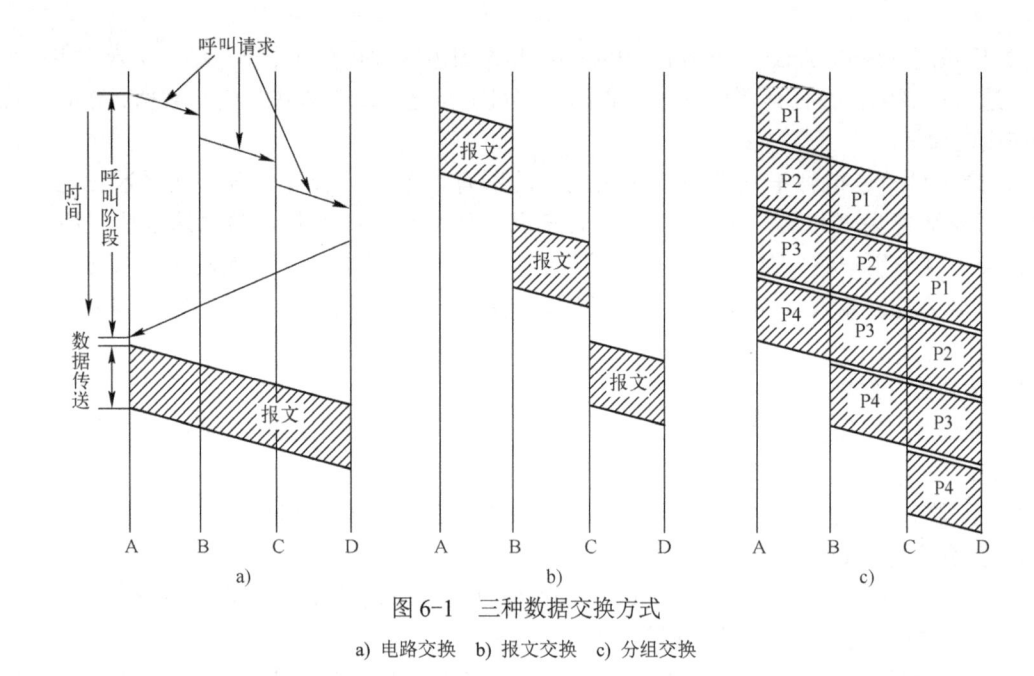

a) 电路交换　b) 报文交换　c) 分组交换

简单来说，假如将网络中的通信双方比喻为两个人进行谈话，那么，语法相当于规定了双方的谈话方式，语义相当于规定了谈话的内容，同步则相当于规定了双方按照什么顺序来进行谈话。

协议有两种不同的形式：一种是使用方便人阅读和理解的文字描述；另一种是使用让计算机能够理解的程序代码，即协议软件。

网络协议是网络上所有设备（网络服务器、计算机及交换机、路由器、防火墙等）之间通信规则的集合，它规定了通信时信息必须采用的格式和这些格式的意义。大多数网络都采用分层的体系结构，每一层都建立在它的下层之上，向它的上一层提供一定的服务，而把如何实现这一服务的细节对上一层加以屏蔽。一台设备上的第 n 层与另一台设备上的第 n 层进行通信的规则就是第 n 层协议。在网络的各层中存在着许多协议，接收方和发送方同层的协议必须一致，否则一方将无法识别另一方发出的信息。网络协议使网络上各种设备能够相互交换信息。常见的协议有 TCP/IP、IPX/SPX、NetBEUI 等。

1. TCP/IP

TCP/IP（Transport Control Protocol/Internet Protocol，传输控制协议/Internet 协议）的历史可以追溯到 Internet 的前身——ARPAnet 时代。为了实现不同网络之间的互联，美国国防部于 1977 年到 1979 年间制定了 TCP/IP 体系结构和协议。TCP/IP 是由多个具有专业用途的子协议组合而成的，这些子协议包括 TCP、IP、UDP、ARP、ICMP 等。TCP/IP 凭借其实现成本低、在多平台间通信安全可靠以及可路由性等优势迅速发展，并成为 Internet 中的标准协议。在 20 世纪 90 年代，TCP/IP 已经成为局域网中的首选协议，很多常用操作系统（如 Windows、Linux 等）已经将 TCP/IP 作为其默认安装的通信协议。

2. NetBEUI

NetBEUI（NetBios Enhanced User Interface，NetBios 增强用户接口）是 NetBIOS 协议的增强版本，曾被许多操作系统采用，如 Windows for Workgroup、Windows 9x 系列、Windows NT 等。NetBEUI 协议在许多情形下很有用，是 Windows 98 之前操作系统的默认协议。NetBEUI 协议是一种短小精悍、通信效率高的广播型协议，安装后不需要进行设置，特别适合在"网络邻居"中传送数据,所以除了 TCP/IP 之外,小型局域网的计算机也可以安装 NetBEUI 协议。

3. IPX/SPX

IPX/SPX 是 Novell 开发的专用于 NetWare 网络的协议,但在其他地方也非常常用——大部分可以联机的游戏都支持 IPX/SPX 协议,比如星际争霸、反恐精英等。虽然这些游戏通过 TCP/IP 也能联机,但使用 IPX/SPX 协议更高效,因为根本不需要任何设置。除此之外,IPX/SPX 协议在非局域网络中的用途并不是很大,如果不在局域网中联机玩游戏,那么这个协议可有可无。

6.1.4 常见的网络拓扑结构

计算机网络的拓扑结构是指计算机网络通信链路和节点的几何排列或物理布局图形。链路是网络中相邻两个节点之间的物理通路。节点指计算机和网络设备,也可指一个网络。

计算机网络按网络拓扑结构可分为总线型网络、星形网络、树形网络、环形网络和网状网络。

1. 总线型网络

总线型网络是由一条高速共享总线连接若干个节点所形成的网络。由于多个节点共用一条传输信道,故信道利用率高,但容易产生访问冲突。总线型网络的传输速度高,可达 1～100Mbit/s,但可靠性相对较差,常因一个节点出现故障(如接头接触不良等)而导致整个网络瘫痪。

总线型网络的特点包括结构简单灵活、便于扩充、容易部署。

2. 星形网络

星形网络是以中央节点为中心与各节点连接组成的,多节点与中央节点通过点到点的方式连接。中央节点执行集中式控制策略,故较为复杂,负载也比其他各节点大。

星形网络的特点包括:

1)网络结构简单,便于管理。
2)控制简单,组网容易。
3)网络延迟较小,误码率较低。
4)网络共享能力较差。
5)通信线路利用率不高。
6)中央节点负载太重。

3. 树形网络

将多级星形网络按层次排列即形成树形网络,在实际组建一个大型网络时,往往采用多级星形网络。我国的电话网络即采用了树形结构,其由五级星形网络构成。Internet 从整体上看采用的也是树形结构。

树形网络的主要特点包括:

1)结构比较简单,成本低。在网络中,任意两个节点之间不产生回路,每个链路都支持双向传输。
2)网络中的节点扩充方便灵活,寻找链路路径比较方便。但在这种网络系统中,除叶子节点及其相连的链路外,任何一个节点或链路产生的故障都会影响整个网络。

4. 环形网络

环形网络中的各个节点均通过环路接口连在一条首尾相连的闭合环形通信线路中,环上的任何节点均可请求发送信息。环形网络也是局域网常用的拓扑结构之一，如某些校园网的主干网就采用了环形网络拓扑结构。

环形网络的主要特点包括：

1）信息或数据在网络中沿固定方向流动，两个节点间仅有唯一的通路，大大简化了路径选择的控制。

2）当某个节点发生故障时，可以自动寻找旁路，可靠性较高。

3）由于信息是串行穿过多个节点环路接口的，故当节点过多时，网络的响应时间将变长。

4）当网络组成确定时，其延时固定，实时性强。

5．网状网络

网状网络各节点之间的连接呈网状，较为复杂，节点之间存在多条路径可达。它是广域网中最常用的一种组网拓扑形式，是典型的点到点结构。

网状网络的主要特点包括：

1）具有较高的可靠性。一般通信子网在任意两个节点交换机之间存在着两条或两条以上的通信路径，这样，当一条路径发生故障时，可以通过另一条路径把信息传送到目标节点交换机。

2）具有较好的可扩充性。该网络无论是增加新功能，还是将一台新的计算机接入网络，以形成更大规模的网络，都比较方便。

3）网络可组建成各种形状，可采用多种通信信道、多种传输速度。

总之，通常选择网络的拓扑结构时，在保证一定可靠性、时延和吞吐量的前提下，要求选择合适的通路、确定线路带宽和进行流量分配，以使整个网络的成本最低。几种常见的拓扑结构如图 6-2 所示。

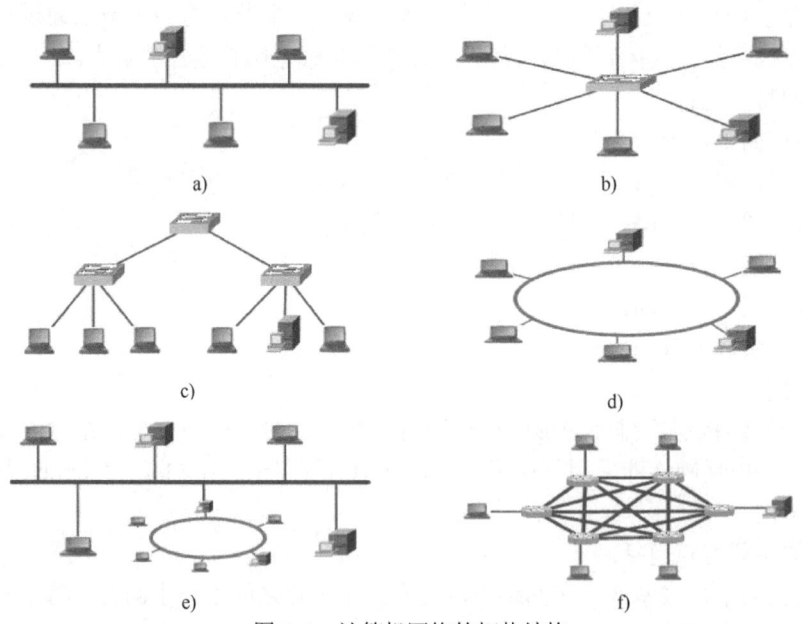

图 6-2 计算机网络的拓扑结构

a) 总线型网络　b) 星形网络　c) 树形网络　d) 环形网络　e) 总线上的环形网络　f) 网状网络

6.1.5 设置共享资源

共享资源或网络共享是指使同一个计算机网络上的其他计算机可使用本台计算机上资源的

行为。换而言之，是使计算机上的一种设备或某些信息可由另一台计算机以局域网或内部网进行远程访问，且过程透明，就像资源位于本地计算机一样。网络共享可以通过网络上的进程间通信实现。

共享文件和打印机需要客户端的操作系统支持访问服务器上的资源、服务器上的操作系统支持客户端访问其资源，以及应用层文件共享协议与传输层协议来支持共享访问。面向个人计算机的现代操作系统包含支持文件共享的集群文件系统，而手持计算机设备有时需要额外的软件来支持访问共享文件。

在家庭和小型办公室网络中，通常采用分布式计算方式，其中每个用户都可以将自己的本地文件夹和打印机提供给别人。这种方式有时被称为工作组或点对点网络拓扑，因为一台计算机可能同时作为客户端与服务器。在大型企业网络中，通常采用一个中心化的文件服务器或打印服务器。在非常大的网络中，可能会使用存储区域网络（SAN）。在本地网络外的服务器上进行在线存储也是流行的选择，尤其适用于家庭和小型办公网络。

6.2 Internet 基本概念

【学习目标】

1. 熟知 Internet 的基本概念以及 TCP/IP 网络协议。
2. 学会 IP 地址的分类，了解子网掩码、网关和域名的概念。
3. 了解 Internet 常见服务。
4. 针对学科核心素养要求，形成理性思维、批判质疑、勇于探究、乐学善学、勤于反思、信息意识、技术运用等核心素养。
5. 通过系统学习，培养专业精神、职业精神、工匠精神、创新精神和自强精神。

Internet（因特网）是一组全球信息资源的总汇。有一种粗略的说法，认为 Internet 是由许多小的网络（子网）互联而成的一个逻辑网，每个子网中连接着若干台计算机（主机）。Internet 以相互交流信息资源为目的，基于一些共同的协议，并通过许多路由器和公共互联网组合而成。计算机网络只是传播信息的载体，而 Internet 的优越性和实用性则在于其本身。Internet 最高层域名分为机构性域名和地理性域名两大类，主要有 14 种机构性域名。

人们可以通过 Internet 从互联网上找到各种信息，搜索引擎帮助人们更快、更容易地找到信息，只需输入一个或几个关键词，搜索引擎就会找到符合要求的网页，只需要单击这些网页，就可以获取信息了。

6.2.1 Internet 的作用和特点

1. Internet 的作用

基于计算机网络的各种网络应用信息系统广泛应用于农业、工业、教育、军事、科技、金融等各个领域，深刻影响着人类社会的生产、生活和工作方式。Internet 在多个方面对社会信息化产生了深刻影响。

（1）管理信息化

管理信息系统（MIS）、办公自动化（OA）及决策支持系统（DSS）的应用，推动了企事业单位的管理信息化、科学化，提高了管理效率，这也是社会信息化的基础。

（2）企业生产自动化

计算机集成制造系统（CIMS）的应用，把企业生产管理、生产过程自动化管理及企业管理信息系统统一在计算机网络平台基础上，推动了企业生产和管理的自动化，可以提高生产效率，降低生产成本，增加企业效益，是企业信息化的基础。企业是"社会的细胞"，企业信息化也是社会信息化的重要一环。

（3）商贸电子化

电子商务、电子数据交换（EDI）等网络应用把商店、银行、运输、海关、保险以及工厂、仓库等各个部门联系起来，实现了无纸、无票据的电子贸易。它可提高商贸，特别是国际商贸的流通速度，降低成本，减少差错，方便客户，提升商业竞争力，它是全球化经济的体现，是社会信息化不可缺少的纽带。

（4）公众生活服务信息化

公众生活服务信息化是与公众生活密切相关的网络应用服务，如网上电视点播、电视会议、可视电话、网上购物、网上银行、网络图书馆等应用，可使公众直接感受到社会信息化的好处，因此也是社会信息化的重要组成部分。

（5）军事指挥自动化

基于 C4ISR 的网络应用系统，把军事情报采集、目标定位、武器控制、战地通信和指挥员决策等环节在计算机网络基础上联系起来，形成各种高速、高效的智慧自动化系统，是现代战争和军队不可缺少的技术支撑。

（6）网络协同工作

基于计算机支持合作工作（CSCW）系统的各种分布式环境协同工作的网络应用，如合作医疗系统、合作著作系统、合作科学研究、合作软件开发以及合作会议、合作办公等，不仅有利于提高工作效率、工作质量，而且还能大量减少人和物的流动，降低交通压力。

（7）教育现代化

计算机辅助教育系统（CAES）实际上也是一种基于计算机网络的现代教育系统，它更能适应信息化社会对教育高效率、高质量、多学制、多学科、个性化、终身化的要求。针对新型冠状病毒疫情对学校正常开学和课堂教学的影响，我国积极开展线上授课和线上学习等在线教学活动，保证疫情防控期间的教学进度和教学质量，实现了"停课不停教，停课不停学"。

（8）政府上网和电子政务

政府上网可以及时发布政府信息和处理公众反馈的信息，增强人民群众和政府之间的直接联系，有利于提高政府机关办事效率，提高透明度与领导决策的准确性，有利于政务建设。电子政务提高政府运作效率，降低运作成本，有利于提高政府在行政、服务和管理方面的效率，同时可以积极推动政府优化办公流程和机构的精简等工作。政府的信息网络覆盖面宽，能够为社会公众提供更快捷、更优质的多元化服务。通过政府信息化，推动社会信息化，促进国民经济发展。政府率先信息化对一个地区的信息化起到重要的推动作用，政府率先实现信息化会带动企业、社会公众的信息化应用更快发展。同时，实施电子政务也是促进国民经济发展的重要举措。

2. Internet 的特点

Internet 受欢迎的原因在于：能够不受空间限制来进行信息交换；信息交换具有时域性（更新速度快）；交换信息具有互动性（人与人、人与信息之间可以互动交流）；信息交换成本低（通过信息交换，代替实物交换）；信息交换的发展趋于个性化（容易满足每个人的个性化需求）；使用者众多，有价值的信息资源被整合，信息存储量大、应用高效，快速信息交换能以多种形式存在（视频、图片、文字等）。

Internet 之所以获得如此迅猛的发展，主要归功于其以下特点。

1）它是一个全球计算机互联网络。

2）它是一个巨大的信息库。

3）最重要的是 Internet 是一个大家庭，有几十亿人参与，共享着人类一起创造的财富（即资源）。

6.2.2 TCP/IP 网络协议

1. TCP/IP 模型的起源

TCP/IP 模型起源于 ARPANET 网络，该网络是由美国国防部所资助的一个研究型网络，它初始的目标是，以无缝方式将多个不同种类的网络相互连接起来，如电话网络、卫星、无线网络，后来又衍生出了另一个重要目标：即使在损失子网硬件的情况下网络也能继续工作，原有的会话不能被打断。现在的 TCP/IP 模型正式形成于 1989 年，得到了广泛的应用和支持，并成为事实上的国际标准和工业标准。

2. TCP/IP 模型的层次结构

TCP/IP 模型自上而下分为四个层次：应用层、传输层、网络互联层和网络接口层。在 TCP/IP 模型中，去掉了 OSI 参考模型中的会话层和表示层（这两层的功能合并到了应用层），同时将 OSI 参考模型中的数据链路层和物理层合并为网络接口层。下面从最底层开始，依次讨论该模型的层次结构。

第一层：网络接口层。该层主要负责与物理网络的连接。实际上 TCP/IP 模型没有真正描述这一层的实现，只是要求能够提供给上层（网络互联层）一个访问接口，以便在其上传递 IP 分组。由于这一层未被定义，所以其具体的实现方法将随着网络类型的不同而不同。

第二层：网络互联层。网络互联层是将整个网络体系结构贯穿在一起的关键，它的功能是把数据分组发往目标网络或主机。同时，为了尽快发送分组，允许分组沿不同的路径同时进行传递，因此，分组到达的顺序和发送的顺序可能不同，这就需要其上层（传输层）对分组进行排序。

网络互联层定义了标准的数据分组格式和协议，即 IP（Internet Protocol），与之相伴的还有一个辅助协议 ICMP。

网络互联层的任务是将 IP 分组投递到它们应该去的地方，很显然，IP 分组的路由是最重要的问题之一，同时还需要实现拥塞控制的功能。

第三层：传输层。传输层的功能是使源主机和目标主机上的对等实体可以进行会话。该层定义了两种服务质量不同的协议，即传输控制协议 TCP（Transmission Control Protocol）和用户数据报协议 UDP（User Datagram Protocol）。

TCP 是一个面向连接的可靠协议，允许从一台主机发出的字节流无差错地发往互联网上的其他主机。

在发送端，它负责把上层（应用层）传送下来的字节流分割成离散的报文，并把每个报文传递给下层（网络互联层）。在接收端，它负责把收到的报文进行重组后递交给上层（应用层）。

TCP 还要处理端到端的流量控制，以便确保一个快速的发送方不会因为发送太多的报文而淹没一个处理能力跟不上的慢速接收方。

UDP 是一个不可靠的无连接协议，主要适用于不需要对报文进行排序和流量控制的场合。其广泛用于一次性的请求-应答应用，以及及时交付比精确交付更加重要的应用，如传输语音或者视频。

第四层：应用层。应用层包含了所需的会话和表示功能，它面向不同的网络应用引入不同的应用层协议。最早的高层协议包括文件传输协议 FTP（File Transfer Protocol）、虚拟终端协议 TELNET、简单邮件传输协议 SMTP，后来许多其他协议也加入到了应用层，如超文本链接协议 HTTP（Hyper Text Transfer Protocol）、域名系统 DNS（Domain Name System）、实时传输协议 RTP（Real-time Transport Protocol）。

3. TCP/IP 模型的特点

TCP/IP 模型能够超越法律意义上的国际标准 OSI/Rm 参考模型，而成为事实上的国际标准，是因为它的以下优点。

1）它是一个开放的协议标准，可以免费使用，并且独立于特定的计算机硬件与操作系统。
2）它独立于特定的网络硬件，可以运行在局域网、广域网，更适合用在互联网中。
3）其统一的网络地址分配方案，使得整个 TCP/IP 设备在网中都具有唯一的 IP 地址。
4）所提供的标准化高层协议，提供了多种可靠的用户服务。

TCP/IP 模型与 OSI 模型有着很多共同点。
1）两者都以协议栈概念为基础，并且协议栈中的协议相互独立。
2）两个模型功能大致相同，都采用了层次结构，存在类似意义的传输层和网络层，但不是严格意义上的一一对应。

两者的不同点如下。
1）OSI 模型的最大贡献在于明确区分了三个概念：服务、接口和协议，而 TCP/IP 模型并没有明确区分它们，因此 OSI 模型中的协议比 TCP/IP 模型中的协议有更好的隐蔽性，当技术发生变化时，OSI 模型中的协议相对更容易被新协议所替换。
2）OSI 模型在协议发明之前就已经产生了，而 TCP/IP 模型则正好相反：先有协议，TCP/IP 模型只是已有协议的一个描述而已，这使得协议和模型结合得非常完美，能够解决很多实际问题，如异构网的互联问题。
3）两者在无连接和面向连接的通信领域有所不同：OSI 模型的网络层同时支持无连接和面向连接的通信，但是传输层只支持面向连接的通信；TCP/IP 模型在网络层只支持一种模式（无连接），但在传输层同时支持两种通信模式。
4）OSI 模型有七层，而 TCP/IP 模型只有四层，两者在层次划分与使用协议上有很大差别，也正是这种差别使得两个模型的发展产生了截然不同的结果。

6.2.3　IP 地址、网关、子网掩码和域名

1. IP 地址

IP 是英文 Internet Protocol 的缩写，意思是"网络之间互联的协议"，工作在 TCP/IP 体系结

构的网络层。IP 协议是将整个因特网互联在一起的黏合剂，任何厂家生产的计算机，只要遵守 IP 协议就可以与 Internet 互联互通。

IP 地址则是按照 IP 协议规定的格式，为每一个正式接入 Internet 的主机所分配的全世界范围内唯一的通信地址，它是网络层及以上各层所使用的地址，是一种逻辑地址。

IP 地址现在有两个版本：IPv4 和 IPv6。

通常所讲的 IP 地址是指 IPv4 版本中的 IP 地址。IP 地址现在由 Internet 域名和地址分配机构 ICANN 进行管理和分配，我国用户则向亚太网络信息中心 APNIC 申请 IP 地址。

（1）IP 地址表示方式

IPv4 地址是一个 32 位的二进制编址，在机器中存放的 IP 地址是连续的二进制代码。为提高可读性，每 8 位一组，用十进制表示，并利用点号分割各部分，这种方法称为点分十进制法，其全部 IP 地址范围为 0.0.0.0～255.255.255.255。

（2）IP 地址结构

IPv4 地址由网络号 net-id 和主机号 host-id 两部分构成：

IPv4 地址::={<网络号>，<主机号>}

一个网络号在整个 Internet 范围内必须是唯一的，而一个主机号则在它前面的网络号所指明的网络范围内必须是唯一的，由此一个 IP 地址在整个 Internet 范围内是唯一的。

从结构上看，IP 地址并不只是指明一个主机，还指明了主机所连接的网络。如果一个主机的地理位置不变，但将其连接到另外一个网络上，那么这个主机的 IP 地址必须改变。

（3）IP 地址分类

常用 IP 地址分类如图 6-3 所示。

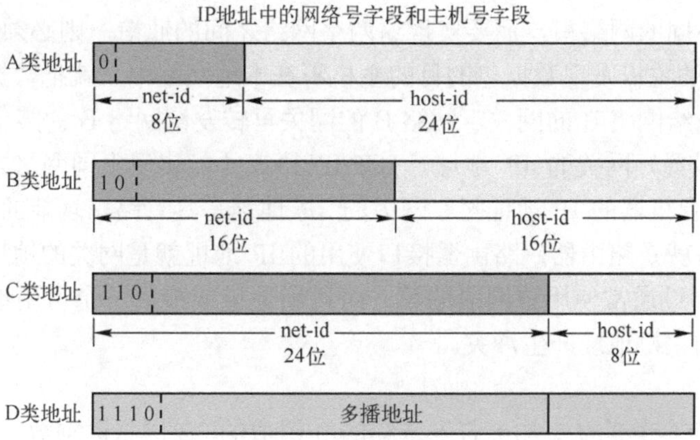

图 6-3 IP 地址分类

1）A 类 IP 地址。

A 类 IP 地址是指在 IP 地址的四段号码中，第一段号码为网络号，剩下的三段号码为本地计算机的号码。如果用二进制表示 IP 地址的话，A 类 IP 地址就由 1 字节的网络地址和 3 字节的主机地址组成，网络地址的最高位必须是"0"。

2）B 类 IP 地址。

B 类 IP 地址是指在 IP 地址的四段号码中，前两段号码为网络号。如果用二进制表示 IP 地址的话，B 类 IP 地址就由 2 字节的网络地址和 2 字节的主机地址组成，网络地址的最高位必须是"10"。

3）C 类 IP 地址。

C 类 IP 地址是指在 IP 地址的四段号码中，前三段号码为网络号，剩下的一段号码为本地计算机的号码。如果用二进制表示 IP 地址的话，C 类 IP 地址就由 3 字节的网络地址和 1 字节的主机地址组成，网络地址的最高位必须是"110"。

4）D 类 IP 地址。

D 类 IP 地址是多播地址，地址范围是 224.0.0.1～239.255.255.254。该类 IP 地址的最前面为"1110"，所以地址的网络号取值为 224～239。D 类 IP 地址一般用于多路广播用户。

【温馨提示】

IPv6（Internet Protocol Version 6，互联网协议第六版）是下一代互联网协议标准，其目的是替代已经不能适应现代高速发展的国际互联网络需求的 IPv4 协议。

IPv6 具有长达 128 位的地址空间，可以彻底解决 IPv4 地址不足的问题。由于 IPv4 地址是 32 位二进制，所能表示的 IP 地址个数为 2^{32}=4294967296≈40 亿，因而在互联网上约有 40 亿个 IP 地址。由 32 位的 IPv4 升级至 128 位的 IPv6，互联网中的 IP 地址理论上有 2^{128} 个。

IPv6 采用分级地址模式、高效 IP 包首部、服务质量、主机地址自动配置、认证和加密等技术。

2．网关

网关实质上是由一个网络通向其他网络的 IP 地址。比如网络 A 和网络 B，网络 A 的 IP 地址范围为 192.168.1.1～192.168.1.254，子网掩码为 255.255.255.0；网络 B 的 IP 地址范围为 192.168.2.1～192.168.2.254，子网掩码为 255.255.255.0。

在没有路由器的情况下，两个网络之间是不能进行 TCP/IP 通信的，即使两个网络连接在同一台交换机（或集线器）上，TCP/IP 协议也会根据子网掩码（255.255.255.0）判定两个网络中的主机是否处于不同的网络里，而要实现这两个网络之间的通信，则必须通过网关。

如果网络 A 中的主机发现数据包的目的主机不在本地网络中，就把数据包转发给它自己的网关，再由网关转发给网络 B 的网关，网络 B 的网关再转发给网络 B 的某个主机。

所以说，只有设置好网关的 IP 地址，TCP/IP 协议才能实现不同网络之间的相互通信。那么这个 IP 地址是哪台机器的 IP 地址呢？网关的 IP 地址是具有路由功能的设备 IP 地址，具有路由功能的典型设备就是路由器，路由器接口使用的 IP 地址就是网关的地址，它可以是本网段中任何一个地址，不过通常使用该网段的第一个可用地址或最后一个可用地址，这是为了尽可能避免和本网段中的主机地址产生冲突。

3．子网掩码

子网掩码是由若干连续的 1 加上若干连续的 0 组成的 32 位二进制数。计算机通过将 IP 地址和它的子网掩码进行二进制"与"运算得出此 IP 地址所属的网络号。

子网掩码中的 1 位代表与之对应的 IP 地址位，表示的是网络位；0 位代表与之对应的 IP 地址位，表示的是主机位。

（1）子网掩码的分类

默认的子网掩码为未划分子网，对应的网络号位都置 1，主机号位都置 0。

1）未做子网划分的 IP 地址：网络号＋主机号。

2）A 类网络默认子网掩码：255.0.0.0，用 CIDR 表示为/8。

3）B 类网络默认子网掩码：255.255.0.0，用 CIDR 表示为/16。

4）C 类网络默认子网掩码：255.255.255.0，用 CIDR 表示为/24。

（2）自定义子网掩码

将一个网络划分子网后，把原本主机号位置的一部分给了子网号，余下的才给子网的主机号。其形式如下：网络号＋子网号＋子网主机号。

如 192.168.1.100/25，其子网掩码为 255.255.255.128，意思就是将 192.168.1.0 这个网段主机位的最高一位划分为子网号。

（3）子网掩码与 IP 地址的关系

通过观察两个 IP 地址与子网掩码做"与"运算的结果是否相同，可以得出两个 IP 地址是否在一个网络中，所以子网掩码可以用来判断任意两台主机的 IP 地址是否属于同一网络，如结果为同一网络，就可以直接通信。

4．域名

域名又称网域，是由一串用点分隔的名字组成的 Internet 上某一台计算机或计算机组的名称，用于在数据传输时对计算机的定位进行标识（有时也指地理位置）。

由于 IP 地址具有不方便记忆且不能显示地址组织的名称和性质等缺点，人们设计出了域名，并通过网域名称系统（DNS，Domain Name System）来将域名和 IP 地址相互映射，使人们更方便地访问互联网，而不用去记住能够被机器直接读取的 IP 地址数串。

DNS 使用 TCP 和 UDP 端口 53。当前，对于每一级域名长度的限制是 63 个字符，域名总长度则不能超过 253 个字符。

域名入网结构为主机名、机构名、网络名、最高层域名。这是一种分层的管理模式，域名用文字表达比用数字表示的 IP 地址容易记忆。加入 Internet 的各级网络依照域名服务器的命名规则对本网内的计算机命名，并在通信时负责完成域名到各 IP 地址的转换。由属于美国国防部的国防数据网络通信中心（DINNIO）负责 Internet 最高层域名的注册和管理，同时它还负责 IP 地址的分配工作。域名由两种基本类型组成：以机构性质命名的域和以国家地区代码命名的域。常见的以机构性质命名的域一般由 3 个字符组成。

6.2.4 Internet 常见服务

随着 Internet 的发展，Internet 将提供越来越多的服务，使用较多的主要有环球网（WWW）、电子邮件（E-mail）、文件传输（FTP）、远程登录（Telnet）、电子公告牌系统（BBS）、即时通信、网络存储等。此外，还提供新闻浏览、信息查询与检索、图书查询、网络论坛、聊天室、网络电话、电子商务、网上购物等多种服务功能。

1．WWW

WWW（World Wide Web）是 Internet 服务中使用最为广泛和成功的一个，它的目标是实现全球信息共享。它采用超文本（Hypertext）或超媒体的信息结构，建立了一种简单但强大的全球信息系统。

2．E-mail

Internet 电子邮件系统基于客户端/服务器方式，客户端也叫用户代理（User Agent），提供用户界面，负责邮件发送的准备工作，如邮件的起草、编辑以及向服务器发送邮件或从服务器读取邮件等。服务器端也叫传输代理（Message Transfer Agent），负责邮件的传输，它采用端到端的传输方式，源端主机参与邮件传输的全过程。

邮件的发送和接收过程主要分为三步。

1）当用户需要发送电子邮件时，首先利用客户端的电子邮件应用程序按规定格式起草、编辑一封邮件，指明收件人的电子邮件地址，然后利用 SMTP 将邮件送往发送端的邮件服务器。

2）发送端的邮件服务器接收到用户送来的邮件后，根据收件人地址中的邮件服务器主机名，通过 SMTP 将邮件送到接收端的邮件服务器，接收端的邮件服务器根据收件人地址中的账号将邮件投递到对应的邮箱中。

3）利用 POP3 协议或 IMAP，接收端的用户可以在任何时间、任何地点利用电子邮件应用程序从自己的邮箱中读取邮件，并对其进行管理。

3．FTP 工作原理

FTP 是 TCP/IP 协议组中的协议之一，是英文 File Transfer Protocol 的缩写。该协议是 Internet 文件传送的基础，它由一系列规格说明文档组成，目标是提高文件的共享性，提供非直接使用远程计算机，使存储介质可靠、高效地传送数据，并对用户透明。简单地说，FTP 就是完成两台计算机之间的复制，从远程计算机复制文件至自己的计算机上，称之为"下载（download）"文件。若将文件从自己计算机中复制至远程计算机上，则称之为"上载（upload）"文件。在 TCP/IP 中，FTP 标准命令 TCP 端口号为 21，Port 方式数据端口为 20。FTP 的任务是从一台计算机将文件传送到另一台计算机，它与这两台计算机所处的位置、连接的方式，甚至是否使用相同的操作系统无关。假设两台计算机通过 FTP 协议对话，并且能访问 Internet，则可以用 FTP 命令来传输文件。每种操作系统在 FTP 的使用上有一些细微差别，但是基本的命令结构是相同的。

4．远程登录服务（Telnet）

Telnet 协议是 TCP/IP 协议族中的一员，是 Internet 远程登录服务的标准协议和主要方式。它为用户提供了在本地计算机上完成远程主机工作的能力。可以在终端使用者的计算机上使用 Telnet 程序，用它连接到服务器。终端使用者可以在 Telnet 程序中输入命令，这些命令会在服务器上运行，就像直接在服务器的控制台上输入一样，在本地就能控制服务器。要开始一个 Telnet 会话，必须输入用户名和密码来登录服务器。Telnet 是常用的远程控制 Web 服务器的方法。在 Internet 中，用户可以通过远程登录使自己成为远程计算机的终端，然后在上面运行程序，或者使用它的软件和硬件资源。

Telnet 最初由 ARPAnet 开发，现在主要用于 Internet 会话，它的基本功能是允许用户登录远程主机系统。

Telnet 可以让用户坐在自己的计算机前通过 Internet 登录到另一台远程计算机上，这台计算机可以在隔壁的房间里，也可以在地球的另一端。当登录上远程计算机后，本地计算机就等同于远程计算机的一个终端，可以直接操纵远程计算机，享受远程计算机本地终端同样的操作权限。

Telnet 的主要用途就是使用远程计算机拥有而本地计算机没有的信息资源，如果远程登录的主要目的是在本地计算机与远程计算机之间传递文件，那么相比而言使用 FTP 会更加快捷有效。

使用 Telnet 协议进行远程登录时需要满足以下条件：在本地计算机上必须装有包含 Telnet 协议的客户程序；必须知道远程主机的 IP 地址或域名；必须知道登录标识与口令。

Telnet 远程登录服务分为以下四个过程。

1）本地与远程主机建立连接。该过程实际上是建立一个 TCP 连接，用户必须知道远程主机的 IP 地址或域名。

2）将本地终端上输入的用户名和口令及以后输入的所有命令或字符以 NVT（Net Virtual Terminal）格式传送到远程主机。该过程实际上是从本地主机向远程主机发送一个 IP 数据包。

3）将远程主机输出的 NVT 格式的数据转化为本地所接受的格式送回本地终端，包括输入命令回显和命令执行结果。

4）最后，本地终端对远程主机进行撤销连接。该过程就是撤销一个 TCP 连接。

5. 即时通信与网络存储

即时通信包括 QQ、微信等，网络存储包括百度网盘等各种在远程服务器上存储资源的网络服务。

6.3 网络接入

【学习目标】

1. 熟知 Internet 常用的接入方式及其特点。
2. 熟知 Internet 用途。
3. 针对学科核心素养要求，形成理性思维、批判质疑、勇于探究、乐学善学、勤于反思、信息意识、技术运用等核心素养。
4. 通过系统学习，培养专业精神、职业精神、工匠精神、创新精神和自强精神。

6.3.1 Internet

从信息资源的角度，Internet 是一个集各部门、各领域的信息资源为一体，供网络用户共享的信息资源网。家庭用户或单位用户要接入互联网，可通过某种通信线路连接到 ISP，由 ISP 提供互联网的入网连接和信息服务。互联网接入是通过特定的信息采集与共享的传输通道，利用以下传输技术完成用户与 IP 广域网的高带宽、高速度的物理连接。

1. 电话线拨号接入（PSTN）

PSTN 是家庭用户接入互联网普遍采用的窄带接入方式，即通过电话线，利用当地运营商提供的接入号码拨号接入互联网，速率不超过 56kbit/s。其特点是使用方便，只需有效的电话线及自带调制解调器（modem）的 PC 就可完成接入。

PSTN 运用在一些低速率的网络应用（如网页浏览查询、聊天、E-mail 等）中，主要适合临时接入或无其他宽带接入的场所。其缺点是速率低，无法实现一些要求高速率的网络服务；其次是费用较高（接入费用由电话通信费和网络使用费组成）。

2. ISDN

ISDN 俗称"一线通"。它采用数字传输和数字交换技术，将电话、传真、数据、图像等多种业务综合在一个统一的数字网络中进行传输和处理。用户利用一条 ISDN 线路可以在上网的同时拨打电话、收发传真，就像两条电话线一样。ISDN 基本速率接口有两条 64kbit/s 的信息通路和一条 16kbit/s 的信令通路，简称 2B+D，当有电话拨入时，它会自动释放一个 B 信道来进行电话接听。ISDN 主要适合于普通家庭用户使用，缺点是速率仍然较低，无法实现一些要求高速率的网络服务；其次是费用同样较高（接入费用由电话通信费和网络使用费组成）。

3. ADSL 接入

在通过本地环路提供数字服务的技术中，最有效的类型之一是数字用户线（Digital Subscriber Line，DSL）技术，它是运用最广泛的铜线接入方式。ADSL 可直接利用现有的电话线路，通过 ADSL modem 后进行数字信息传输，理论速率可达到 8Mbit/s 的下行和 1Mbit/s 的上行，传输距离可达 4～5km。ADSL2+速率可达 24Mbit/s 下行和 1Mbit/s 上行。另外，最新的 VDSL2 技术可以达到上下行各 100Mbit/s 的速率。特点是速率稳定、带宽独享、语音数据不干扰等。ADSL 适用于家庭、个人等用户的大多数网络应用需求，满足 IPTV、视频点播（VOD）、远程教学、可视电话、多媒体检索、LAN 互联、Internet 接入等宽带业务。

ADSL 技术具有以下一些主要特点：可以充分利用现有的电话线网络，在线路两端加装 ADSL 设备便可为用户提供宽带服务；它可以与普通电话线共存于一条电话线上，接听、拨打电话的同时能进行 ADSL 传输，而又互不影响；进行数据传输时不通过电话交换机，这样上网时就不需要缴付额外的电话费，可节省费用；其数据传输速率可根据线路的情况进行自动调整。

4．HFC

HFC（Hybrid Fiber Coax，混合光纤同轴电缆）是一种基于有线电视网络铜线资源的接入方式，具有专线上网的连接特点，允许用户通过有线电视网实现互联网高速接入。它适用于拥有有线电视网的家庭、个人或中小团体，特点是速率较高、接入方便（通过有线电缆传输数据，不需要布线），可实现各类视频服务、高速下载等。其缺点在于基于有线电视网络的架构属于网络资源分享型，当用户激增时，速率就会下降且不稳定，扩展性不够。

5．光纤宽带接入

光纤宽带接入通过光纤接入到小区节点或楼道，再由网线连接到各个共享点上（一般不超过 100m），提供一定区域的高速接入。其特点是速率高、抗干扰能力强，适用于家庭、个人或各类企事业团体，可以实现各类要求高速率的互联网应用（视频服务、高速数据传输、远程交互等），缺点是一次性布线成本较高。

6．PON

PON（Passive Optical Network，无源光网络）技术是一种一点对多点的光纤传输和接入技术，局端到用户端最大距离为 20km，接入系统的总传输容量上行和下行均达到 10Gbit/s 以上，由用户共享，每个用户使用的带宽可以以 64kbit/s 步进划分。其特点是接入速率高，可以实现各类要求高速率的互联网应用（视频服务、高速数据传输、远程交互等），缺点是一次性投入较大。

7．无线网络

无线网络是一种有线接入的延伸技术，使用无线射频（RF）技术越空收发数据，减少了电线的使用，因此无线网络系统既可达到建设计算机网络系统的目的，又可让设备自由放置和移动。在公共开放的场所或者企业内部，无线网络一般会作为已有有线网络的一个补充方式，装有无线网卡的计算机可以通过无线手段方便地接入互联网。

8．PLC

PLC（Power Line Communication，电力线通信）技术是利用电力线传输数据和媒体信号的一种通信方式，也称电力线载波（Power Line Carrier）。把载有信息的高频信号加载于电流，然后用电线传输到接受信息的适配器，再把高频信号从电流中分离出来并传送到计算机或电话。PLC 属于电力通信网（包括 PLC 及利用电缆管道和电杆铺设的光纤通信网等）。电力通信网的内部应用包括电网监控与调度、远程抄表等。面向家庭上网的 PLC 俗称电力宽带，属于低压配电网通信。

6.3.2　通过局域网接入

计算机网络参数配置过程如下。

1）将计算机插好网线，接入网络。

2）在"控制面板"中单击"网络和 Internet"选项，选择"网络和共享中心"，在"网络和共享中心"窗口中可以看到当前计算机与网络的连接情况，如图 6-4 所示。

3）单击"本地连接"图标，打开"本地连接 状态"对话框，可以查看当前网络的连接信息、网络接收与发送数据量信息，如图 6-5 所示。

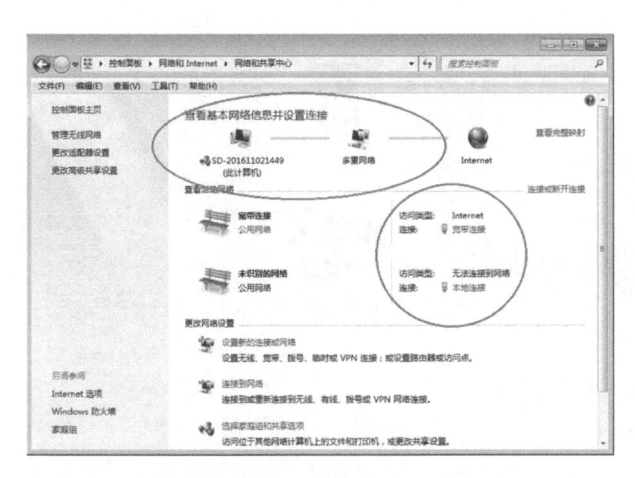

图 6-4 "网络和共享中心"窗口　　　　图 6-5 "本地连接 状态"对话框

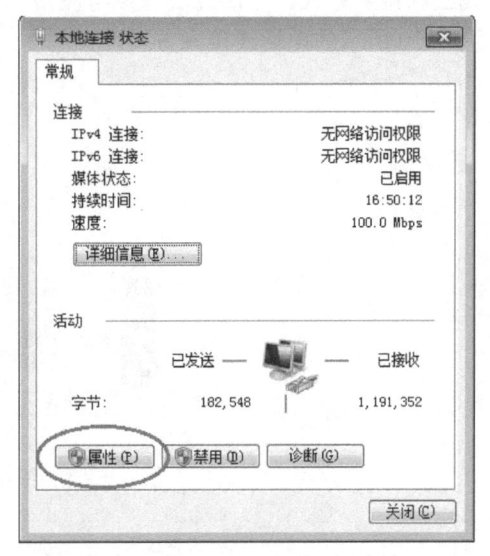

- 单击"详细信息"按钮，可以查看当前连接网络的详细信息。
- 单击"禁用"按钮，可以禁用当前网络。

4）单击"属性"按钮，打开"本地连接 属性"对话框，如图 6-6 所示。

5）勾选"Internet 协议版本 4（TCP/IPv4）"复选框，然后单击"属性"按钮，在弹出的"Internet 协议版本 4（TCP/IPv4）属性"对话框中输入相应的 IP 地址、子网掩码、默认网关、首选 DNS 服务器、备用 DNS 服务器等信息，最后单击"确定"按钮退出，如图 6-7 所示。至此，网络参数配置完成。

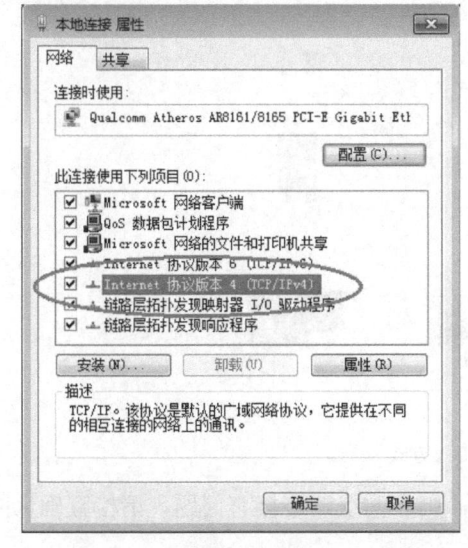

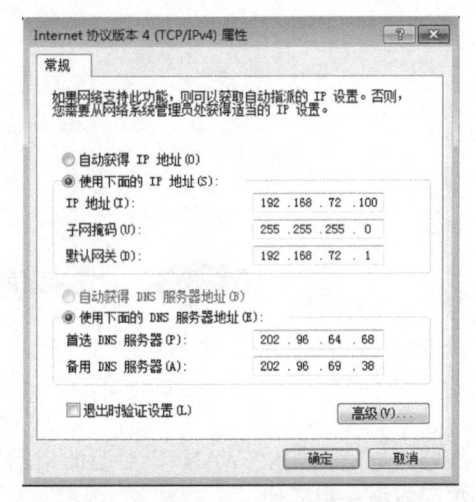

图 6-6 "本地连接 属性"对话框　　　　图 6-7 "Internet 协议版本 4（TCP/IPv4）属性"对话框

6.3.3 通过无线接入

1)将前端上网的宽带线连接到路由器的 WAN 口,如果有上网计算机则将其连接到路由器的 LAN 口上。请确认入户宽带的线路类型,根据入户宽带线路的不同,分为光纤、网线、电话线三种接入方式,连接方法请参考图 6-8 所示的光纤接入方式、图 6-9 所示的网线接入方式或图 6-10 所示的电话线接入方式。

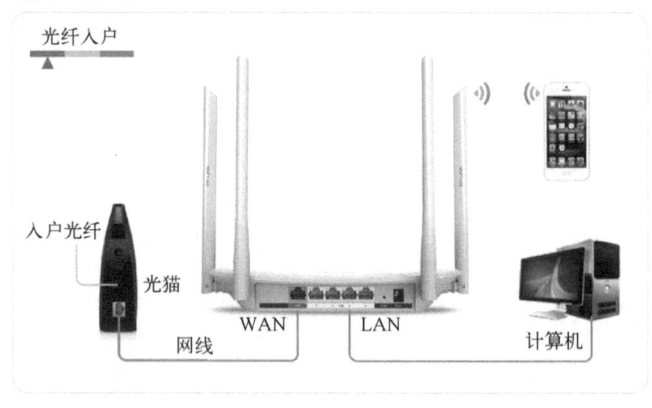

图 6-8 光纤接入方式

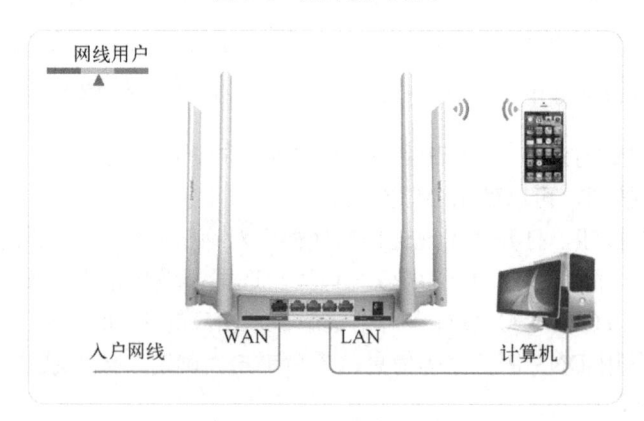

图 6-9 网线接入方式

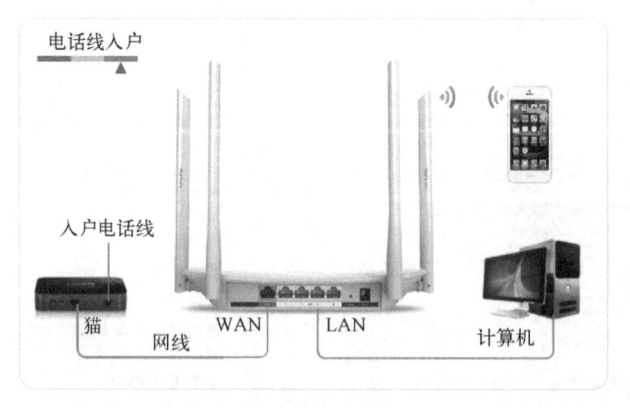

图 6-10 电话线接入方式

线路连好后,如果 WAN 口对应的指示灯不亮,则表明线路连接有问题,请检查确认网线连接牢固或换一根网线。

2）在路由器的底部标贴上查看路由器默认的无线信号名称，如图 6-11 所示。

3）打开手机的无线（Wi-Fi）设置，连接路由器默认的无线信号，如图 6-12 所示。

图 6-11　无线路由名称　　　　　　　　图 6-12　手机无线设置

4）连接 Wi-Fi 后，手机会自动弹出路由器的设置页面。若未自动弹出，则应打开浏览器，在地址栏输入 tplogin.cn（部分早期的路由器管理地址是 192.168.1.1）。在弹出的窗口中设置路由器的登录密码，密码长度为 6～32 位，该密码用于以后管理路由器（登录界面），须妥善保管，如图 6-13 所示。

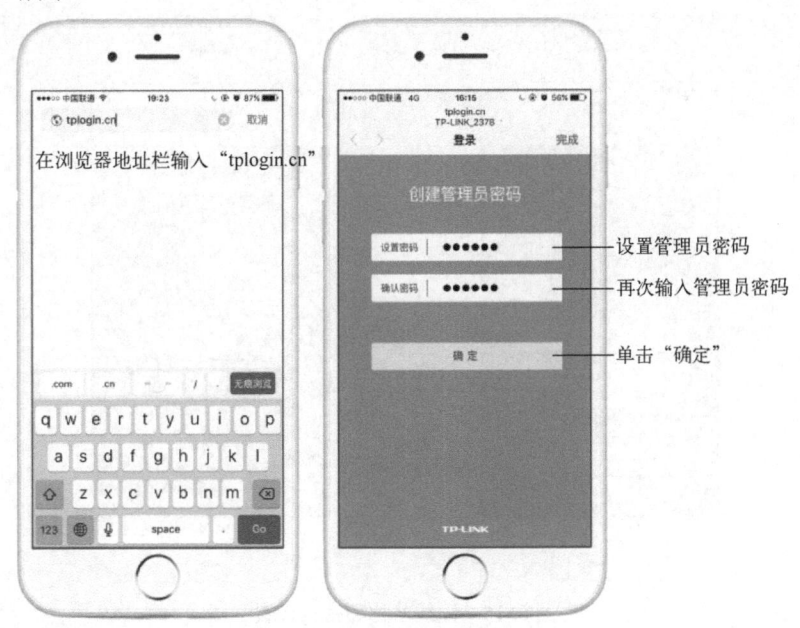

图 6-13　路由器设置页面

5）登录成功后，路由器会自动检测上网方式，根据检测到的上网方式填写相应的参数，如图 6-14 所示。

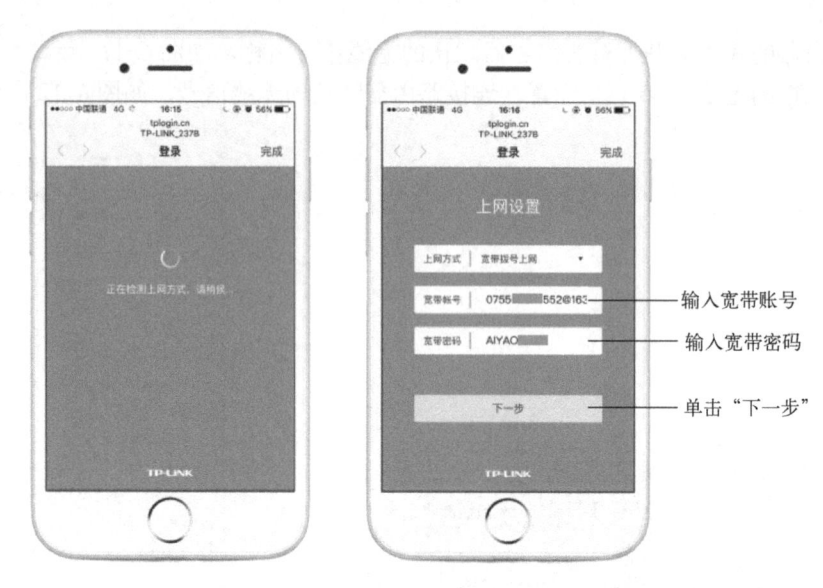

图 6-14　上网方式参数设置

宽带有宽带拨号、自动获取 IP 地址、固定 IP 地址三种上网方式。上网方式是由宽带运营商决定的，如果无法确认，可以联系宽带运营商。

6）设置路由器的无线名称和无线密码，设置完成后，单击"确定"保存配置，如图 6-15 所示。一定要记住路由器的无线名称和无线密码，在后续连接路由器无线信号时需要用到。

7）路由器设置完成，用无线终端连接上一步设置的无线名称，输入无线密码，就可以打开网页尝试上网了。

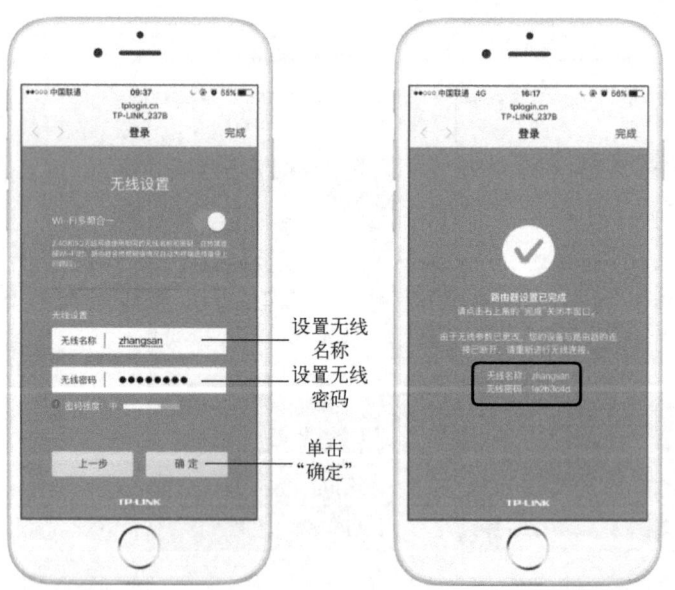

图 6-15　无线名称和密码设置

6.3.4　通过 ADSL 接入

ADSL（非对称数字用户环路）是一种新的数据传输方式。之所以称为非对称数字用户环路，是因为 ADSL 上行和下行带宽不对称。它采用频分复用技术把普通的电话线分成了电话、上行和下行三个相对独立的信道，从而避免了相互之间的干扰，让用户可以边打电话边上网，并且不会影响上网速率和通话质量。通常 ADSL 在不影响正常电话通信的情况下可以提供最高 3.5Mbit/s 的上行速度和最高 24Mbit/s 的下行速度。

在电信服务提供商端，需要将每条开通 ADSL 业务的电话线路连接在数字用户线路访问多路复用器（DSLAM）上。而在客户端，客户需要使用一个 ADSL 终端（因为和传统的调制解调器类似，所以也被称为"猫"）来连接电话线路。由于 ADSL 使用高频信号，所以两端都要使用 ADSL 信号分离器将 ADSL 数据信号和普通音频电话信号分离出来，避免打电话的时候出现噪声干扰。

6.3.5 通过代理服务器访问 Internet

按正常方式配置好本地连接和 Microsoft Edge 后，打开 Microsoft Edge，单击右上角的"设置及其他按钮"，选择"设置"，打开"设置"页面。在左侧选择"系统和性能"，选择"打开计算机的代理设置"。在弹出的"设置"对话框中，开启"使用代理服务器"开关。填写代理服务器 IP 地址和端口号，后单击"保存"按钮。

6.4 Internet 应用

【学习目标】

1. 熟悉浏览器的使用方法。
2. 熟知电子邮件的组成。
3. 熟知邮件协议。
4. 针对学科核心素养要求，形成理性思维、批判质疑、勇于探究、乐学善学、勤于反思、信息意识、技术运用等核心素养。
5. 通过系统学习，培养专业精神、职业精神、工匠精神、创新精神和自强精神。

6.4.1 浏览器的使用

浏览器是用来检索、展示以及传递 Web 资源的应用程序。Web 资源由统一资源标识符（Uniform Resource Identifier，URI）所标记，它是一张网页、一张图片、一段视频等任何可以在 Web 上所呈现的内容。使用者可以借助超级链接（Hyperlink）通过浏览器浏览互相关联的信息。

1. 浏览器组成

目前有多种浏览器可供选择使用，如 Chrome 浏览器、Firefox、百度浏览器、360 浏览器、Microsoft Edge 浏览器等，其中 Microsoft Edge 浏览器是由微软公司开发的基于 Chromium 开源项目及其他开源软件的网页浏览器。下面以 Microsoft Edge 为例，介绍浏览器窗口组成，如图 6-16 所示。

（1）地址栏

地址栏用于输入网站的地址，Microsoft Edge 浏览器通过识别地址栏中的信息，正确连接用户要访问的内容。如要登录百度网，只需在地址栏中输入百度的网址 www.baidu.com，然后按〈Enter〉键或单击地址栏右侧的按钮即可。

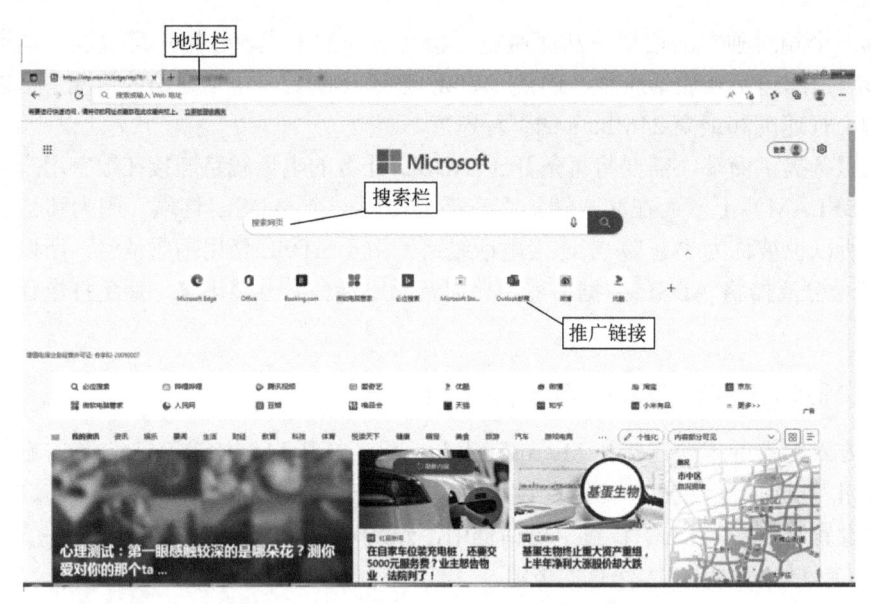

图 6-16　Microsoft Edge 浏览器窗口组成

（2）搜索栏

可在搜索栏中输入相应的内容进行搜索。

（3）推广链接

推广链接中的对象具有超链接属性，光标指针置于推广链接上后会变成手状，单击鼠标左键，浏览器就会自动跳转到该链接指向的网址；单击鼠标右键，则会弹出快捷菜单，可以从中选择要执行的操作命令。

2. 收藏夹的使用

使用浏览器浏览网站时，需要在地址栏中输入网站的网址，经常使用的网站可以通过使用收藏夹来进行保存和显示，这样极大地提高了学习和工作的效率。

（1）使用收藏夹收藏网址

首先在地址栏输入需要收藏的网址以打开网站，接下来在浏览器被选中的时候，先按〈Ctrl〉键再按〈D〉键，这个时候会弹出"添加收藏"对话框，选择保存位置后单击"添加"按钮，该网址就被保存到了收藏夹中。

如果想更方便地打开收藏的网址，可以单击收藏夹图标，在弹出的快捷菜单里找到"显示收藏栏"命令，单击后该选项前面将出现"√"，这时浏览器地址栏下方会显示收藏夹内收藏的网站名称。

（2）收藏夹的导入/导出

当在常用浏览器的收藏夹内收藏了大量的网址，并且想在另一台计算机上使用该收藏夹时，就需要用到收藏夹的导入/导出功能。首先找到浏览器菜单栏内的"收藏夹"选项，在展开的菜单内找到"添加到收藏夹"→"导入/导出"按钮，这时弹出对话框，选择"导出到文件"，将导出的文件保存好。接下来在需要使用该收藏夹的计算机上按照上面的步骤找到"导入/导出"按钮，选择"导入收藏夹"，将刚才保存的文件导入，此台计算机的浏览器上就会出现导入的收藏夹内容。

（3）管理收藏夹

当运用收藏夹收藏了大量网址时，查找要打开的网址就会存在困难。这种情况下可以通过在收藏夹中新建文件夹的方式将网址分类保存，便于将来更加快速、准确地找到需要打开的网站。

【知识加油站】

随着互联网在国内的普及，线上销售业务范围越来越大，无论消费者想要什么东西，想要的东西在哪里，在网络购物平台上都可以买到，然后在家坐等自己购买的物品送过来。但是，线上销售的快速发展也带来了一系列问题。网购注意事项如下。

1. 警惕网上的违法交易行为

在当前的网上交易中，不乏违反国家相关法律规定的行为，其中主要是需要国家特殊许可方可从事的经营行为，如网上医疗信息、医疗器械、网上销售彩票、网上证券交易等。因这类交易而遭受损失的消费者很难得到赔偿，因而网购时应对其有所识别，首先应注重交易行为本身的合法性。

2. 网购前多关注"黑名单"

网上交易有着天然的虚拟性和不确定性，但消费者也可以充分利用互联网获取信息的快捷性，了解卖家的基本情况，其中关注当前网上已经公布的"黑名单"是非常必要的。目前已有淘宝等第三方交易平台、网上交易保障中心等第三方保障平台根据消费者的投诉举报形成了侵犯消费者权益的网站不良信用记录或"黑名单"，并及时更新。消费者通过关注"黑名单"信息既可以避免网购上当受骗，又可以及时了解当前已出现的侵犯消费者权益的典型欺诈行为。

3. 谨防低价陷阱

网络购物较传统购物有先天的低价优势，但低价是有限度的，过低的价格则可能隐藏着陷阱。不法分子往往利用消费者贪便宜的心理采取免费赠送、秒杀等低价行为来吸引消费者注意，然后通过网络钓鱼、要求先行支付货款等方式令消费者掉入陷阱，遭受损失。消费者应注意区分正规的网上促销行为和欺诈行为，不要盲目追求低价，因小失大。

4. 识别卖家资质

消费者在网购前除了查看"黑名单"以了解该卖家有无已被披露的欺诈违法行为之外，识别卖家资质也是确保网购安全的重要手段。消费者查看网站时一般应了解其交易支付方式是否有第三方支付或货到付款方式，正规网站一般应有免费客服电话。此外，卖家网站中展示的各种认证标识也是消费者关注的重点，合法正规网站所使用的认证标识一定是经过相关机构许可的，且认证标识经常会链接到相应的第三方认证页面，而且该认证必须在有效期内。如果网站中的认证标识无法单击查看认证内容或者链接内容不正确，就有可能是假冒的，这类网站应引起消费者的特别注意。

5. 购买网络游戏、数码产品需谨慎

分析显示，在众多的消费者投诉举报中，网络游戏和数码产品领域投诉量居于前两位，反映出这两个领域的消费者权益保护问题突出，因而消费者在涉及该两类交易时应更加谨慎。网络游戏的交易风险主要由于其交易物的虚拟性，数码产品则往往交易金额较大，问题及纠纷主要出在产品质量方面。消费者在进行网络游戏及数码产品类交易时一是要选择第三方担保支付，二是要选择权威、正规网站进行交易。

6. 交易支付选择第三方担保支付或货到付款

安全合理的支付方式是保障消费者资金安全的重要手段。在众多的消费者权益受损案例中，不合理的支付方式是导致消费者受损的重要原因。一般正规合法的网站都会为消费者提供第三方担保支付及货到付款的支付方式，相应地，卖家交易过程中要求消费者先付款的一般都存在欺诈违法的嫌疑，消费者应在支付方式上慎重选择，切忌直接向对方先行付款。

7. 学习、掌握基本的安全网购常识

许多网购消费者上当受骗的主要原因是其自身对网上购物缺乏了解，无基本的网购安全常识，在面对不法分子所采取的低价诱惑、网络钓鱼等手段时无法分辨真假，从而做出了于己不利的行为。因而，消费者在网购之前一定要先通过向熟悉网购的朋友咨询、阅读网友或第三方保障机构提供的防骗常识等资料来掌握基本的网购安全常识，从而避免上当受骗。

6.4.2 电子邮件的使用

电子邮件（Electronic mail，简称 E-mail，标志为@）又称电子信箱，它是一种用电子手段提供信息交换的通信方式，也是 Internet 应用最广的服务之一。通过网络的电子邮件系统，用户可以用非常低廉的价格（不管发送到哪里，都只需负担网费），以非常快速的方式（几秒钟之内发送成功），与世界上任何一个角落的网络用户联系，这些电子邮件可以包含文字、图像、声音等各种形式的内容。同时，用户可以得到大量免费的新闻、专题邮件，并实现轻松的信息搜索。这是任何传统方式都无法相比的。正是由于使用简易、投递迅速、收费低廉、易于保存、全球畅通无阻，使得电子邮件被广泛地应用，它使人们的交流方式得到了极大的改变。另外，电子邮件还可以进行一对多的邮件传递，同一邮件可以一次发送给许多人。最重要的是，电子邮件是直接面向人与人之间信息交流的系统，它的数据发送方和接收方都是人，所以极大地满足了大量存在的人与人通信的需求。

电子邮件最大的特点是，只要联网人们就可以在任何地方任何时间收发信件，突破了时空的限制，大大提高了工作效率，为办公自动化、商业活动提供了很大便利。

电子邮件像普通的邮件一样，发件人、收件人也需要地址，与普通邮件的区别在于它使用的是电子地址。很多 Internet 上的用户都有一个或几个电子邮箱，并且这些电子邮箱都是唯一的。邮件服务器就是根据这些电子邮箱地址，将每封电子邮件传送到各个收件人的信箱中，电子邮箱地址就是用户的信箱地址。如同普通邮件一样，收件人能否收到电子邮件，取决于发件方是否输入了正确的电子邮件地址。

1. 地址组成

一个完整的电子邮件地址格式如下：登录名@主机名.域名，中间用一个表示"在"（at）的符号"@"分开，符号的左边是登录名，右边由主机名和域名组成。其中，域名由几部分组成，每一部分称为一个子域，各子域之间用小数点"."隔开，这样就组成了电子邮件地址。

2. 邮件构成

一封电子邮件基本由两个部分组成：信头和信件内容。

（1）信头

一般有下面几个部分。

1）收信人，即收信人的电子邮件地址。

2）抄送，表示同时要将此邮件发送给哪些人的电子邮件，数量可以为多个。

3）主题，由发件人自拟主题综述该邮件内容，可以是一个词语，也可以是一句话。

（2）信件内容

信件内容是收件人即将看到的信件信息，有时还会包含附件。附件可以是一个或多个计算机文件，可以是文档，可以是表格，也可以是图片、压缩包等形式。附件可以从信件中下载下来，成为独立的计算机文件。

3. 邮件协议

邮件协议是指用户在客户端计算机上可以通过哪些方式进行电子邮件的发送和接收。常见的协议有 SMTP、POP3 和 IMAP。

（1）SMTP

SMTP 称为简单邮件传输协议，可以向用户提供高效、可靠的邮件传输方式。SMTP 的一个重要特点是它能够在传送过程中转发电子邮件，即邮件可以通过不同网络上的邮件服务器转发到其他的邮件服务器。

SMTP 工作在两种情况下：一是电子邮件从客户机传输到邮件服务器；二是从某一台邮件服务器传输到另一台邮件服务器。SMTP 属于请求/响应类协议，它监听 25 号端口，用于接收用户的邮件请求，并与远端邮件服务器建立 SMTP 连接。

（2）POP3

POP 称为邮局协议，用于电子邮件的接收，它使用 TCP 的 110 端口，常用的是第 3 版，所以简称为 POP3。

POP3 仍采用 C/S 工作模式。当客户机需要服务时，客户端的软件（如 Outlook Express）将与 POP3 服务器建立 TCP 连接，然后要经过 POP3 协议的三种工作状态：首先是认证过程，确认客户机提供的用户名和密码；在认证通过后便转入处理状态，在此状态下用户可收取自己的邮件，在完成相应操作后，客户机便发出 quit 命令；此后便进入更新状态，将有删除标记的邮件从服务器端删除。到此为止，整个 POP 过程完成。

（3）IMAP

IMAP 称为 Internet 信息访问协议，主要提供的是通过 Internet 获取信息的一种协议。IMAP 像 POP3 那样提供了方便的邮件下载服务，让用户能进行离线阅读，但 IMAP 能完成的却远远不只这些。IMAP 提供的摘要浏览功能可以让用户在阅读完邮件到达时间、主题、发件人、大小等信息后再做出是否下载的决定。

6.5 本章小结

通过本章的学习，应该理解计算机网络的基本概念，知道 Internet 的基本概念，掌握 IP 地址、子网掩码的分类及使用，会在局域网内共享文件，会使用浏览器访问网页、使用收藏夹、导入/导出收藏夹、发送和接收邮件。同时，养成严谨的专业精神、职业精神和工匠精神，学会利用所学知识进行知识与技能的拓展与创新。

【学习效果评价】

复述本章的主要学习内容	
对本章的学习情况进行准确评价	
本章没有理解的内容是哪些	
如何解决没有理解的内容	

注：学习情况评价包括少部分理解、约一半理解、大部分理解和全部理解 4 个层次。请根据自身的学习情况进行准确的评价。

6.6 上机实训

6.6.1 在局域网共享自己的演讲 PPT 给同学

1. 实训学习目标

1）学会在局域网共享文件。
2）学会使用网络和共享中心进行设置。
3）培养严谨认真、一丝不苟、精益求精的职业素养和工匠精神。

2. 实训情境及实训内容

学校马上要进行"爱我中华"演讲比赛了，艾学习同学想让其他同学帮忙看看自己的演讲 PPT 还应该修改哪些地方，于是他要在局域网内共享 PPT。请利用所学知识帮艾学习同学完成共享 PPT 的任务。

3. 实训要求

在实训过程中，要求学生培养独立分析问题和解决实际问题的能力，且保质、保量、按时完成操作。实训的具体要求如下。

1）创建共享文件夹。
2）更改高级共享设置。
3）实现 PPT 共享。
4）开展小组合作探究学习，每 3 人一组，其中一人是小组长，负责组织学习过程以及学习成果汇报。

4. 实训步骤

（1）创建共享文件夹

1）在桌面空白处单击鼠标右键，在弹出的快捷菜单中选择"新建"→"文件夹"命令，如图 6-17 所示。

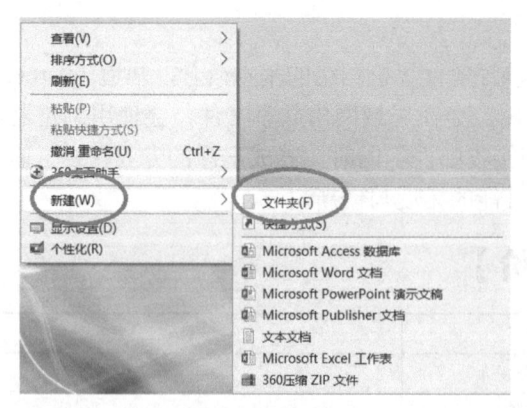

图 6-17 新建文件夹

2）将新建的文件夹重命名为"共享文件夹"并选中，单击鼠标右键，在弹出的快捷菜单中选择"属性"命令，如图 6-18 所示。

3）弹出"共享文件夹 属性"对话框，单击"共享"按钮，如图 6-19 所示。

图 6-18　选择"属性"命令　　　　　　　图 6-19　单击"共享"按钮

4）单击倒三角符号，选择其中的"Everyone"选项，再单击"添加"按钮，如图 6-20 所示。

5）设置 Everyone 的权限级别，单击后面的倒三角符号，选择"读取/写入"命令，之后单击"共享"按钮，如图 6-21 所示。接下来单击"完成"按钮。

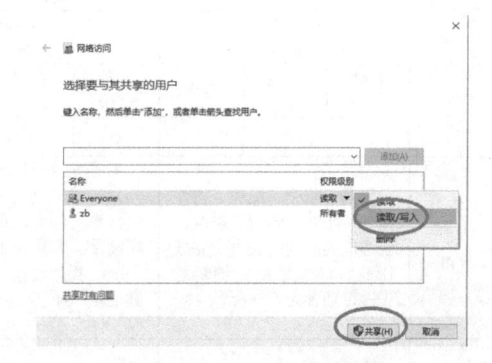

图 6-20　添加用户　　　　　　　　　图 6-21　设置权限级别

6）返回"共享文件夹　属性"对话框，单击"高级共享"按钮后弹出"高级共享"对话框，勾选"共享此文件夹"复选框。单击"权限"按钮，弹出"共享文件夹 的权限"对话框，勾选"完全控制""更改""读取"后的"允许"复选框，单击"确定"按钮，如图 6-22～图 6-24 所示。

图 6-22　单击"高级共享"按钮　　　　　图 6-23　单击"权限"按钮

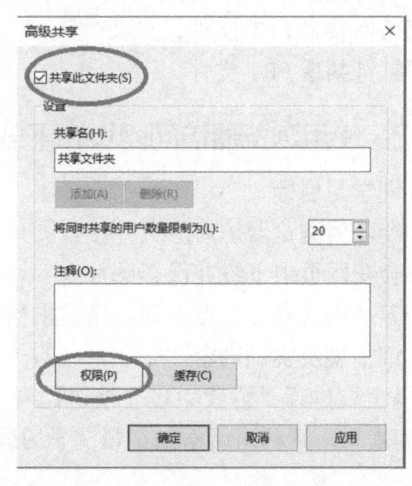

（2）更改高级共享设置

1）在"控制面板"中打开"网络和共享中心"，找到"更改高级共享设置"选项并单击，然后开启"启用文件与打印机共享"和"无密码保护的共享"功能。

2）单击"保存更改"按钮返回上一个界面，最后打开"无线网络连接 状态"或"本地连接 状态"对话框，单击"详细信息"按钮，查看"IPv4 连接"后面的数字，即之后需要输入的 IP 地址。

（3）实现 PPT 共享

把想要分享的 PPT 文件都放到刚刚新建的共享文件夹里，对方在计算机里单击"开始"，在"运行"文本框中输入斜杠和刚刚看到的 IP 地址，即可在局域网内共享 PPT 文件。

图 6-24　勾选"允许"复选框

5．实训考核评价

考核方式与内容	过程性考核（50 分）									终结性考核（50 分）		
	操行考核（10 分）			实操考核（20 分）			学习考核（20 分）			实训报告成果（50 分）		
实施过程	教师评价	小组评价	自评	教师评价	小组评价	自评	教师评价	小组评价	自评	教师评价	小组评价	自评
考核标准	出勤、安全、纪律、协作精神、工作（学习）态度、表达能力、沟通能力、完成作业、环保意识、创新意识，每项各为 1 分			工作任务计划制订（4 分）、工作任务完成情况（创建共享文件夹、更改高级共享设置、实现 PPT 共享，共 4 分）、操作过程（4 分）、工具使用（4 分）、工匠精神（4 分）			预习工作任务内容（4 分）、工作过程记录（4 分）、完成作业（4 分）、工作方法（4 分）、工作过程分析与总结（4 分）			回答问题准确（20 分）、操作规范、实验结果准确（30 分）		
各项得分													
评价标准	A 级（优秀）：得分>85 分；B 级（良好）：得分为 71~85 分；C 级（合格）：得分为 60~70 分；D 级（不合格）：得分<60 分											
评价等级	最终评价得分是：　　　　分						最终评价等级是：					

6．知识与技能拓展

1）用微信共享 PPT 文件。

2）用钉钉共享 PPT 文件。

6.6.2　使用浏览器访问网页，下载并保存图片

1．实训学习目标

1）学会使用浏览器访问网页并搜索图片。

2）学会在网页中下载并保存图片。

3）培养严谨认真、一丝不苟、精益求精的职业素养和工匠精神。

2．实训情境及实训内容

学校马上要进行"爱我中华"演讲比赛了，艾学习同学负责制作宣传海报，他需要下载一些图片作为素材，请利用所学知识帮艾学习同学完成下载并保存图片的任务。

3. 实训要求

在实训过程中，要求学生培养独立分析问题和解决实际问题的能力，且保质、保量、按时完成操作。实训的具体要求如下。

1）使用浏览器访问网页并搜索图片。

2）在网页中下载并保存图片。

3）开展小组合作探究学习，每 3 人一组，其中一人是小组长，负责组织学习过程以及学习成果汇报。

4. 实训步骤

（1）使用浏览器访问网页并搜索图片

1）双击浏览器图标，打开浏览器，在地址栏输入百度网址，打开百度网站。

2）在百度网站上选择"图片"选项，在搜索栏中输入搜索内容"爱我中华"，如图 6-25 所示。

（2）下载并保存图片

1）找到合适的图片，在图片上单击鼠标右键，在弹出的快捷菜单中选择"图片另存为"命令，如图 6-26 所示。

图 6-25　百度搜索图片　　　　　　　　图 6-26　选择"图片另存为"命令

2）在弹出的"另存为"对话框中选择保存图片的地址，并重命名图片，如图 6-27 所示。

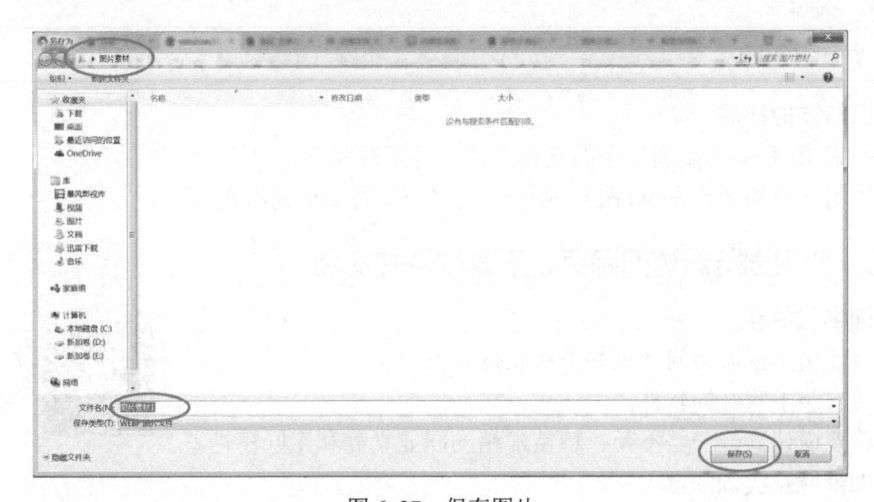

图 6-27　保存图片

3）图片下载并保存成功，如图 6-28 所示。

图 6-28 图片下载并保存成功

5. 实训考核评价

考核方式与内容	过程性考核（50分）									终结性考核（50分）		
^	操行考核（10分）			实操考核（20分）			学习考核（20分）			实训报告成果（50分）		
实施过程	教师评价	小组评价	自评	教师评价	小组评价	自评	教师评价	小组评价	自评	教师评价	小组评价	自评
考核标准	出勤、安全、纪律、协作精神、工作（学习）态度、表达能力、沟通能力、完成作业、环保意识、创新意识，每项各为1分			工作任务计划制订（4分）、工作任务完成情况（使用浏览器访问网页并搜索图片、在网页中下载并保存图片，共4分）、操作过程（4分）、工具使用（4分）、工匠精神（4分）			预习工作任务内容（4分）、工作过程记录（4分）、完成作业（4分）、工作方法（4分）、工作过程分析与总结（4分）			回答问题准确（20分）、操作规范、实验结果准确（30分）		
各项得分												
评价标准	A级（优秀）：得分＞85分；B级（良好）：得分为71～85分；C级（合格）：得分为60～70分；D级（不合格）：得分＜60分											
评价等级	最终评价得分是：　　　　分						最终评价等级是：					

6. 知识与技能拓展

1）请搜索 10 张关于交通安全的宣传图片，并下载保存。
2）请使用下载的图片在 Word 中制作一张宣传交通安全的海报。

6.6.3　使用浏览器访问网页，下载软件并安装

1. 实训学习目标

1）学会使用浏览器访问网页并下载软件。
2）学会安装下载好的软件。
3）培养严谨认真、一丝不苟、精益求精的职业素养和工匠精神。

2. 实训情境及实训内容

放假期间，艾学习同学的小组成员之间需要通过钉钉软件进行小组讨论，请帮助艾学习同学在计算机上下载钉钉软件并进行安装。

6-3 上机实训 3

3. 实训要求

在实训过程中，要求学生培养独立分析问题和解决实际问题的能力，且保质、保量、按时完成操作。实训的具体要求如下。

1）使用浏览器访问网页并下载钉钉软件。

2）安装钉钉软件。

3）开展小组合作探究学习，每3人一组，其中一人是小组长，负责组织学习过程以及学习成果汇报。

4. 实训步骤

（1）使用浏览器访问网页并下载钉钉软件

1）使用搜索引擎找到钉钉官方网站，如图6-29所示。

2）打开钉钉官方主页，找到下载按钮并单击，如图6-30所示。

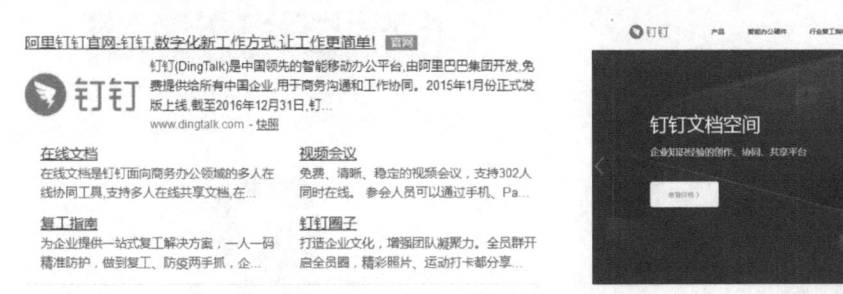

图6-29　用搜索引擎搜索钉钉官方网站

图6-30　单击下载按钮

3）单击下载后，打开下载页面，根据计算机的系统选择相应的软件版本进行下载，如图6-31所示。

图6-31　钉钉下载页面

（2）安装钉钉软件

1）找到下载好的钉钉安装程序，双击鼠标左键，进入钉钉安装页面，如图6-32所示。

2）单击"下一步"按钮，进入安装位置选择页面，选好目标文件夹后，单击"下一步"按钮，如图6-33所示。

3）之后进入安装过程，耐心等待，安装完成后弹出安装完成页面，单击"完成"按钮，如图6-34所示。

4）此时钉钉软件安装完成，运行即可，如图6-35所示。

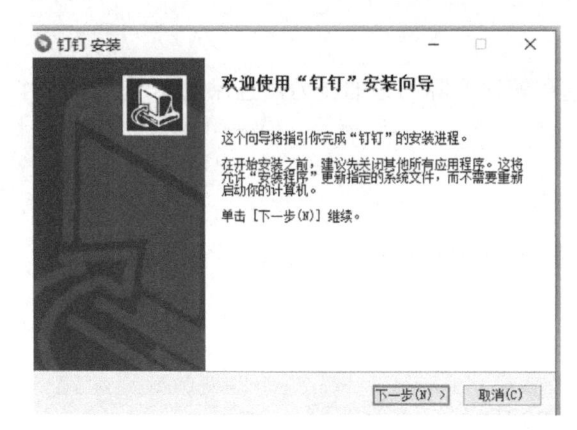

图 6-32 钉钉安装页面　　　　　　　图 6-33 选择安装位置

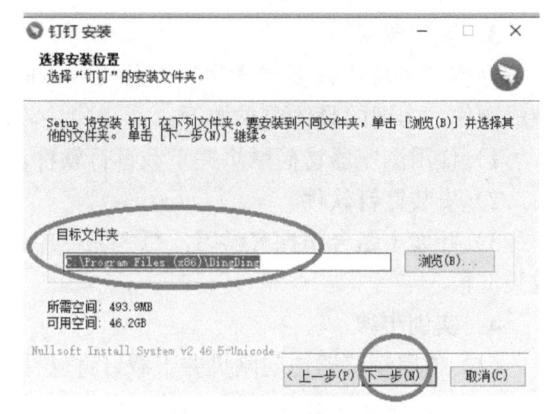

图 6-34 完成安装　　　　　　　　　图 6-35 运行钉钉软件

5. 实训考核评价

考核方式与内容	过程性考核（50分）									终结性考核（50分）		
^	操行考核（10分）			实操考核（20分）			学习考核（20分）			实训报告成果（50分）		
实施过程	教师评价	小组评价	自评	教师评价	小组评价	自评	教师评价	小组评价	自评	教师评价	小组评价	自评
考核标准	出勤、安全、纪律、协作精神、工作（学习）态度、表达能力、沟通能力、完成作业、环保意识、创新意识，每项各为1分			工作任务计划制订（4分）、工作任务完成情况（使用浏览器访问网页并下载软件，安装软件，共4分）、操作过程（4分）、工具使用（4分）、工匠精神（4分）			预习工作任务内容（4分）、工作过程记录（4分）、完成作业（4分）、工作方法（4分）、工作过程分析与总结（4分）			回答问题准确（20分）、操作规范、实验结果准确（30分）		
各项得分												
评价标准	A级（优秀）：得分＞85分；B级（良好）：得分为71～85分；C级（合格）：得分为60～70分；D级（不合格）：得分＜60分											
评价等级	最终评价得分是：　　　分						最终评价等级是：					

6. 知识与技能拓展

1）请搜索百度网盘客户端，下载百度网盘并安装到计算机。

2）请搜索微信计算机客户端，下载并安装到计算机。

6.6.4　将自己的简历通过邮箱发送给老师

1. 实训学习目标

1）学会使用邮箱发送邮件。

2）学会在邮件内添加附件。

3）培养严谨认真、一丝不苟、精益求精的职业素养和工匠精神。

2. 实训情境及实训内容

艾学习同学经过反复修改后终于写好了个人简历，他需要将个人简历用邮件发送给老师，请帮他完成发送邮件的任务。

3. 实训要求

在实训过程中，要求学生培养独立分析问题和解决实际问题的能力，且保质、保量、按时完成操作。实训的具体要求如下。

1）使用邮箱发送邮件。

2）在邮件中添加附件。

3）开展小组合作探究学习，每 3 人一组，其中一人是小组长，负责组织学习过程以及学习成果汇报。

4. 实训步骤

1）在搜索引擎中输入"QQ 邮箱"，打开 QQ 邮箱主页面，输入自己的 QQ 号和邮箱密码即可进入 QQ 邮箱。

2）单击"写信"，如图 6-36 所示。

3）打开"写信"页面，在"收件人"栏输入收件人邮箱，"主题"内写清楚邮件主要内容，如"艾学习个人简历"，如图 6-37 所示。

图 6-36　写信 　　　　　　　　　　图 6-37　QQ 邮箱"写信"页面

4）将个人简历添加到附件中。单击"添加附件"旁边的下拉三角，打开下拉菜单，选择上传附件的方式，如图 6-38 所示。

5）添加好附件后，单击"发送"按钮即可，如图 6-39 所示。

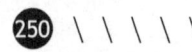

图 6-38　添加附件   图 6-39　发送邮件

5. 实训考核评价

考核方式与内容	过程性考核（50 分）									终结性考核（50 分）		
	操行考核（10 分）			实操考核（20 分）			学习考核（20 分）			实训报告成果（50 分）		
实施过程	教师评价	小组评价	自评	教师评价	小组评价	自评	教师评价	小组评价	自评	教师评价	小组评价	自评
考核标准	出勤、安全、纪律、协作精神、工作（学习）态度、表达能力、沟通能力、完成作业、环保意识、创新意识，每项各为 1 分			工作任务计划制订（4 分）、工作任务完成情况（使用邮箱发送邮件、在邮件内添加附件，共 4 分）、操作过程（4 分）、工具使用（4 分）、工匠精神（4 分）			预习工作任务内容（4 分）、工作过程记录（4 分）、完成作业（4 分）、工作方法（4 分）、工作过程分析与总结（4 分）			回答问题准确（20 分）、操作规范、实验结果准确（30 分）		
各项得分													
评价标准	A 级（优秀）：得分>85 分；B 级（良好）：得分为 71～85 分；C 级（合格）：得分为 60～70 分；D 级（不合格）：得分<60 分											
评价等级	最终评价得分是：　　　分						最终评价等级是：					

6. 知识与技能拓展

1）请给小组成员发送一封邮件，内附自己制作的海报，请小组成员帮忙点评。

2）请给好友发送一封邮件，内附自己最近喜欢的一首歌曲。

【温故知新——练习题】

一、选择题

1．最早出现的计算机网络是（　　）。

　　A．Internet　　　　　B．Novell　　　　　C．ARPAnet　　　　　D．LAN

2．城域网的网络连接局限在一座城市的范围内，覆盖的地理范围在（　　）。

　　A．十几千米　　　　　　　　　　　　　　B．几十千米

　　C．几百千米　　　　　　　　　　　　　　D．十几千米至几十千米内

3．IPV4 中由 2 字节的网络地址和 2 字节的主机地址组成，网络地址最高位必须是"10"的是哪一类 IP 地址？（　　）

　　A．A 类 IP 地址　　　B．B 类 IP 地址　　　C．C 类 IP 地址　　　D．D 类 IP 地址

二、填空题

1. 计算机网络按照覆盖范围可分为_____、城域网、广域网和接入网。
2. 网络通信协议有三个要素：语法、_____和同步。
3. _____是指用户数据与控制信息的结构和格式。
4. 计算机网络的_____是指计算机网络通信链路和节点的几何排列或物理布局图形。
5. 计算机网络按网络拓扑结构可分为：总线型网络、_____网络、树形网络、环形网络和网状拓扑。
6. TCP/IP 模型分为四个层次：_____、传输层、网络互联层和网络接口层。
7. IPv4 地址是一个_____位的二进制编址，在机器中存放的 IP 地址是连续的二进制代码。
8. A 类 IP 地址由_____字节的网络地址和_____字节的主机地址组成，网络地址的最高位必须是"0"。
9. C 类 IP 地址由_____字节的网络地址和_____字节的主机地址组成，网络地址的最高位必须是"_____"。
10. 子网掩码中 1 位代表与之对应的 IP 地址位，表示的是_____位；0 位代表与之对应的 IP 地址位，表示的是_____位。

三、简答题

1. 网络的定义和特征是什么？
2. OSI 参考模型分为哪几层？
3. 请描述 IP 地址的定义和分类。
4. 常见的网络设备有哪些？
5. 无线局域网的优缺点是什么？
6. 有哪些常用的搜索引擎？

第 7 章 人工智能

7.1 什么是人工智能

【学习目标】

1. 熟知人工智能的定义。
2. 熟知人工智能的分类。
3. 熟知人工智能的发展历史。
4. 针对学科核心素养要求，形成理性思维、批判质疑、勇于探究、乐学善学、勤于反思、信息意识、技术运用等核心素养。
5. 通过系统学习，培养专业精神、职业精神、工匠精神、创新精神和自强精神。

7.1.1 人工智能的定义

人工智能的定义主要有以下两种。

- 人工智能（Artificial Intelligence，AI）是研究和开发用于模拟、延伸和扩展人类智能的理论、方法、技术及应用系统的一门科学技术。
- 《人工智能——一种现代方法》一书中将已有的人工智能分为四类：像人一样思考的系统、像人一样行动的系统、理性思考的系统、理性行动的系统。人工智能的基础是哲学、数学、经济学、神经科学、心理学、计算机工程、控制论、语言学等。

7.1.2 人工智能的分类

1. 认知 AI（Cognitive AI）

认知 AI 是最受欢迎的一个人工智能分支，负责所有感觉"像人一样"的交互。认知 AI 必须能够轻松处理复杂性和二义性，同时还能持续不断地在数据挖掘、NLP（自然语言处理）和智能自动化的经验中学习。

现在人们越来越倾向于认为认知 AI 混合了人工智能做出的最好决策和人类工作者们的决定，用以监督更棘手或不确定的事件。这可以帮助扩大人工智能的适用性，并生成更快、更可靠的答案。

2. 机器学习（Machine Learning）

机器学习处于计算机科学的前沿，但将来有望对日常工作场所产生极大的影响。机器学习是指在大数据中寻找一些模式，然后在没有过多人为解释的情况下，用这些模式来预测结果，而这些模式在普通的统计分析中是看不到的。

3. 深度学习（Deep Learning）

如果机器学习是前沿的，那么深度学习则是尖端的。这是一种可以参加智力问答比赛的 AI。它将大数据和无监督算法的分析相结合，其应用通常围绕着庞大的未标记数据集，这些数据集需要结构化成互联的群集。深度学习的这种灵感完全来自人类大脑中的神经网络，因此可形象地称其为人工神经网络。

深度学习是许多现代语音和图像识别方法的基础，并且与以往提供的非学习方法相比，随着时间的推移具有更高的准确度。

希望在未来，深度学习可以自主回答客户的咨询，并通过聊天或电子邮件完成订单。或者它们可以基于巨大的数据池对新产品进行营销。也许有一天，它们还可以成为工作场所里的全方位助理。

7.1.3 人工智能的发展历史

"人工智能"是在 1956 年作为一门新兴学科的名称正式提出的。此后，它取得了惊人的成就，获得了迅速的发展。它的发展历史可归结为孕育、形成、发展这三个阶段。

1. 孕育阶段

这个阶段主要是指 1956 年以前。自古以来，人们就一直试图用各种机器来代替人的部分劳动，其中对人工智能的产生、发展有重大影响的主要有以下研究成果。

1）古希腊哲学家和思想家亚里士多德创立了演绎法。

2）英国哲学家和自然科学家培根创立了归纳法。

3）德国数学家和哲学家莱布尼茨提出了万能符号和推理计算的思想。这一思想不仅为数理逻辑的产生和发展奠定了基础，而且是现代机器思维设计思想的萌芽。

4）法国物理学家和数学家帕斯卡成功制造了世界上第一台加法器。

5）英国数学家图灵创立了自动机理论，并为人工智能做了大量的开拓性工作。

6）美国数学家、电子数字计算机的先驱莫克利与埃克特共同成功研制了世界上第一台通用电子计算机 ENIAC。

7）美国神经生理学家麦克洛奇与匹兹建成了第一个神经网络模型，开创了微观人工智能的研究领域，为后来人工神经网络的研究奠定了基础。

由此发展历程可以看出，人工智能的产生和发展绝不是偶然的，它是科学技术发展的必然产物。

2. 形成阶段

这个阶段主要是指 1956~1969 年。十位杰出的年轻科学家在美国达特茅斯大学举行了一次为期两个月的夏季学术研讨会，共同学习和探讨了用机器模拟人类智能的有关问题，由数学博士麦卡锡提议并正式采用了"人工智能"这一术语。由此，一个以研究如何用机器来模拟人类智能的新兴科学——人工智能诞生了。

3. 发展阶段

这个阶段主要是指 1970 年以后。这一阶段的初期，人工智能的发展遇到了很多的困难，直到专家系统（Expert System）的兴起，才实现了人工智能从理论研究走向实际应用，从一般思维规律探讨走向专门知识运用的重大突破，成为人工智能发展史上一次重要的转折。这个时期，专家系统的研究在多个领域取得了重大突破，不同功能、不同类型的专家系统如雨后春笋般建立起来，其应用范围也扩大到了人类社会的各个领域，产生了巨大的经济效益及社会效益。

专家系统的成功说明了知识在智能系统中的重要性，使人们更清楚地认识到人工智能系统应该是一个知识处理系统，而知识表示、知识获取、知识利用正是人工智能系统的三个核心问题。现如今，对人工智能相关技术更大的需求促使新的进步不断出现，人工智能已经并且将继续改变人们的生活。

7.2 人工智能的基础支撑

【学习目标】

1. 了解人工智能的核心驱动力——大数据、算力、算法及相互间的关系。
2. 了解人工智能的其他支撑技术——物联网、云计算、5G及相互间的赋能。
3. 针对学科核心素养要求，形成理性思维、批判质疑、勇于探究、乐学善学、勤于反思、信息意识、技术运用等核心素养。
4. 通过系统学习，培养专业精神、职业精神、工匠精神、创新精神和自强精神。

7.2.1 大数据、算力和算法

人工智能的核心驱动力包括大数据、算法、算力，如图 7-1 所示。大数据可以比作人工智能的燃料，算法是发动机，算力则是支撑发动机高速运转的加速器。三者相辅相成，数据量的上涨、算力的提升和深度学习算法的优化才能极大地促进人工智能行业的发展。

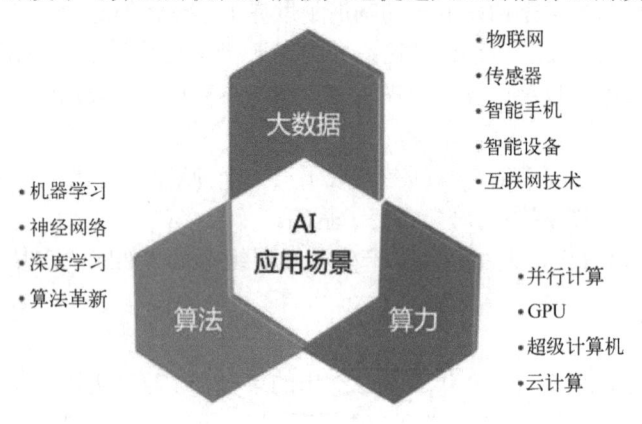

图 7-1 人工智能三大核心驱动力

1. 大数据

大数据是指无法在一定时间范围内用常规软件工具进行捕捉、管理和处理的数据集合，是需要新处理模式才能具有更强决策力、洞察发现力和流程优化能力的海量、高增长率和多样化的信息资产。

（1）认识数据对人工智能的重要性

数据在人工智能行业发展中的位置非常重要，数据集的丰富性和规模性对算法训练尤为重要。例如，实现精准视觉识别的第一步就是获取海量而优质的应用场景数据。以人脸识别为例，训练该算法模型的图片量至少应为百万级别。

（2）大数据的来源

大数据的来源包括社交网络用户数据、科学仪器获取的数据、传感器检测环境信息数据、

移动通信记录数据、飞机飞行记录、发动机数据、商务数据（如刷卡消费数据、网络交易数据）、医疗数据（如放射影像数据、疾病数据、医疗仪器数据）等。

现阶段，数据包含的信息量越来越大、维度越来越多，从图像、声音等多媒体数据，到动作、姿态、轨迹等人类行为数据，再到地理位置、天气等环境数据等。

（3）大数据的特点

1）规模性（Volume，耗费大量存储、计算资源）。大数据的起始计量单位是 P（1000 个 T）、E（100 万个 T）或 Z（10 亿个 T）。

2）高速性（Velocity，增长迅速、急需实时处理）。高速增长的数据对实时处理有着极高的要求，这是大数据区别于传统数据挖掘最显著的特征之一。

3）多样性（Variety，来源广泛、形式多样）。数据类型包括网络日志、音频、视频、图片、地理位置信息等，数据多样性对数据处理能力提出了更高的要求。

4）价值稀疏性（Value，价值总量大、知识密度低）。随着物联网的广泛应用，信息感知无处不在，信息海量，但价值密度较低，如何通过强大的智能算法更迅速地完成数据的价值"提纯"，是大数据时代亟待解决的难题。

（4）大数据与人工智能的关系

简单来说，大数据和人工智能就像燃料和发动机，谁也离不开谁。人工智能就像发动机，离开了燃料，它就不能运行；燃料为机器提供动力，燃料离开发动机，也就没有什么价值了。

一方面，算法让大量的数据有了价值。人工智能技术立足于神经网络，同时发展出了多层神经网络，从而可以进行深度机器学习。这一算法自身的特点决定了它更为灵活且可以根据不同的训练数据而自行优化。

深度学习、增强学习、机器学习等技术的发展都推动着人工智能的进步。以计算视觉为例，作为一个数据复杂的领域，传统的浅层算法识别准确率并不高。自深度学习出现以来，基于寻找合适特征来让机器识别物体几乎代表了计算机视觉的全部，图像识别精准度从 70% 提升到 95%。由此可见，人工智能的快速演进不仅需要理论研究，还需要大量的数据作为支撑。

另一方面，人工智能推进了大数据的应用深化。在实际应用中，人工智能与大数据密不可分。大数据的许多应用可以归因于人工智能。随着人工智能的快速应用和普及，大数据不断积累，深度学习和强化学习等算法不断优化。大数据技术与人工智能技术更紧密地结合在一起，具有理解、分析、发现数据和对数据做出决策的能力，从而让人们从数据中获得更准确、更深入的知识，挖掘数据背后的价值，并产生新的知识。

2. 算力

算力在人工智能中的地位属于基础硬件。算力能够为算法提供基础计算能力，它涵盖了 GPU、CPU、FPGA 和各种各样的 ASIC 专用芯片。

传统计算机芯片为 CPU，但其传统计算架构无法支撑深度学习的大规模并行计算需求。GPU（图像处理器）作为应对图像处理需求而出现的芯片，其海量数据并行运算能力与深度学习的需求不谋而合，因此，它被最先引入深度学习。

GPU 的优点：让并行计算成为可能，为数据处理规模、数据运算速度带来了指数级的增长。与使用传统双核 CPU 相比，在运算速度上的提升最大会达到近 70 倍，消除了制约计算机视觉发展的主要瓶颈。

目前，人工智能芯片主要有两种发展路径：一种是延续传统的计算架构，加速硬件计算能力，主要以三种芯片为代表，即 GPU、FPGA、ASIC，但 CPU 依旧发挥着不可替代的作用；

另一种是颠覆传统的冯·诺依曼计算架构，采用类脑神经结构来提升计算能力，以 IBM TrueNorth 芯片为代表。

目前主流 AI 芯片的核心主要是利用 MAC（Multiplier and Accumulation，乘加计算）加速阵列来实现对 CNN（卷积神经网络）中最主要的卷积运算的加速。手机 AI 芯片对于各种AI 算子能够以 30～50 倍的速度处理。以拍照场景为例，AI 芯片能够更好地完成图像检测、图像分割和图像语义理解。另外，AI 芯片可以听清、听懂声音，并根据所了解的用户意图提供用户真正想要的服务。比如，内置独立神经网络单元 NPU 的麒麟 970 的图片处理速度可达到约 2005 张每分钟，而在没有 NPU 的情况下每分钟只能处理 97 张图片。当然，其他应用场景在 AI 的推动下同样变得高能。

目前 AI 芯片大致可分成五大类：通用型的 CPU（Central Processing Unit）、半通用型的 GPU（Graphics Processing Unit）、半专用型的 FPGA（Field Programmable Gate Array）、专用型的 ASIC（Application Specific Integrated Circuit）及混合型的 SoC（System on Chip）。

3．算法

（1）算法模型

算法是人工智能的发动机，有了算法，有了训练数据，经过多次训练、模型评估和算法人员不断调整后，会获得训练模型。有了好的算法模型，人工智能业务要求的基础功能才能实现。模型其实就相当于一个函数，当给这个函数（模型）输入特定的值时，函数就会输出一个值，这个值就是模型预测的结果。算法模型如图 7-2 所示。

人工智能、机器学习与深度学习的关系：人工智能是一个宏大的愿景，目标是让机器像人类一样思考和行动，既包括增强脑力，也包括增强体力的研究领域。而学习只是实现人工智能的手段之一，并且只是增强脑力的方法之一。所以，人工智能包含机器学习，机器学习又包含了深度学习，三者之间的关系如图 7-3 所示。

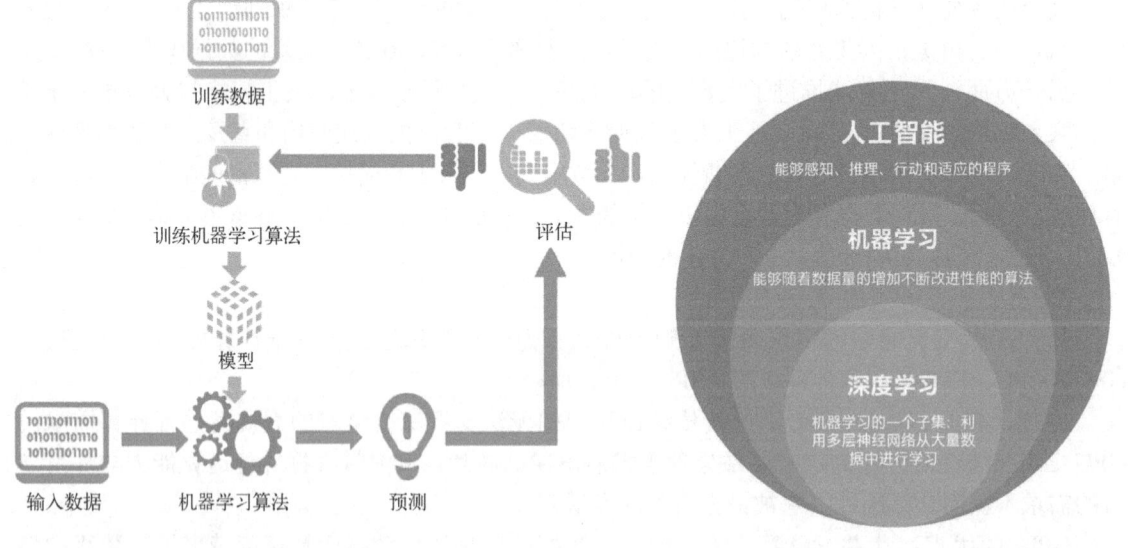

图 7-2　算法模型

图 7-3　人工智能、机器学习与深度学习的关系

（2）机器学习

机器学习是机器从经验中自动学习和改进的过程，不需要人工编写程序指定规则和逻辑。学习的目的是获得知识，而机器学习的目的是让机器从用户和输入数据中获得知识，以便

在生产、生活的实际环境中能够自动做出判断和响应,从而帮助人们解决更多问题、减少错误、提高效率。

机器学习有四种学习方式,分别为监督学习、半监督学习、无监督学习和强化学习。

1)监督学习。

监督学习就是使用已经知道答案的数据或者已经给定标签的数据让机器进行学习的一个过程。通俗地讲,监督学习就相当于我们高中做练习题的时候,做完一道题之后,可以翻看已经存在的答案,然后通过答案来进行学习和调整,达到举一反三的效果,通过这样的学习,在下次出现类似题目的时候,就可以通过已有的经验进行解答。

监督学习分为两大类问题:回归和分类。

在回归问题中,需要预测一个连续值,比如明天多少度、房价多少等,而分类问题就是预测明天是什么天气,多云、下雨还是晴天,两者的区别就在于分类问题的结果是一个类别,预测结果不是对就是错,而回归问题是对真实值的一种逼近预测,预测值与真实值的差距越小越好,不存在对错的概念,比如预测房价为999元,真实价格为1000元,就认为这是一个比较好的回归分析。

监督学习就是根据已有的数据集获取输入和输出之间的关系,训练得到一个最优的模型。监督学习中的训练数据是有标签的。

监督学习的目的是通过学习许多有标签的样本对新数据做出预测。

2)半监督学习。

在半监督学习中,训练中使用的数据只有一小部分是标记过的,而大部分是没有标记的,因此和监督学习相比,半监督学习成本较低,但是又能达到较高的准确度。它相当于利用少量的有答案的数据进行训练,然后根据学习经验对剩下的数据进行标记分类等。

在实际应用中,半监督学习的使用频率也比较高,因为很多时候缺的不是数据,而是带标签的数据,由人工给数据打标签是很费时费力的。

3)无监督学习。

无监督学习使用的数据是没有标记过的,即不知道输入数据对应的输出结果是什么。无监督学习只是读取数据,自己寻找数据的模型和规律,就相当于在学习的过程中遇到的事情是没有答案的,只能自己从中摸索,然后对其进行分类判断。在实际应用中,训练模型使用监督学习比较多,而无监督学习更多用在对数据进行分类上。

例如,要生产衬衫,却不知道 XS、S、M、L 和 XL 的尺寸到底应该设计多大,这时就可以根据人们的体测数据,用聚类算法把人们分到不同的组,从而决定尺码的大小。

4)强化学习。

强化学习也是使用未标记的数据,但是可以通过某种方法知道训练过程是离正确答案越来越近还是越来越远(即奖惩函数),强调的是如何基于环境而行动以取得最大化的收益。传统的"冷热游戏"很生动地解释了这个概念:你的朋友会事先藏好一个东西,当你离这个东西越来越近的时候,朋友就会热,越来越远的时候就会冷。冷或者热就是一个奖惩函数,强化学习算法就是最大化奖惩函数,可以把奖惩函数想象成正确答案的一个延迟、稀疏的形式。

(3)深度学习

深度学习是机器学习中一种对数据进行表征学习的算法。观测值,例如一幅图像,可以使用多种方式来表示,如每个像素强度值的向量,或者更抽象地表示成一系列边、特定形状的区域等。而使用某些特定的表示方法更容易从实例中学习任务(例如,人脸识别或面部表情识别)。

近年来监督式深度学习方法（以反馈算法训练 CNN、LSTM 等）获得了空前的成功，而基于半监督或无监督式的方法（如 DBM、DBN、堆栈自动编码器）虽然在深度学习兴起阶段起到了重要的启蒙作用并已获得不错的进展，但仍处在研究阶段。在未来，无监督式学习将是深度学习的重要研究方向，因为人和动物的学习大多是无监督式的，多数通过观察来发现世界的构造，而不是被提前告知所有物体的名字。

表征学习的目标是寻求更好的表示方法并创建更好的模型，以便从大规模未标记数据中学习这些表示方法。表示方法来自神经科学，并松散地创建在类似神经系统的信息处理和对通信模式的理解上，如神经编码，试图定义拉动神经元反应之间的关系以及大脑中神经元电活动之间的关系。

至今已有数种深度学习框架，如卷积神经网络、深度置信网络和递归神经网络等，并成功应用在了计算机视觉、语音识别、自然语言处理、音频识别与生物信息学等领域。

7.2.2 物联网和 AIoT

1. 物联网

在瞬息万变的信息时代，物联网是继计算机、互联网之后的又一信息化时代变革，它将智能感知、识别技术与普适计算等通信感知技术应用在网络与实物的融合中。物联网的应用非常广泛，如智慧工业、智慧农业、智慧城市、智慧医疗，这些都是和大数据、云计算结合在一起的，人工智能也是其中的一部分。

互联网的终端是微型计算机、手机、平板计算机等。物联网的本质还是互联网，只不过终端是嵌入式计算机系统及其配套的传感器。这是计算机科技发展的必然结果，为人类服务的计算机将呈现出各种形态，如穿戴设备、环境监控设备、虚拟现实设备等。只要有硬件或产品联网，发生数据交互，就是物联网中的一员。

物联网的技术前景是广阔的，近些年上市的一些联网空气净化器、穿戴设备、家庭环境监控设备在过去是不存在的，在目前的消费背景下，正服务着大众生活。未来还会有更多的新式设备出现，这些正是物联网技术发展的必然结果。

2. AIoT

AIoT（人工智能物联网）=AI（人工智能）+IoT（物联网），即融合了 AI 技术和 IoT 技术。通过物联网产生、收集的海量数据存储于云端、边缘端，再通过大数据分析，以及更高形式的人工智能，实现万物数据化、万物智联化，物联网技术与人工智能追求的是一个智能化生态体系，除了技术上需要不断革新，技术的落地与应用更是现阶段物联网与人工智能领域亟待突破的核心问题。

在基于IoT 技术的市场里，与人发生联系的场景（如智能家居、自动驾驶、智慧医疗、智慧办公）正在变得越来越多。而只要是与人发生联系的地方，势必涉及人机交互的需求。人机交互是指人与计算机之间使用某种对话语言，以一定的交互方式，为完成确定任务而实施的信息交互过程。人机交互的范围很广，小到电灯开关，大到飞机上的仪表板或是发电厂的控制室等。随着智能终端设备的爆发，用户对人与机器间的交互方式也提出了全新要求，使得 AIoT 人机交互市场被逐渐激发起来。

7.2.3 云计算

云计算（cloud computing）是分布式计算技术的一种，通俗来讲，它是指通过网络将庞大的数据计算处理程序自动拆分成无数个小程序，再交由多部服务器所组成的庞大系统经搜寻、计算分析之后将处理结果回传给用户。

通过这项技术，网络服务提供者可以在数秒内处理数以千万计甚至亿计的信息，达到和"超级计算机"同样强大效能的网络服务。

最简单的云计算技术在网络服务中已经随处可见，如搜索引擎、网络信箱等，使用者只要输入简单指令即可得到大量信息。

未来，手机、GPS 等行动装置都可以通过云计算技术发展出更多的应用服务。

进一步的云计算不只能实现资料搜索、分析的功能。分析 DNA 结构、基因图谱定序、解析癌症细胞等未来都可以轻易达成。

云计算不仅是人工智能的基础计算平台（当然并非当前所有的人工智能计算都在严格意义的云平台上进行），也是人工智能集成到千万应用中的便捷途径；人工智能则不仅丰富了云计算服务的特性，也让云计算服务更加符合业务场景的需求，并进一步解放人力。

以网易云打造场景化云服务的经验为例，如果没有人工智能技术，内容安全服务和智能客服服务将大大失色。而在人工智能的帮助之下，网易云内容安全服务一天可以为整个中国的互联网过滤垃圾信息 1 亿条以上，七鱼全智能云客服一年能帮助客户节省成本 1 亿元以上。

7.2.4　第五代移动通信技术

1. 5G 的概念

第五代移动通信技术简称 5G 或 5G 技术，是新一代蜂窝移动通信技术，是 4G 系统的延伸，如图 7-4 所示。5G 的性能目标是高传输速率、减少延迟、节省能源、降低成本、提高系统容量和大规模设备连接。

图 7-4　5G 概念图

2. 5G 的关键能力

5G 相比于 4G 来说，需要具备更高的性能，支持 0.1~1Gbit/s 的用户体验速率，每平方千米 100 万的连接数密度，毫秒级的端到端时延，每平方千米数十 Tbit/s 的流量密度，每小时 500km 以上的移动性和数十 Gbit/s 的峰值速率。其中，用户体验速率、连接数密度和时延为 5G 最基本的三个性能指标。同时，5G 还需要大幅提高网络部署和运营效率，相比 4G，频谱效率提升 5~15 倍，能效和成本效率提升百倍以上。5G 的关键能力如图 7-5 所示。

3. 5G 与人工智能的关系

人工智能最显著的优势就是缩短了计算和推理的时间，从而提高了生产效率，而 5G 通信技术恰恰具有强大的数据交互能力，5G 通信技术与人工智能结合能够更大程度地发挥互联网的智能优势。将 5G 通信技术应用在人工智能领域，可谓如虎添翼，依托 5G 通信技术，人工智能可以更加精细地处理海量数据,提高其自身传输数据的准确性和自动化水平。

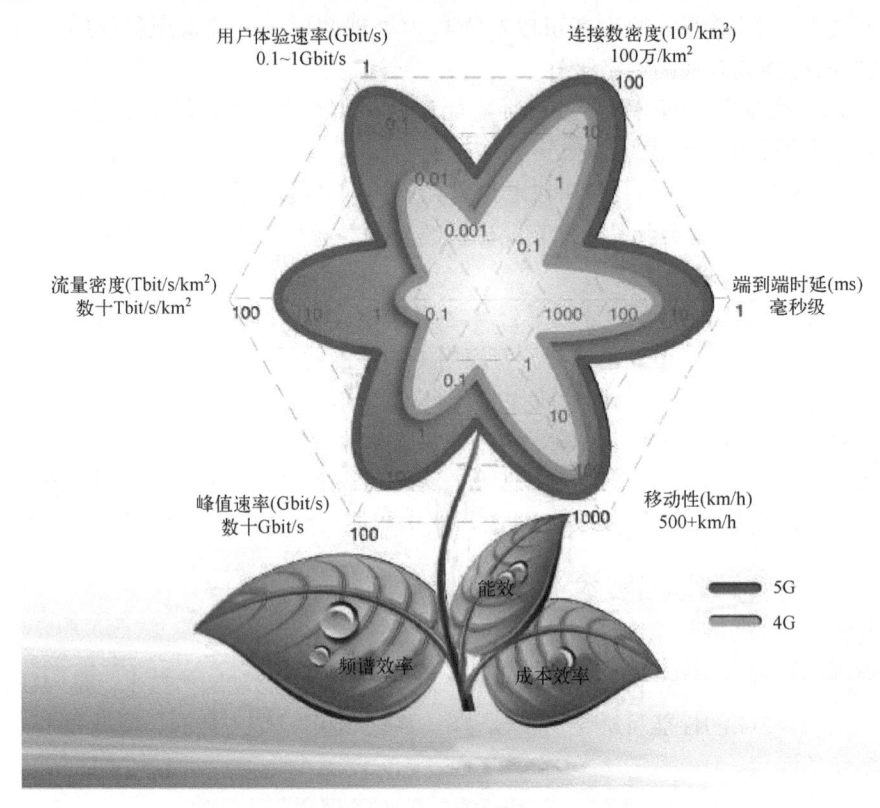

图 7-5　5G 关键能力

7.3 人工智能的应用技术

【学习目标】

1. 熟知文字识别的定义、分类和应用,分析 OCR 文字识别流程。
2. 熟知图像识别的发展和应用,分析图像识别过程。
3. 熟知语音识别的定义和应用,分析语音识别原理。
4. 针对学科核心素养要求,形成理性思维、批判质疑、勇于探究、乐学善学、勤于反思、信息意识、技术运用等核心素养。
5. 通过系统学习,培养专业精神、职业精神、工匠精神、创新精神和自强精神。

7.3.1　文字识别

1. 什么是文字识别

文字识别是计算机视觉研究领域的分支之一,归属于模式识别和人工智能,是计算机科学的重要组成部分。文字识别,俗称光学字符识别(Optical Character Recognition,OCR),它是利用光学技术和计算机技术把印在或写在纸上的文字读取出来,并转换成一种计算机能够接受、人可以理解的格式。OCR 技术是实现文字高速录入的一项关键技术。

2. 文字识别的分类

文字识别分为两类：手写体识别和印刷体识别。

印刷体识别较手写体识别要简单得多，因为印刷体大多是规则的字体，这些字体都是计算机自己生成再通过打印技术印刷到纸上的。在印刷体的识别上有其独特的干扰：在印刷过程中字体很可能断裂或者有墨水粘连，使得 OCR 实现异常困难。当然这些都可以通过一些图像处理技术尽可能还原，进而提高识别率。总体来说，单纯的印刷体识别在业界已经做得很好了，但 100%识别是不可能的。OCR 技术的兴起便是从印刷体识别开始的，印刷体识别的成功为后来手写体识别的发展奠定了坚实的基础。

手写体识别一直是 OCR 界一直想攻克的难关，时至今日，还有很多学者和公司在努力研究。手写的字往往带有个人特色，对于印刷体，字体种类是有限的，机器学习模型建立并不是难事，但是手写体几乎每个人都不一样，所以机器学习难以全部识别，这就是难点所在。

3. 文字识别流程

假如输入系统的图像是一页文本，那么识别时的第一件事情是判断页面上的文本朝向，因为得到的这页文档往往不是完美的，很可能带有倾斜或者污渍，需要进行图像预处理，做角度矫正和去噪。然后要对文档版面进行分析，先把每一行的文字切割下来，再对每一行进行列分割，切割出每个字符，将字符送入训练好的 OCR 模型进行字符识别，得到结果。但是模型识别结果往往是不太准确的，需要对其进行矫正和优化，比如可以设计一个语法检测器，检测字符的组合逻辑是否合理。比如，考虑单词 Because，设计的识别模型把它识别为 8ecause，那么就可以用语法检测器纠正这种拼写错误，并用 B 代替 8 来完成识别矫正。这样整个文字识别流程就完成了。OCR 流程大致可以分为 6 个步骤，如图 7-6 所示。

获取图片 → 预处理 → CTPN → 切图 → CRNN → 文字识别

图 7-6　文字识别流程

从图 7-7 所示的流程图可以看出，字符识别并不是单纯一个 OCR 模块就能实现的（如果只有 OCR 模块，识别率相当低），而是需要各个模块的组合来保证较高的识别率，每个模块下还有很多更细节的操作，每个操作都关系着最终识别结果的准确性。送入 OCR 模块的图像越清晰（即预处理做得越好），识别效果往往就越好。

4. 文字识别的应用

文字识别在一些简单环境下的准确度已经比较高了（比如电子文档），但在一些复杂环境下还有所欠缺。文字识别传统方法在应对复杂图文场景的文字识别时会显得力不从心，越来越多的人在研究如何把文字在复杂场景读出来，并且读得准确，学术界称之为场景文本识别（文字检测+文字识别），如图 7-7 和图 7-8 所示。

7.3.2　图像识别

1. 图像识别的发展

图像识别是人工智能的一个重要领域。图像识别的发展经历了三个阶段：文字识别、数字图像处理与识别、物体识别。图像识别，顾名思义，就是对图像做出各种处理、分析，最终识别所要研究的目标。如今所指的图像识别不是用人类的肉眼，而是借助计算机技术进行识别。虽然人类的识别能力很强大，但是对于高速发展的社会，人类自身识别能力已经满足不了需求，于是就产生了基于计算机的图像识别技术。这就像人类研究生物细胞,完全靠肉眼观察细胞是不现实的,这样自然就产生了显微镜等用于精确观测的仪器。通常一个领域出现原有技术无法解决的需求时,就会产生相应的新技术。图像识别技术也是如此,此技术的产生就是为了让计算机代替人类处理大量的物理信息,解决人类无法识别或者识别率低的问题。

图 7-7 瓶盖的生产日期识别　　　　　　图 7-8 图书封面文字识别

2. 图像识别过程

图像识别过程主要包括三个步骤:图像获取、图像处理、图像识别,如图 7-9 所示。

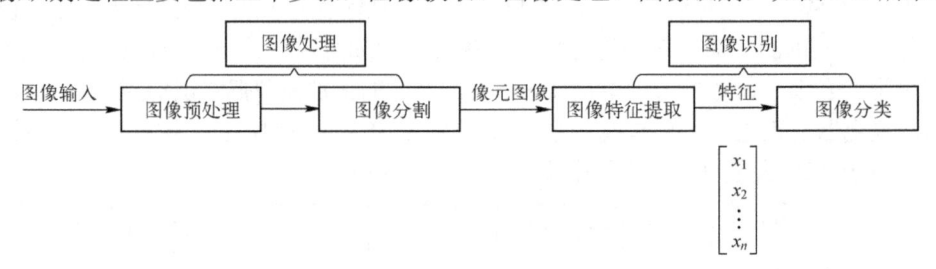

图 7-9 图像识别过程

图像获取:主要是指将图像通过光学设备进行获取和存储,将其向计算机可识别的信息转换。

图像处理:主要是指采用去噪、变换及平滑等操作对图像进行处理,凸显图像的重要特征,并对图像进行分割。

图像识别:首先在模式识别中抽取图像特征,抽取得到的特征并不都是有用的,这个时候就要提取有用的特征,这就是特征的选择。特征抽取和选择在图像识别中是非常关键的技术之一,所以对这一步的理解是图像识别的重点。然后设计分类器,根据训练结果对识别规则进行制定,基于此识别规则能够得到特征的主要种类,进而使图像识别的准确率不断提高,此后再通过识别特殊特征来实现对图像的评价和确认。

3. 图像识别的应用

计算机的图像识别技术在公共安全、生物、工业、农业、交通、医疗等很多领域都有应用。例如,交通方面的车牌识别系统;公共安全方面的人脸识别技术、指纹识别技术;农业方面的种子识别技术、食品品质检测技术;医学方面的心电图识别技术等。随着计算机技术的不断发展,图像识别技术也在不断优化,其算法也在不断改进。图像是人类获取和交换信息的主要来源之一,因此与图像相关的图像识别技术也是人们的研究重点。图像识别技术的应用前景是不可限量的,人类的生活也将深受其影响。

7.3.3 语音识别

1. 语音识别的定义

语音识别（Automatic Speech Recognition）是以语音为研究对象，通过语音信号处理和模式识别让机器自动识别和理解人类口述的语音。语音识别技术就是让机器通过识别和理解过程把语音信号转变为相应文本或命令的技术。它是一门涉及面很广的交叉学科，与声学、语音学、语言学、信息理论、模式识别理论以及神经生物学等学科都有非常密切的关系。

2. 语音识别的原理

语音识别的原理其实并不难理解：设备收集目标语音，然后对收集到的语音进行一系列处理，得到目标语音的特征信息，让特征信息与数据库中的数据进行相似度比对，评分高者即为识别结果，最后通过其他系统的接入来完成设备的语音识别功能。语音识别基本原理如图7-10所示。

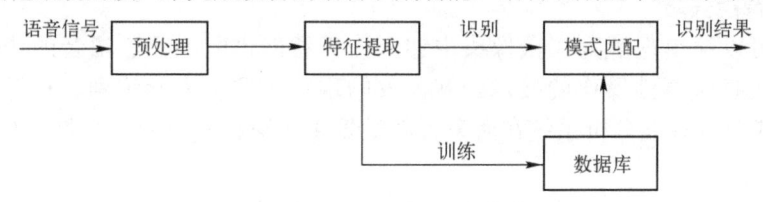

图7-10 语音识别基本原理

3. 语音识别的应用

语音识别技术有着非常广泛的应用领域和市场前景。

语音输入控制系统使得人们可以甩掉键盘，通过识别语音中的命令或询问来做出正确的响应，这样既可以克服人工键盘输入速度慢、易出错的缺点，又有利于缩短系统的反应时间，使人机交互变得简便易行。

在智能对话查询系统中，人们通过语音命令可以方便地从远端数据库系统中查询与提取有关信息，享受自然、友好的数据库检索服务，如信息查询、医疗服务、银行服务等。语音识别技术还可以应用于自动口语翻译，即通过将口语识别技术、机器翻译技术、语音合成技术等相结合，可将一种语言的语音输入翻译为另一种语言的语音输出，实现跨语言交流。

语音识别技术在军事领域里也有着极为重要的应用价值和极其广阔的应用空间。一些语音识别技术就是着眼于军事活动而研发，并在军事领域首获成功，军事应用对语音识别系统的识别精度、响应时间、恶劣环境下的顽健性都提出了更高的要求。目前，语音识别技术已在军事指挥和控制自动化方面得以应用。比如，将语音识别技术应用于航空飞行控制，可快速提高作战效率和减轻飞行员的工作负担，飞行员利用语音输入来代替传统的手动操作、控制各种开关和设备，以及重新改编或排列显示器上的显示信息等，可使飞行员把时间和精力集中于对攻击目标的判断等更重要的事情上，并能更快获得信息来发挥战术优势。

7.4 人工智能的应用领域

【学习目标】

1. 熟知智能安防的概念和其具体的应用领域。

2. 熟知智能交通的概念和其具体的应用领域。
3. 熟知智能医疗的概念和其具体的应用领域。
4. 针对学科核心素养要求，形成理性思维、批判质疑、勇于探究、乐学善学、勤于反思、信息意识、技术运用等核心素养。
5. 通过系统学习，培养专业精神、职业精神、工匠精神、创新精神和自强精神。

7.4.1 智能安防

传统的安防产品都以摄像头为主，只能记录视频数据，并且由于存储空间的问题，在经过一段时间（如 7 天或者 14 天）之后，之前存储的视频就会被覆盖。而且这些视频只能用于事后分析或者当作证据，无法实现预警、报警的功能，安防功能相对来说还不健全。

1. 什么是智能安防

智能安防可以简单理解为在摄像头中加入人工智能进行图像、语音的传输、存储和处理，进而准确进行选择性操作的技术。智能安防现在主要以人脸识别、车辆识别的应用为主，基于人脸或车辆智能分析系统在海量视频数据中迅速搜索目标（人物、车辆或其他）并跟踪定位。

智能安防与传统安防的最大区别在于智能化。我国安防产业发展很快，也比较普及，传统安防对人的依赖性比较强，非常耗费人力，而智能安防能够通过机器实现智能判断，从而尽可能保障安全。

智能安防在安防实战中的主要作用：一方面，它能够帮助警务人员大幅提升侦查办案效率；另一方面，也使传统的被动安防转向主动安防，推动了预警机制的进一步完善。

2. 智能安防的应用领域

智能安防具体的应用领域有路政交通、工地巡查、工厂安防、校园安防、商超调研、食品安全等，具体内容如下。

（1）路政交通

在高速公路、高架桥等监控路段，通过图像识别技术自动检测行人、非机动车、违禁车辆、违禁停车和车辆火灾等异常事件，检测到异常情况时将实时联动报警，协助交管部门提高异常事件响应效率。

（2）工地巡查

适用于不同施工阶段的建筑工地场景监控，针对车辆/人员出入口、塔吊、围墙边界、施工区、办工区、工人生活区、材料存放区等重点安防区域监控而设计，可以广泛应用于工地施工现场的环境监测，解决工地环境集中监测管理、监督的需求。

（3）工厂安防

在安全生产区域内部署监控系统，对区域内是否有人员活动进行实时检测，当检测到有人时，检测人员是否规范佩戴安全帽等、是否规范操作等，若遇异常行为则立即发出警报，通知后台监控人员，以节约人力监控成本，提醒安全作业，提高在岗人员安全意识。

（4）校园安防

在校内走廊、楼厅、操场等公共区域安装，以实时监控特定区域，及时发现和捕捉异常行为，如打架斗殴、闲杂人员走动以及其他违规行为，需要时可及时上报警情，以最大限度保障学生安全。

（5）商超调研

精准统计商场各出入口的进出客流量，实时分析场内人数。通过分析消费者重点关注、停留的区域，协助商场制定店铺布局、商品陈列方案，同时对在岗员工的工作状态进行实时监督。

（6）食品安全

通过视频监控系统实时远程监督餐饮后厨，规范操作行为，保证餐饮卫生安全，满足卫生监管部门和相关管理人员的检查监督需求。

7.4.2 智能交通

1. 什么是智能交通

交通是由人、车还有环境等综合因素构成的，人工智能的加入，让交通变得更加智慧。采用人工智能，比如异常检测、图像识别、视频分析等技术，可以增强交通管理机构的监控能力和准确度，从而避免一些交通事故的发生，同时能够规范驾驶行为，提升交通安全。

智能交通作为公安部的亮点工程，在迫切的发展需求下无疑成了人工智能的风口之一。面临千万人口出行的城市复杂交通状况，基于大数据、云计算的人工智能，无疑比人工判断要准确、失误率更低。

2. 智能交通的应用领域

智能交通具体的应用领域有自动驾驶、城市交通、停车、高速公路等，具体内容如下。

（1）自动驾驶

在自动驾驶领域，如图 7-11 所示，人工智能主要应用于车辆的自动驾驶模式，从车辆感知到决策，以及定制化的预测与维护功能，可增加机动性、降低交通事故的发生率。

图 7-11 百度无人驾驶车 Apollo

（2）城市交通

在城市交通领域，如图 7-12 所示，借助人工智能的软件系统、传感器、影像系统、交通远程通信与监控系统，可获得实时交通状态，并据此改变交通信号，减少交通堵塞与碳排放，以提高行人安全、改善生活质量。具体应用有人工智能交通信号操控、街道社区交通出行智能监控、智能公交车站、智能车速控制等。

（3）停车

在停车领域，借助人工智能与云端数据分析以驱动应用程序，能进行路线选择、停车位匹配，以智能调配空闲停车位。

（4）高速公路

在高速领域，如图 7-13 所示，人工智能在车联网、应急预案匹配、无感支付、逃费稽查、智能交互式客服、行为监督、智能路径规划和交通引导等多方面逐步得到应用和发展。

7.4.3 智能医疗

医疗资源在全世界范围内都属于稀缺资源，这种供求关系在一定程度上导致了患者看病效率低的问题，存在着人工咨询服务频次高、重复确认历史病历占时长、手动录入病历效率低等服务问题。为提升医疗服务效率，智能医疗正在成为医院信息化建设的热点，它使医院突破了传统的就医会诊模式，进入自动化、智能化、信息化、高效化的新会诊模式。

图 7-12　华为 AI 交通灯

图 7-13　ETC

1. 什么是智能医疗

智能医疗综合应用语音识别、语义理解、语音合成、文字识别等技术，构建高效化的信息支撑体系、规范化的信息标准体系、常态化的信息安全体系、科学化的医护管理体系、专业化的业务应用体系、便捷化的医疗服务体系、人性化的健康管理体系，使得医疗生态圈中的每一个群体均可从中受益。

智能医疗由智能医院系统、区域卫生系统以及家庭健康系统三部分组成。

（1）智能医院系统

智能医院系统由数字医院和提升性应用两部分组成。数字医院包括医院信息系统、实验室信息管理系统、医学影像信息的存储系统和传输系统以及医生工作站四个部分，收集、存储、处理、提取及共享病人诊疗信息和行政管理信息。提升性应用包括远程探视、远程会诊、临床决策系统、智慧处方等。

（2）区域卫生系统

区域卫生系统由区域卫生平台和公共卫生系统两部分组成。区域卫生平台包括收集、处理和传输社区、医院、医疗科研机构、卫生监管部门信息的区域卫生信息平台，以及帮助医疗单位以及其他有关组织开展疾病危险度评价，运用先进的科学技术制定定制性的危险因素干预计划，减少医疗成本，制定预防和控制疾病发生和发展的电子健康档案的软件平台。公共卫生系统由卫生监督管理系统和疫情发布控制系统组成。

（3）家庭健康系统

家庭健康系统为人们的健康提供保障，为无法到医院就诊的患者提供远程医疗，对慢性病以及老幼病患实现远程照护，对特殊人群（如残疾、传染病等患者）做好健康监测，为人们提供提示用药时间、服用禁忌、剩余药量等的智能服药系统。

2. 智能医疗的应用领域

智能医疗的具体应用包括洞察与风险管理、医学研究、医学影像与诊断、生活方式管理与监督、精神健康、护理、急救室与医院管理、药物挖掘、虚拟助理、可穿戴设备等。总体来看，目前智能医疗的应用主要集中于以下五个领域。

（1）医疗机器人

机器人技术在医疗领域的应用并不少见，比如智能假肢、外骨骼和辅助设备等技术能帮助伤残人士，医疗保健机器人辅助医护人员的工作等。目前，医疗机器人主要有两种：一种是能够读取人体神经信号的可穿戴型机器人，也成为"智能外骨骼"；另一种是能够承担手术或医疗保健功能的机器人，以 IBM 开发的达·芬奇手术系统为典型代表。

（2）智能药物研发

智能药物研发是指将人工智能中的深度学习技术应用于药物研究，通过大数据分析等技术手段快速、准确地挖掘和筛选出合适的化合物或生物，达到缩短新药研发周期、降低新药研发成本、提高新药研发成功率的目的。

人工智能通过计算机模拟，可以对药物活性、安全性和副作用进行预测。借助深度学习，人工智能已在心血管药、抗肿瘤药和常见传染病治疗药等多个领域取得了新突破。在抗击埃博拉病毒中智能药物研发也发挥了重要的作用。

（3）智能诊疗

智能诊疗就是将人工智能技术用于辅助诊疗，让计算机"学习"专家医生的医疗知识，模拟医生的思维和诊断推理过程，从而给出可靠的诊疗方案。智能诊疗场景是人工智能在医疗领域最重要、最核心的应用场景。

（4）智能影像识别

智能影像识别是将人工智能技术应用在医学影像的诊断上。人工智能在医学影像上的应用主要分为两部分：一是图像识别，应用于感知环节，其主要目的是对影像进行分析，获取一些有意义的信息；二是深度学习，应用于学习和分析环节，通过大量的影像数据和诊断数据，不断对神经网络进行训练，促使其掌握诊断能力。

（5）智能健康管理

智能健康管理是将人工智能技术应用到健康管理的具体场景中，目前主要集中在风险识别、虚拟护士、精神健康、在线问诊、健康干预以及基于精准医学的健康管理。

7.5 本章小结

通过本章内容的学习，可以对人工智能的定义、分类和发展历史有了一定的了解；掌握了人工智能的基础支撑技术，包括大数据、算力、算法、物联网、AIoT、云计算和 5G 技术；学习了人工智能的三大应用技术：文字识别、图像识别和语音识别；最后，了解了智能安防、智能交通和智能医疗三个人工智能应用领域的具体内容。同时，培养学生与时俱进的科学精神，不断跟进新时代技术发展的步伐。

【学习效果评价】

复述本章的主要学习内容	
对本章的学习情况进行准确评价	
本章没有理解的内容是哪些	
如何解决没有理解的内容	

注：学习情况评价包括少部分理解、约一半理解、大部分理解和全部理解 4 个层次。请根据自身的学习情况进行准确的评价。

7.6 上机实训

7.6.1 使用百度识图搜索相似图片

1. 实训学习目标

1）学会使用百度识图搜索相似图片。
2）感知日常生活中人工智能的应用。
3）培养一丝不苟、精益求精的职业素养和工匠精神，培养审美能力。

2. 实训情境及实训内容

乔一在制作宣传海报时，需要用到一张图片作为背景，但是他发现这张图片不清晰，就想找一张相似的高清图片进行替代，那么他该怎么办？下面来学习一种智能的解决方法——通过百度识图搜索相似高清图片。

3. 实训要求

在实训过程中，要求学生培养独立分析问题和解决实际问题的能力，且保质、保量、按时完成操作。实训的具体要求如下。

1）打开百度识图功能。
2）选择要查找的图片。
3）获取结果。

4. 实训步骤

1）打开浏览器，在网址栏中输入网址 https://www.baidu.com/，打开百度首页，单击搜索框右侧的"相机"按钮，如图7-14所示。

图7-14 百度首页

2）根据图片的形式选择合适的上传方式。第一种方式：直接将要查找的图片拖动到指定位置；第二种方式：单击"选择文件"按钮，在打开的页面中选择要查找的图片；第三种方式：将要查找的图片网址粘贴到搜索框中，如图7-15所示。

图7-15 选择图片

3）等待图片加载完成后，跳转到百度识图的结果页面，在这个页面可以查找相似的高清图片，如图7-16所示。

图 7-16 百度识图结果界面

5. 实训考核评价

考核方式与内容	过程性考核（50 分）									终结性考核（50 分）		
	操作考核（10 分）			实操考核（20 分）			学习考核（20 分）			实训报告成果（50 分）		
实施过程	教师评价	小组评价	自评	教师评价	小组评价	自评	教师评价	小组评价	自评	教师评价	小组评价	自评
考核标准	出勤、安全、纪律、协作精神、工作（学习）态度、表达能力、沟通能力、完成作业、环保意识、创新意识，每项各为 1 分			工作任务计划制订（4 分）、工作任务完成情况（4 分）、操作过程（4 分）、工具使用（4 分）、工匠精神（4 分）			预习工作任务内容（4 分）、工作过程记录（4 分）、完成作业（4 分）、工作方法（4 分）、工作过程分析与总结（4 分）			回答问题准确（20 分）、操作规范、实验结果准确（30 分）		
各项得分												
评价标准	A 级（优秀）：得分>85 分；B 级（良好）：得分为 71～85 分；C 级（合格）：得分为 60～70 分；D 级（不合格）：得分<60 分											
评价等级	最终评价得分是：　　　分						最终评价等级是：					

6. 知识与技能拓展

"以图搜图"（反向图片搜索引擎）是用来搜索相似图片或完全相同图片的方法，常用来寻找现有图片的原始出处，或者低分辨率缩略图的原始大图。请通过百度搜索"以图搜图"找到实现该功能的网站，并找到一张图片来搜索相似图片。

7.6.2 使用 QQ 屏幕识图将图片上的文字识别成文档

1. 实训学习目标

1）学会使用 QQ 屏幕识图将图片上的文字识别成文档。
2）感知日常生活中人工智能的应用。
3）培养一丝不苟、精益求精的职业素养和工匠精神，培养审美能力。

2. 实训情境及实训内容

乔一在一张图片上看到一段励志的文字，想将图片上的文字记录在文档中并编辑保存，但是他觉得将文字输入文档的方式有些麻烦，有什么便捷的方法吗？今天来学习一种智能的解决方法——使用 QQ 屏幕识图将图片上的文字识别并保存在文档中。

3. 实训要求

在实训过程中，要求学生培养独立分析问题和解决实际问题的能力，且保质、保量、按时完成操作。实训的具体要求如下。

1）登录 QQ。

2）打开 QQ 屏幕识图功能。

3）框选图片上的文字，将其转为在线文档。

4．实训步骤

1）双击计算机桌面上的 QQ 图标到 QQ 登录界面，输入 QQ 号码和密码登录，或者通过扫描二维码登录，如图 7-17 所示。

2）打开任意一个聊天窗口，单击窗口左下角的"剪刀"图标，再单击"屏幕识图"，或者通过快捷键〈Ctrl+Alt+O〉快速打开屏幕识图功能，如图 7-18 所示。

图 7-17　QQ 登录界面　　　　　　　图 7-18　QQ 屏幕识图功能

3）框选图片上需要识别的文字，注意要将文字全部选在其中，如图 7-19 所示。

4）等待识别文字后，单击"转为在线文档"按钮，将文字转为在线文档，如图 7-20 所示。在线文档如图 7-21 所示。

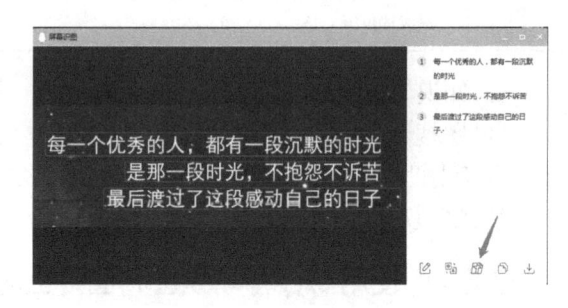

图 7-19　框选文字　　　　　　　图 7-20　将文字转为在线文档

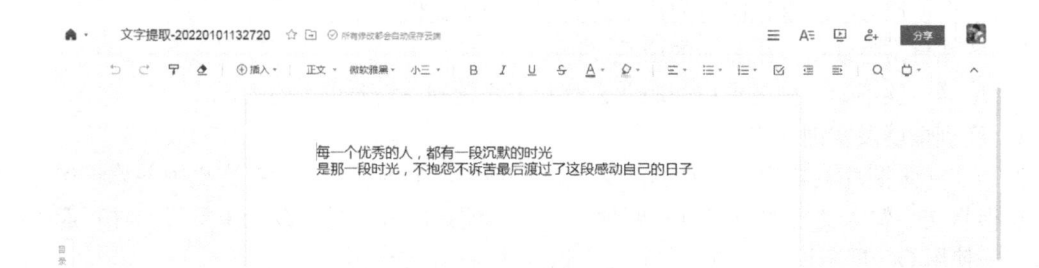

图 7-21　在线文档

5．实训考核评价

考核方式与内容	过程性考核（50 分）									终结性考核（50 分）		
	操行考核（10 分）			实操考核（20 分）			学习考核（20 分）			实训报告成果（50 分）		
实施过程	教师评价	小组评价	自评	教师评价	小组评价	自评	教师评价	小组评价	自评	教师评价	小组评价	自评
考核标准	出勤、安全、纪律、协作精神、工作（学习）态度、表达能力、沟通能力、完成作业、环保意识、创新意识，每项各为 1 分			工作任务计划制订（4分）、工作任务完成情况（4 分）、操作过程（4分）、工具使用（4 分）、工匠精神（4 分）			预习工作任务内容（4分）、工作过程记录（4分）、完成作业（4 分）、工作方法（4 分）、工作过程分析与总结（4 分）			回答问题准确（20 分）、操作规范、实验结果准确（30 分）		
各项得分												
评价标准	A 级（优秀）：得分>85 分；B 级（良好）：得分为 71～85 分；C 级（合格）：得分为 60～70 分；D 级（不合格）：得分<60 分											
评价等级	最终评价得分是：　　　分						最终评价等级是：					

6．知识与技能拓展

风云 OCR 是一款全能的文字识别软件，基于 Windows 系统，识别准确率很高，无论是拍照、导入、识别、自动分类，还是核对信息、批量管理、导出表格，全部都能在计算机上完成。它支持识别 PDF 文档、扫描件、图片、票证等多种类型的文件，而且快速高效，识别一份文件只需要 3～5 秒钟。请使用风云 ORC 识别图片上的文字。

7.6.3　使用微信语音转文字功能将语音信息转成文字

1．实训学习目标

1）学会使用微信语音转文字功能将语音信息转成文字。
2）感知日常生活中人工智能的应用。
3）培养一丝不苟、精益求精的职业素养和工匠精神，培养审美能力。

2．实训情境及实训内容

班主任规定班级群内禁止发送语音消息，但是乔一想将自己喜欢的励志文案发送到班级群内，那么他该怎么办呢？今天来学习一种智能的解决方法——使用微信语音转文字功能将语音信息转成文字。

3．实训要求

在实训过程中，要求学生培养独立分析问题和解决实际问题的能力，且保质、保量、按时完成操作。实训的具体要求如下。

1）微信语音输入。
2）语音信息转文字。

4．实训步骤

1）在微信中打开聊天窗口。
2）单击左下角的"语音"按钮，此时文字输入框变为"按住说话"按钮，如图 7-22 和图 7-23 所示。
3）长按"按住说话"按钮，将手机靠近嘴巴说话，说完后，将"按住说话"按钮上的手指滑动到右侧的"文"按钮上，语音信息自动转成文字信息，如图 7-24 所示。

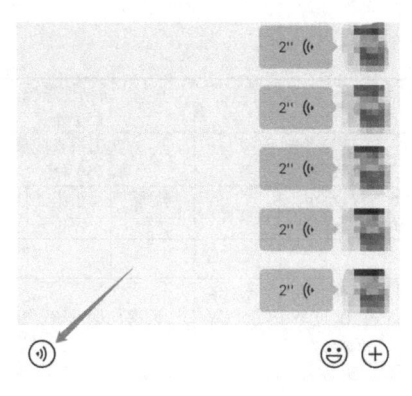

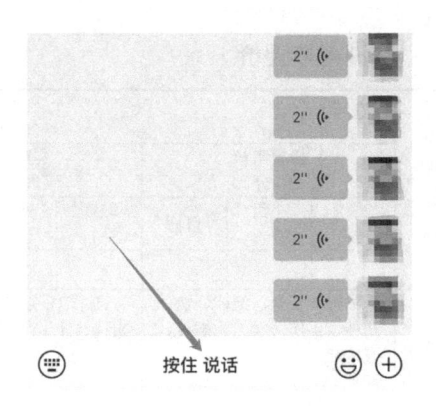

图 7-22 "语音"按钮　　　　　　　图 7-23 "按住说话"按钮

4)语音信息转为文字后,可以对文字信息进行编辑,确定语音信息转文字无误后,单击"√"按钮发送文字信息,如图 7-25 所示。

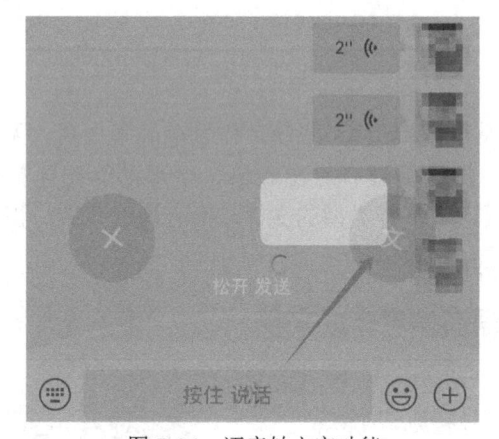

图 7-24 语音转文字功能　　　　　　图 7-25 语音转文字信息

5. 实训考核评价

考核方式与内容	过程性考核（50 分）									终结性考核（50 分）		
^	操行考核（10 分）			实操考核（20 分）			学习考核（20 分）			实训报告成果（50 分）		
实施过程	教师评价	小组评价	自评	教师评价	小组评价	自评	教师评价	小组评价	自评	教师评价	小组评价	自评
考核标准	出勤、安全、纪律、协作精神、工作（学习）态度、表达能力、沟通能力、完成作业、环保意识、创新意识,每项各为 1 分			工作任务计划制订（4分）、工作任务完成情况（4 分）、操作过程（4分）、工具使用（4 分）、工匠精神（4 分）			预习工作任务内容（4分）、工作过程记录（4分）、完成作业（4 分）、工作方法（4 分）、工作过程分析与总结（4 分）			回答问题准确（20 分）、操作规范、实验结果准确（30 分）		
各项得分												
评价标准	A 级（优秀）：得分>85 分；B 级（良好）：得分为 71~85 分；C 级（合格）：得分为 60~70 分；D 级（不合格）：得分<60 分											
评价等级	最终评价得分是：　　　　分						最终评价等级是：					

6. 知识与技能拓展

百度智能云实时语音识别基于 Deep Peak2 的端到端建模,将音频流实时识别为文字,并返回每句话的开始和结束时间,适用于长句语音输入、音视频字幕、会议等场景。请使用百度智能云实时语音识别将语音信息识别为文字。

7.6.4 使用浏览器访问语音转文字网站转换并保存文字

1. 实训学习目标

1)学会使用语音转文字网站将音频文件转成文档并保存。
2)感知日常生活中人工智能的应用。
3)培养一丝不苟、精益求精的职业素养和工匠精神,培养审美能力。

2. 实训情境及实训内容

乔一作为班长,需要将班会内容以文字形式记录下来,但是老师和同学们在班会上的发言语速过快、内容过多,乔一不能及时记录班会内容,那么他该怎么办呢?今天来学习一种智能的解决方法——将班会上老师和同学们的发言进行录音,班会结束后通过语音转文字网站将音频文件转成文档并保存。

7-4
上机实训4

3. 实训要求

在实训过程中,要求学生培养独立分析问题和解决实际问题的能力,且保质、保量、按时完成操作。实训的具体要求如下。

1)打开语音转文字网站。
2)选择音频文件。
3)将音频文件转为文字。

4. 实训步骤

1)打开浏览器,在网址栏中输入迅捷语音识别网站首页的网址 http://app.xunjiepdf.com/voice2text,如图 7-26 所示。

图 7-26 迅捷语音识别网站首页

2)根据音频内容选择语音语言,单击"点击选择文件"按钮,在打开的对话框中选择音频文件,单击"打开"按钮如图 7-27 所示。

图 7-27　选择语音文件

3）单击"开始转换"按钮，音频文件开始转换。音频文件越大，转换的时间越长，如图 7-28 所示。

图 7-28　音频文件转为文字

4）下载和保存转换后的文件，该文件内容为音频对应的文字，如图 7-29 所示。

图 7-29　转换结果

5. 实训考核评价

考核方式与内容	过程性考核（50分）									终结性考核（50分）		
	操行考核（10分）			实操考核（20分）			学习考核（20分）			实训报告成果（50分）		
实施过程	教师评价	小组评价	自评	教师评价	小组评价	自评	教师评价	小组评价	自评	教师评价	小组评价	自评
考核标准	出勤、安全、纪律、协作精神、工作（学习）态度、表达能力、沟通能力、完成作业、环保意识、创新意识，每项各为1分			工作任务计划制订（4分）、工作任务完成情况（4分）、操作过程（4分）、工具使用（4分）、工匠精神（4分）			预习工作任务内容（4分）、工作过程记录（4分）、完成作业（4分）、工作方法（4分）、工作过程分析与总结（4分）			回答问题准确（20分）、操作规范、实验结果准确（30分）		
各项得分													
评价标准	A级（优秀）：得分>85分；B级（良好）：得分为71~85分；C级（合格）：得分为60~70分；D级（不合格）：得分<60分											
评价等级	最终评价得分是：　　　　分						最终评价等级是：					

6. 知识与技能拓展

网易"见外"工作台是网易推出的AI智能转写和翻译工具，可以免费使用。使用时需要使用网易邮箱账号登录，每次转写之前需要新建项目，然后选择需要的功能。语音转写支持MP3、WAV和ACC格式的音频，上传的文件大小不超过500MB，可转换英文和中文的音频。请使用网易"见外"工作台将音频文件转换成文字并保存。

7.6.5 使用微信与微软人工智能机器人小冰对话

1. 实训学习目标

1）学会使用微信与微软人工智能机器人小冰对话。
2）感知日常生活中人工智能的应用。
3）培养一丝不苟、精益求精的职业素养和工匠精神，培养审美能力。

2. 实训情境及实训内容

微软小冰等智能机器人的出现激起了乔一强烈的好奇心，他想尝试与智能机器人微软小冰进行对话，那么他该怎么办呢？今天来学习使用微信与微软小冰进行对话。

3. 实训要求

在实训过程中，要求学生培养独立分析问题和解决实际问题的能力，且保质、保量、按时完成操作。实训的具体要求如下。

1）微信关注"AI小冰"微信公众号。
2）与AI小冰进行对话。

4. 实训步骤

1）打开浏览器，用百度搜索微软小冰，如图7-30所示。
2）单击"微软小冰官网"，进入微软小冰官网主页，如图7-31所示。
3）单击"召唤小冰"，可以通过第三方平台召唤小冰，如图7-32所示。
4）打开微信，查找并关注微信公众号"AI小冰"，如图7-33所示。
5）与AI小冰语音对话，如图7-34所示。

图 7-30　百度搜索微软小冰

图 7-31　微软小冰官网主页

图 7-32　召唤小冰的第三方平台

图 7-33　"AI 小冰"微信公众号

图 7-34　与 AI 小冰语音对话

5. 实训考核评价

考核方式与内容	过程性考核（50 分）									终结性考核（50 分）		
	操行考核（10 分）			实操考核（20 分）			学习考核（20 分）			实训报告成果（50 分）		
实施过程	教师评价	小组评价	自评	教师评价	小组评价	自评	教师评价	小组评价	自评	教师评价	小组评价	自评
考核标准	出勤、安全、纪律、协作精神、工作（学习）态度、表达能力、沟通能力、完成作业、环保意识、创新意识，每项各为 1 分			工作任务计划制订（4 分）、工作任务完成情况（4 分）、操作过程（4 分）、工具使用（4 分）、工匠精神（4 分）			预习工作任务内容（4 分）、工作过程记录（4 分）、完成作业（4 分）、工作方法（4 分）、工作过程分析与总结（4 分）			回答问题准确（20 分）、操作规范、实验结果准确（30 分）		
各项得分													
评价标准	A 级（优秀）：得分＞85 分；B 级（良好）：得分为 71～85 分；C 级（合格）：得分为 60～70 分；D 级（不合格）：得分＜60 分											
评价等级	最终评价得分是：　　　　分						最终评价等级是：					

6. 知识与技能拓展

小爱同学与微软小冰在微博同步"官宣"：内置了小爱同学的手机和智能硬件，将自动拥有召唤小冰的超能力。只要对小爱同学说"召唤小冰"，就能召唤她的"好闺蜜"微软小冰出来，一起互动。请使用小爱同学召唤小冰。

【温故知新——练习题】

一、选择题

1. 人工智能的英文缩写是（　　）。
   A．AT　　　　　B．IT　　　　　C．AI　　　　　D．IA
2. 深度学习将大数据和（　　）算法的分析相结合。
   A．有监督　　　B．无监督　　　C．半监督　　　D．强化
3. AIoT 融合了人工智能技术和（　　）技术。
   A．互联网　　　B．物联网　　　C．因特网　　　D．局域网
4. 光学字符识别的简称是（　　）。
   A．ORC　　　　B．OCR　　　　C．COR　　　　D．ROC
5. 监督学习分为两大问题：回归和（　　）。
   A．分类　　　　B．分析　　　　C．聚合　　　　D．交叉
6. （　　）学习使用未标记的数据，但是可以通过某种方法知道离正确答案越来越近还是越来越远。
   A．监督　　　　B．半监督　　　C．无监督　　　D．强化
7. （　　）技术是最新一代蜂窝技术。
   A．2G　　　　　B．3G　　　　　C．4G　　　　　D．5G
8. 5G 最基本的三个性能指标为用户体验速率、连接数密度和（　　）。

A. 流量密度 B. 峰值速率
C. 移动性 D. 时延

9. 智能医疗由智能医院系统、区域卫生系统以及（　　）系统三部分组成。
A. 社区卫生 B. 社会健康
C. 家庭健康 D. 地区健康

10. 世界上第一台通用电子计算机为（　　）。
A. ANIAC B. ENIAC C. ENICA D. ENAIC

二、填空题

1. 人工智能是研究、开发用于模拟、延伸和扩展人类智能的理论、方法、技术及_____的一门新的技术科学。

2. 人工智能的基础是哲学、_____、经济学、神经科学、_____、计算机工程、控制论、语言学。

3. 认知 AI 必须能够轻松处理复杂性和_____。

4. 人工智能的发展历史可归结为_____、形成和发展这三个阶段。

5. 人工智能的核心驱动力包括大数据、_____、_____。

6. 大数据的特点有规模性、_____、多样性、_____。

7. 机器学习有四种学习方式，分别为监督学习、_____、无监督学习、_____。

8. 深度学习是机器学习中一种基于对数据进行_____学习的算法。

9. 5G 的性能目标是高数据速率、_____、节省能源、降低成本、_____和大规模设备连接。

10. 人工智能的应用领域有智能安防、智能交通和_____等。

三、简答题

1. 简述大数据与人工智能的关系。
2. 简述人工智能、机器学习和深度学习的关系。

参 考 文 献

[1] 唐永华. 计算机基础[M]. 北京：清华大学出版社，2020.
[2] 贺俊文. 计算机应用基础[M]. 镇江：江苏大学出版社，2017.
[3] 朱琳. PPT 设计与制作实战教程[M]. 北京：机械工业出版社，2021.
[4] 武马群. 计算机应用基础：创新版[M]. 北京：高等教育出版社，2015.
[5] 王海澜. 计算机人工智能技术的发展与应用研究[J]. 电子元器件与信息技术,2021,5(05):135-136.
[6] 谢希仁. 计算机网络[M]. 北京：电子工业出版社，2017.
[7] 张飞舟. 物联网应用与解决方案[M]. 2 版. 北京：电子工业出版社，2019.